Uwe Zuppke und Jürgen Berg • Die Säugetiere der Region Wittenberg

AF386140

Uwe Zuppke und Jürgen Berg

Die Säugetiere der Region Wittenberg

Bibliografische Information der Deutschen Nationalbibliothek

Die Deutsche Nationalbibliothek verzeichnet diese Publikation in der Deutschen Nationalbibliografie;

Detaillierte bibliografische Daten sind im Internet

über http://dnb.d-nb.de abrufbar.

Karten:

Seiten 12/13: © GeoBasis-DE/BKG <2017> (Daten verändert)

Seite 9: https://commons.wikimedia.org/w/index.php?curid=7461291 [Stand: 28.03.2017]

Titelbild: Biber an der Elbe bei Apollensdorf (Foto: U. Zuppke)

Kleine Fotos (von links): Feldhase in der Feldflur Rackith (Foto: U. Zuppke), Jungdachse vor dem Bau bei Kakau (Foto: K. Mattigit), Rehbock im Getreide bei Schöneicho (Foto: U. Zuppke)

Rücktitel: Breitflügelfledermaus in Mühlanger (Foto: S. Hilgenhof)

© 2017 Uwe Zuppke

Satz und Layout: Iris Elz, Apollensdorf

Umschlaggestaltung: Iris Elz, Apollensdorf

Fotos: BFB Mittelelbe, LAU ST, LUGV BB: S. 174 (beide); Burdack, M.: 190 (oben); Elz, I.: S.19 (oben), 20 (unten), 76 (unten), 118 (oben), 120 (unten), 122 (oben rechts), 145 (oben), 148 (oben rechts); Elz, P.: 192 (unten); Facius, K.: 177 (unten rechts), 189 (unten); Hilgenhof, S.: 99 (unten), 100 (oben u. unten rechts), 101 (oben links), 103 (unten); Hurtig, K.-P.: 175 (oben rechts u. unten links); Jordan, M.: 144 (unten); Krummhaar, B.: 202 (beide); Lewerenz, H.: 75 (beide); Mattigit, K. :76 (oben), 121 (oben rechts u. unten), 173 (unten rechts), 176 (unten); Meier, C.: 175 (oben links); Meißner, J.: 99 (oben), 101 (unten), 103 (oben links); Noack, J.: 108 (oben), 121 (oben links), 173 (unten links) 178 (oben links u. unten), 191 (oben); Schmidt, G.: 177 (oben rechts); Thieme, U.: 176 (oben), 178 (oben rechts); Zuppke, U.: S.19 (unten), 20 (oben), 21, 22, 23, 25 (unten), 36, 74, 77, 100 (unten links), 101 (oben rechts), 102, 103 (oben rechts), 108 (unten), 118 (unten), 119, 120 (oben), 122 (oben links u. unten), 144 (oben), 145 (unten), 146, 147, 148 (oben links u. unten), 173 (oben), 175 (unten rechts), 177 (oben links u. unten links), 189 (oben), 190 (unten), 191 (unten), 192 (oben), 203.

Bildnachweis: S.24: https://de.wikipedia.org/wiki/Johann_Friedrich_von_Brandt [Stand: 30.03.2017]; S.25 (oben): https://de.wikipedia.org/wiki/Christian_Ludwig_Nitzsch [Stand: 30.03.2017]; S.26 (oben): aus „Syllegomena biologica"; S. 26 (unten): Privatbesitz

Herstellung und Verlag: BoD - Books on Demand, Norderstedt

Printed in Germany

ISBN 978-3-7431-8245-5

Inhalt

Einleitung...7

Die Region Wittenberg..9

Landschaftsgliederung der Region Wittenberg............................14

Die regionale Säugetierforschung von damals bis heute............24

Jagdbare Säugetiere und die Jagd in der Region........................27

Fledermäuse in Mythos, Religion und Aberglaube....................29

    Kleine Freunde...34

Der Mythos „Wolf" - zwischen gut und böse.............................35

Gefährdungen heimischer Säugetiere..38

Schutz heimischer Säugetiere...41

    Gesetzliche Grundlagen 41

    Schwerpunkte des Säugetierschutzes.................................45

    Modellpojekt zum Schutz und Management des Elbebibers im Landkreis Wittenberg
....47

Allgemeine Kennzeichen, Merkmale und Lebensraumansprüche heimischer Säugetiere 49

Erfassung der Säugetierfauna in der Region...............................51

    Arbeitsgruppe Fledermäuse Sachsen-Anhalt....................54

    Arbeitskreis Biberschutz Sachsen-Anhalt..........................55

    Igelverein Sachsen-Anhalt e.V..56

    „Wolfbotschafter" des NABU/Kreisverband Wittenberg e.V....................57

Material und Methoden...58

Die Säugetierarten der Region Wittenberg.................................60

    Die etablierten Arten...61

    Arten ohne sicheren Nachweis.. 193

    Domestizierte Säugetiere 197

Gesamteinschätzung.. 204

Glossar....................208

Abkürzungen....................213

Register deutscher Artnamen....................216

Register wissenschaftlicher Artnamen....................217

Literaturverzeichnis....................219

Die Autoren....................232

Einleitung

Den Menschen begegnen in der freien Natur oftmals Säugetiere, obwohl diese recht heimlich und vielfach einzelgängerisch und nachtaktiv leben. Die 5416 wissenschaftlich anerkannten Säugetierarten (AULAGNIER et al. 2008) mit ihren äußerst unterschiedlichen Formen und Lebensweisen umfassen weniger als 1 % aller bekannten Tierarten der Erde. Dennoch hat der Mensch, der selber aus dieser Gruppe hervorgegangen ist, ein besonderes Verhältnis zu dieser Tierklasse. Einige ihrer Arten sind die Stammeltern der wichtigsten Haustiere, die mit ihrem Fleisch und ihrer Milch eine wichtige Eiweißquelle bilden, mit ihrem Fell und ihrer Haut Rohstoffe für die Bekleidung liefern und als Trag-, Last- und Reittiere der Beförderung von Menschen und Lasten sowie der Freizeitbeschäftigung dienen. Andere Arten werden wegen ihres Fleisches, ihrer Felle oder ihrer Gehörne bzw. Geweihe bejagt. Wieder andere werden als Schädlinge angesehen und um weitere ranken sich emotionale Mythen. Nicht zu vergessen sei auch die enorme Bedeutung einiger Arten für die medizinische Forschung.

Mit ihrer Formenvielfalt haben sich die Säugetiere den unterschiedlichsten Umweltbedingungen angepasst und können dadurch die verschiedensten Lebensräume - von den vegetationslosen Wüsten bis zu den dichtesten Wäldern, von den Tiefen der Weltmeere bis zu den eisigen Höhen der Hochgebirge - besiedeln. Allerdings sind viele Säugetierarten durch Landschaftsveränderungen und Verfolgung in ihrem Bestand drastisch beeinträchtigt worden, so dass eine große Zahl stark gefährdet und sogar vom Aussterben bedroht ist. Mehrere Säugetierarten sind bereits in historischer Zeit ausgestorben oder ausgerottet worden. Einige Arten haben sich aber auch den veränderten Bedingungen angepasst und ihr Vorkommensgebiet erweitert.

Auch die Region um die weltbekannte Lutherstadt Wittenberg am Mittellauf der Elbe zwischen dem Fläming und der Dübener Heide, die hier betrachtet wird, bietet verschiedenartige Landschaftsräume mit unterschiedlichen Lebensräumen, die von Säugetieren besiedelt werden. Sowohl in der gewässerreichen Elbaue mit dem betrachteten Abschnitt der Elbe, in der Wald-Feld-Offenlandschaft des Flämings als auch in den geschlossenen Waldungen der Dübener Heide, aber auch in den Siedlungsbereichen der Städte und Dörfer leben Säugetiere, die unterschiedliche Emotionen bei den Menschen hervorrufen. Die meisten Menschen freuen sich, wenn sie ein Eichhörnchen, einen Hasen oder Rehe im Wald oder auf den Feldern sehen. Besonders Besucher aus anderen Regionen staunen immer wieder über die beeindruckenden Fraß- und Schnittspuren sowie Bauwerke, die Biber in der Landschaft hinterlassen. Dagegen wecken in der Dämmerung umher fliegende Fledermäuse bei abergläubisch veranlagten Menschen abneigende Gefühle. Auch dahinhuschende Mäuse stoßen nicht unbedingt auf Beliebtheit. Und die wehrhaften, bis in Siedlungsnähe kommenden Wildschweine lösen sogar Furcht aus, ganz zu schweigen von den Gedanken um den im Osten Deutschlands wieder erschienenen Wolf.

Viele dieser Vorbehalte beruhen auf Unkenntnis oder Überraschung bei einer unvorhergesehenen Begegnung mit diesen Tieren. Diese Unkenntnis und Vorbehalte führen oftmals zu abwehrenden Reaktionen vom Verscheuchen bis zum Töten. Bedingt durch die heimliche und versteckte Lebensweise der meisten Säugetierarten ist ihr Vorkommen in der heimatlichen Natur oft unbekannt. Während es über das Vorkommen der Vogelwelt oder anderer Tiergruppen umfangreiche Veröffentlichungen gibt, fehlen derartige Übersichten für die Säugetiere in den meisten Bundesländern Deutschlands, so auch in Sachsen-Anhalt. Für die angrenzenden Gebiete gibt es beispielhaft die Arbeiten von DOLCH (1995), LANDESUMWELTAMT BRANDENBURG (2008) sowie HAUER, ANSORGE & ZÖPHEL (2009) oder GÖRNER (2009).

Die Autoren möchten mit dieser Schrift beitragen, diese Lücke zumindest für den überschaubaren Bereich der Region um die Lutherstadt Wittenberg zu schließen, worunter sie die ehemaligen Landkreise Wittenberg, Jessen und Gräfenhainichen und Teile des Kreises Anhalt-Zerbst verstehen. In der Darstellungsform folgen sie den bisher erschienenen Übersichten über die Vogelwelt und Fischfauna (ZUPPKE 2009, 2010) und fassen den gegenwärtigen Stand der verfügbaren Informationen über die Säugetiere der Region zusammen. Es ist also keine umfassende Säugetierfauna, die auf sytematisch erhobenem, homogenem Erfassungsmaterial beruht. Die Autoren möchten der interessierten Öffentlichkeit die artenreiche Säugetierfauna der heimatlichen Umgebung näher bringen, Verständnis für deren Vorkommen und Lebensweise wecken und für die Beachtung und Einbeziehung der Belange des Säugetierschutzes in Entscheidungsfindungen bei allen landschaftsverändernden Maßnahmen und Vorhaben werben.

Die Autoren danken allen, die zum Gelingen dieses Vorhabens mitwirkten, besonders den Fotografen, die ihre Bilder zur Verfügung stellten, sowie Frau Anja Elz (Flensburg) für die Korrektur des Manuskriptes und Frau Iris Elz (Apollensdorf) für die Layoutarbeit.

Wittenberg, im Winter 2016/17   Die Autoren

Die Region Wittenberg

Unter dieser Region wird hier der Landkreis Wittenberg im Bundesland Sachsen-Anhalt verstanden. Durch zwei Gebietsreformen in den Jahren 1994 und 2007 wurden die Alt-Kreise Jessen und Gräfenhainichen sowie Teile des ehemaligen Kreises Anhalt-Zerbst zum heutigen Landkreis Wittenberg zusammengeschlossen.

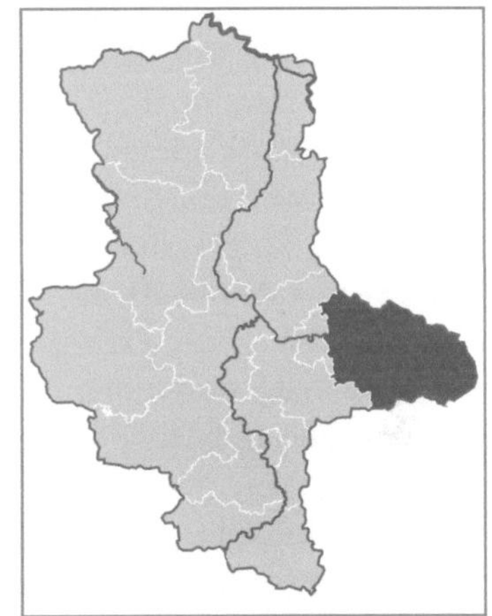

Der Landkreis Wittenberg liegt im Osten des Bundeslandes. Im Norden und Osten grenzen die brandenburgischen Landkreise Potsdam-Mittelmark, Teltow-Fläming und Elbe-Elster an, im Süden der sächsische Landkreis Nordsachsen und im Westen der Landkreis Anhalt-Bitterfeld und die kreisfreie Stadt Dessau-Roßlau in Sachsen-Anhalt.

Im Jahr 2015 betrug die Größe dieses Gebietes 1930,31 km².

Insgesamt wird der Landkreis durch neun Gemeinden gegliedert: Kreisstadt und zugleich mit 46.475 Einwohnern größte Gemeinde ist die Lutherstadt Wittenberg. Die weiteren Gemeinden sind: Annaburg (6932 Einwohner), Bad Schmiedeberg (8475 Einwohner), Coswig/Anhalt (12.184 Einwohner), Gräfenhainichen (11.944 Einwohner), Jessen (Elster) (14215 Einwohner), Kemberg (9.954 Einwohner). Oranienbaum-Wörlitz (8980 Einwohner) und Zahna-Elster (9.288 Einwohner). 2015 lebten im Landkreis Wittenberg 128.447 Einwohner. Das ergibt eine Bevölkerungsdichte von 67 Einwohnern je km².

Im Wesentlichen zeigt sich die Region Wittenberg auf Grund eiszeitlicher Formungen in einer landschaftlichen Dreiteilung: dem Fläming, der Elbaue und der Dübener Heide. Die Landschaft wird im nördlichen Teil von den bewaldeten Endmoränenhügeln und Sanderflächen des Flämings geprägt. 2005 wurde für diesen Bereich mit einer Größe von 50.756 ha der Naturpark Fläming ausgewiesen. Im Osten erstreckt sich die Wald-Offen-Landschaft des Fläming-Hügellandes nördlich von Jessen. Südlich dieser Landschaften schließt sich das ebene Urstromtal der Elbe mit der im Osten einmündenden

Schwarzen Elster an. Südöstlich von Jessen liegt das militärisch genutzte Waldgebiet der Annaburger Heide. Die Elbe durchfließt auf fast 100 Kilometern eine naturnahe Auenlandschaft innerhalb der Region. Ein größerer Teil der Elbaue ist ausgedeicht und unterliegt der jährlichen Überflutungsdynamik der Elbe. Ein Teil der Elbaue und der Mündungsbereich der Schwarzen Elster gehören zum Biosphärenreservat Mittelelbe mit einer Fläche von 19.430 ha. Der westlich gelegene Teil der Elbaue schließt Teile des in der 2. Hälfte des 18. Jahrhunderts an der mittleren Elbe und unteren Mulde entstandenen Dessau-Wörlitzer Gartenreiches ein. Mehrere große Landschaftsgärten und deren Vernetzung durch weiträumige Landschaftsgestaltungen unter Berücksichtigung der natürlichen Gegebenheiten führten zum Entstehen einer im europäischen Maßstab einmaligen Landschaft. Die Dübener Heide im Süden des Landkreises ist das größte zusammenhängende Waldgebiet Mitteldeutschlands. Im Süden der Dübener Heide befindet sich eine durch den Braunkohlen-Tagebau total umgestaltete Folgelandschaft mit großen Seen und Hochkippen. Mit einer Fläche von 39.994 ha erstreckt sich hier der 2003 verordnete Naturpark Dübener Heide. Mit der Ausweisung der Naturparks und dem Biosphärenreservat wurden Voraussetzungen geschaffen, die u. a. der Erhaltung, Entwicklung oder Wiederherstellung einer durch vielfältige Nutzung geprägten Landschaft und ihrer Arten- und Biotopvielfalt dienen und in denen zu diesem Zweck eine dauerhaft umweltgerechte Landnutzung angestrebt wird. Bezogen auf die Region werden damit 57 % Fläche diesen Zielen gerecht.

Die höchste Erhebung der Region ist die „Hohe Gieck" in der Dübener Heide mit 193 m NN. Klimatisch liegt die Region im Übergang zum Binnenklima mit 8,6°C Jahresmitteltemperatur (18,0° mittlere Julitemperatur; -0,5° mittlere Januartemperatur), 560 mm Jahresniederschlag und 1630 Stunden jährlicher Sonnenscheindauer.

Betrachtet man die vielgestaltigen, teils natürlichen Lebensräume neben den intensiv vom Menschen genutzten Regionen, so sind mindestens 50 % (Wald, Gewässer, Ackersäume u.ä.) trotz ihrer teilweisen anthropogenen Nutzung von Wert für die heimische Tierwelt. Mit seiner naturräumlichen Ausstattung besitzt der Landkreis Wittenberg beste Voraussetzungen für eine artenreiche Fauna und Flora. Neben verschiedenen Schutzgebietsausweisungen haben vor allem die gegenwärtig bestehenden 19 Naturschutzgebiete mit einer Gesamtfläche von 8.998,31 ha, dies entspricht 4,6 % der Kreisfläche, besondere Bedeutung für den Artenschutz. Die Flächennutzung zeigt folgende prozentuale Verteilung: Landwirtschaftliche Nutzfläche 49 %, Waldfläche 39,9 %, Siedlungs- und Verkehrsfläche 8,6 % sowie 2,4 % Wasserfläche.

Zahlreiche Flurnamen in der Region Wittenberg enthalten die Namen von Säugetierarten und zeigen, dass in historischen Zeiten diese Tierarten eine gewisse Rolle im Leben der hiesigen Bevölkerung gespielt haben. Die Heimatforscherin KARINA BLÜTHGEN konnte aus regionalen Literaturbeilagen folgende Flurnamen mit Säugetieren recherchieren:

Flur Apollensdorf: Bullenwiese, In den Fuchsbauten, Fuchskeuten, Ochsenpfuhlstücken, Saukolk, Rehkolk

Flur Berkau: Katzmaaßen, Kuhmaaßen, Stücke in den Wolfsbergen, Stücke hinter dem Wolfsberge, Wolfsberge

Flur Bleesern: Bärkolkbreite, Bärkolk, Grauer Wolf, Ochsenhainichte, Sauwinkel, Saukolk

Flur Gut Rötzsch: Bärwinkel

Flur Dobien: Hinter dem Fuchsberge, Fuchsbergstücke

Flur Gallin: Rehkolk, Breiter Rehkolk

Flur Gielsdorf: Hasenwaldstücke

Flur Kerzendorf: Fuchsbergstücke

Flur Klitzschena: Sauwinkelwiese, Sauwinkel, Wulfsraden, In den Wolfsraden

Flur Köpnick: Fuchsberge

Flur Melzwig: Bärenwinkel, Wolfswinkel

Flur Piesteritz: Am Rehholze, Hinteres Rehholz, Vorderes Rehholz

Flur Pratau: Bärenkolk, Sauwinkelgraben, Im Sauwinkel, Wolfswinkelhutung, Wolfswinkelstücken

Flur Rahnsdorf: Im Wolfsholz, Wolfswiese

Flur Reinsdorf: Fuchsbergklothen, Rehholzstücke

Flur Wittenberg: Fuchsberg, Fuchsbergstücken, In den Bärstangen

Flur Zahna: Hinterste Fuchsschmalenmaaßen, Wolfauge

Flur Zallmsdorf: Wolfswinkel

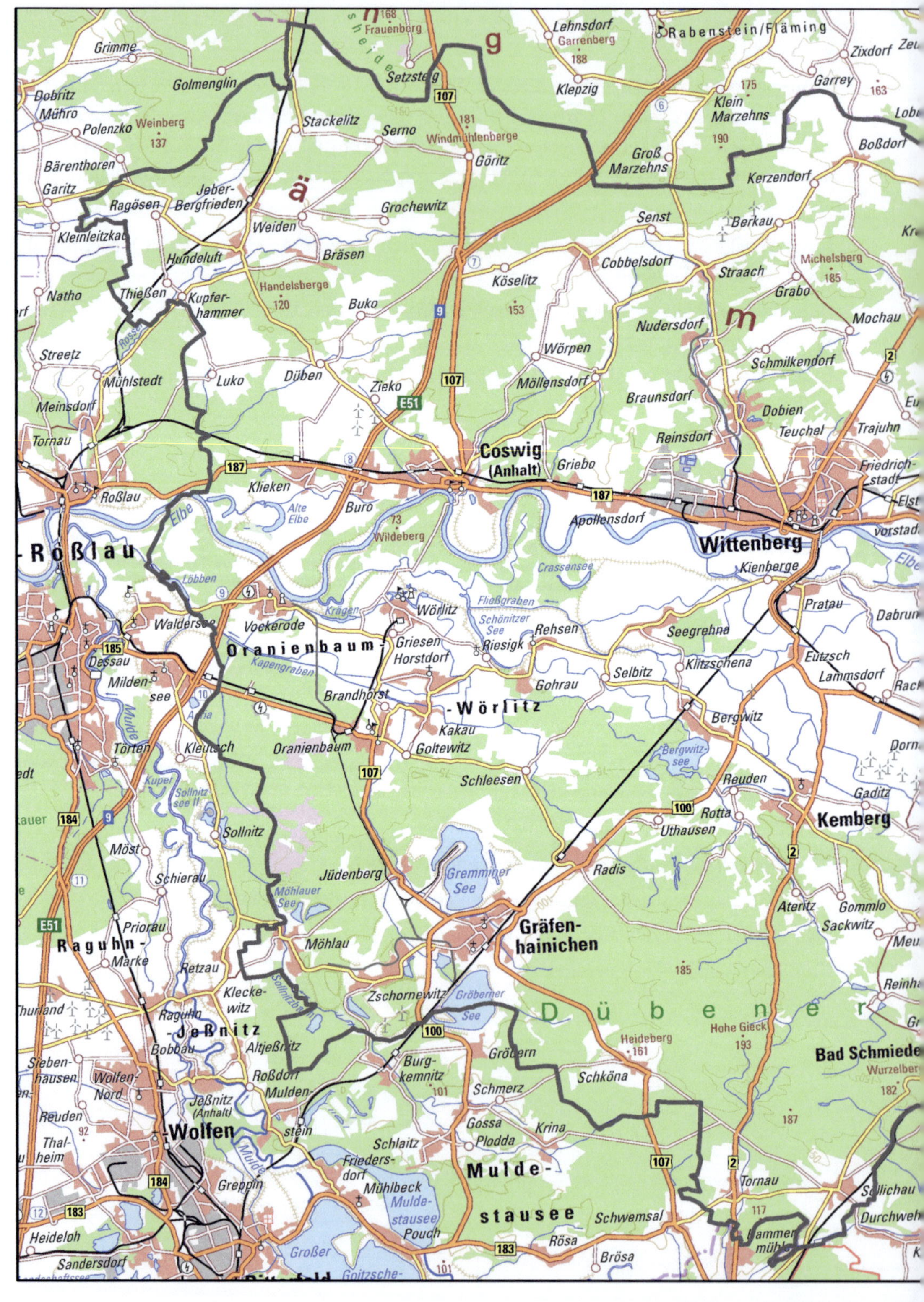

Grimme
Golmenglin
Dobritz
Mähro
Polenzko
Weinberg 137
Bärenthoren
Garitz
Ragösen
Jeber-Bergfrieden
Kleinleitzkau
Hundeluft
Weiden
Bräsen
Natho
Thießen
Kupfer-hammer
Handelsberge 120
Buko
Streetz
Mühlstedt
Luko
Düben
Zieko
Meinsdorf
Tornau
Roßlau
Klieken
Alte Elbe
Buro
Wildeberg 73
Rosslau
Elbe
Löbben
Waldersee
Vockerode
Oranienbaum-
Griesen Horstdorf
Brandhorst
Dessau
Milden-see
Kapengraben
Oranienbaum
Goltewitz
Kakau
Törten
Kleutsch
Kuper
Sollnitz see II
Sollnitz
Möst
Schierau
Jüdenberg
Möhlauer See
Priorau
Raguhn-Mäcke
Möhlau
Retzau
Thurland
Ragun
Kleckewitz
Jeßnitz
Bobbau
Altjeßnitz
Sieben-hausen
Wolfen-Nord
Roßdorf
Mulden-
Reuden
Jeßnitz (Anhalt)
Thalheim
Wolfen
stein
Heideloh
Greppin
Sandersdorf
Bitterfeld
Großer Goitzsche-
Mühlbeck
Muldestausee
Pouch
Frauenberg 168
Setzsteg
107
Stackelitz
Serno
Windmühlenberge 181
Göritz
Grochewitz
Köselitz
Wörpen
Coswig (Anhalt)
Griebo
Apollensdorf
Crassensee
Wörlitz
Fließgraben
Schönitzer See
Rehsen
Riesigk
Selbitz
Gohrau
Wörlitz
Schleesen
Gremminer See
Gröberner See
Zschornewitz
100
Burg-kemnitz
Gröbern
Schköna
Schmerz
Gossa Plodda
Schlaitz
Friedersdorf
Krina
Mulde-stausee
Schwemsal
Rösa
Brösa
Lehnsdorf
Garrenberg 188
Klepzig
Rabenstein/Fläming
Zixdorf
Garrey
163
Klein Marzehns 175
Boßdorf
Groß Marzehns 190
Kerzendorf
Senst
Berkau
Cobbelsdorf
Straach
Michelsberg 185
Grabo
Nudersdorf
Mochau
Schmilkendorf
Braunsdorf
Dobien
Teuchel
Trajuhn
Reinsdorf
Friedrich-stadt
Wittenberg
vorstadt
Kienberge
Pratau
Dabru
Seegrehna
Eutzsch
Lammsdorf
Klitzschena
Bergwitz
Bergwitz-see
Reuden
Gaditz
Kemberg
Rotta
Uthausen
Radis
Ateritz
Gommlo
Sackwitz
Gräfen-hainichen
Dübener
Hohe Gieck 193
Heideberg 161
Bad Schmiede
Wurzelberg 182
Tornau
Sellichau
Durchwehn

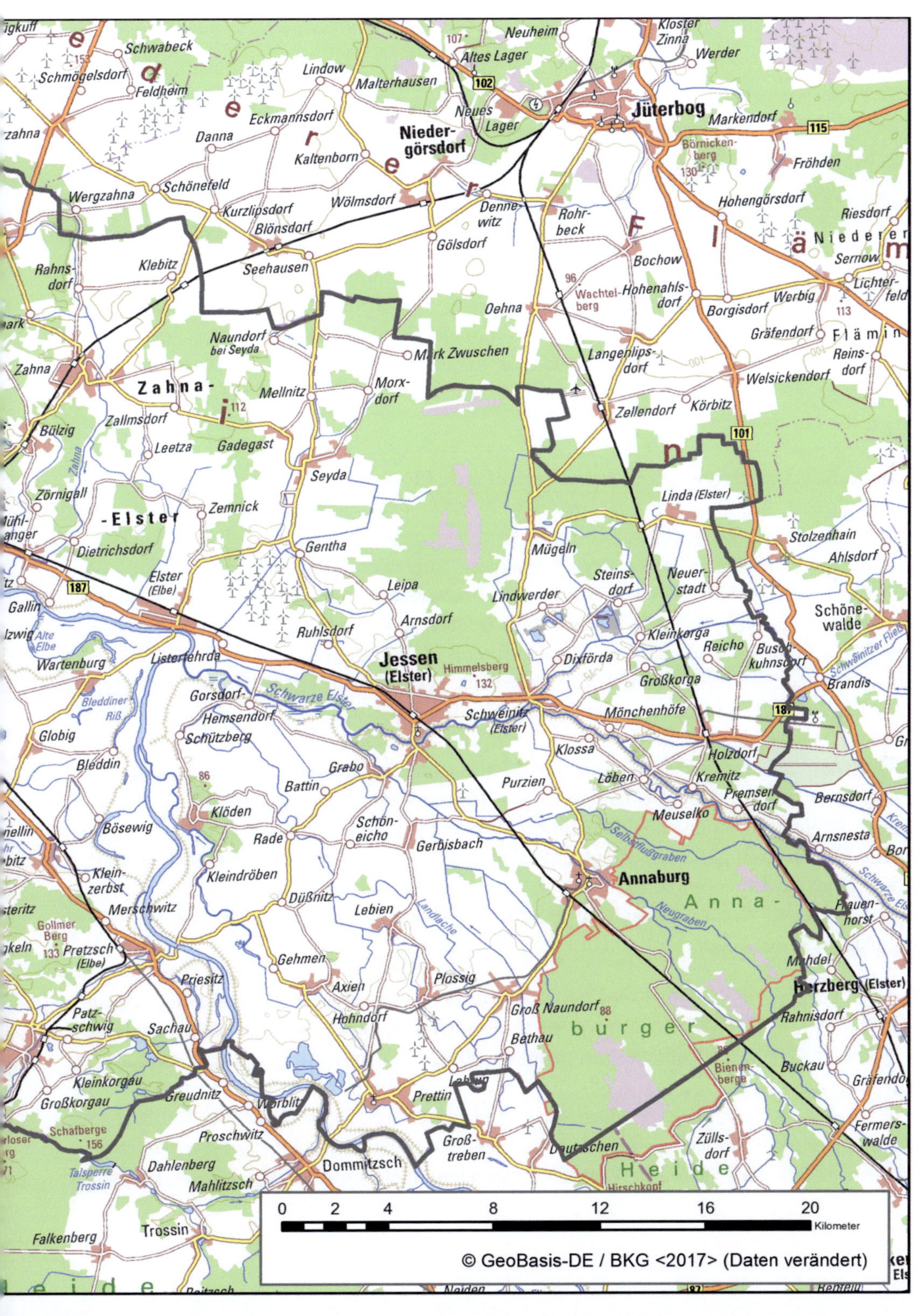

Schwabeck
Schmögelsdorf
Feldheim
Lindow
Malterhausen
Neuheim
Altes Lager
Kloster Zinna
Werder
Jüterbog
Markendorf
Eckmannsdorf
Danna
Kaltenborn
Niedergörsdorf
Neues Lager
Börnickenberg
Fröhden
Schönefeld
Wölmsdorf
Dennewitz
Rohrbeck
Hohengörsdorf
Riesdorf
Wergzahna
Kurzlipsdorf
Blönsdorf
Gölsdorf
Bochow
Niederen
Sernow
Rahnsdorf
Klebitz
Seehausen
Oehna
Wachtel-berg
Hohenahlsdorf
Borgisdorf
Werbig
Lichterfeld
Naundorf bei Seyda
Mark Zwuschen
Langenlipsdorf
Gräfendorf
Fläming
Zahna-
Mellnitz
Morxdorf
Zellendorf
Körbitz
Welsickendorf
Reinsdorf
Bülzig
Zallmsdorf
Leetza
Gadegast
Seyda
Linda (Elster)
Zörnigall
Zemnick
Stolzenhain
Ahlsdorf
-Elster
Gentha
Mügeln
Steinsdorf
Neuerstadt
Schönewalde
Dietrichsdorf
Leipa
Lindwerder
Elster (Elbe)
Arnsdorf
Dixförda
Kleinkorga
Reicho
Buschkuhnsdorf
Gallin
Ruhlsdorf
Großkorga
Brandis
Wartenburg
Listerfehrda
Jessen (Elster)
Himmelsberg
Schweinitz (Elster)
Mönchenhöfe
Holzdorf
Gorsdorf
Schwarze Elster
Klossa
Kremitz
Bernsdorf
Hemsendorf
Schützberg
Grabo
Purzien
Löben
Premsendorf
Globig
Bleddin
Battin
Schöneicho
Meuselko
Arnsnesta
Bösewig
Rade
Gerbisbach
Annaburg
Anna-
Frauenhorst
Kleinzerbst
Klöden
Kleindröben
Düßnitz
Lebien
Merschwitz
Mahdel
Gollmer Berg
Pretzsch (Elbe)
Gehmen
Plossig
Herzberg (Elster)
Priesitz
Axien
Groß Naundorf
burger
Rahnisdorf
Patzschwig
Sachau
Hohndorf
Bethau
Buckau
Gräfendo
Kleinkorgau
Großkorgau
Greudnitz
Wörblitz
Prettin
Labrun
Groß-treben
Deutschen
Bienenberge
Züllsdorf
Fermerswalde
Schafberge
Proschwitz
Heide
Talsperre Trossin
Dahlenberg
Dommitzsch
Mahlitzsch
Falkenberg
Trossin
Heide

Landschaftsgliederung der Region Wittenberg

Die Landschaft der betrachteten Region um Wittenberg liegt am Südrand des Norddeutschen Tieflandes und ist hauptsächlich durch die Saalekaltzeit (also die vorletzte Eiszeit) gebildet worden. Nach der aktuellen Landschaftsgliederung von Sachsen-Anhalt (REICHHOFF et al. 2001) wird die Region durch die folgenden Landschaftseinheiten gegliedert, wobei die Autoren hier zusätzlich den „Truppenübungsplätzen" eine eigene Landschaftsform zuweisen:

Der im nördlichen Bereich der Region verlaufende **Hochfläming** ist eine im Wesentlichen während der Eiszeit geprägte Landschaft. Das vorstoßende Inlandeis im Warthestadium der Saalekaltzeit schuf die Endmoränenrücken, Sander und Grundmoränenflächen. Auffällige Zeugen der ehemaligen Vergletscherung sind die als "Findlinge" bekannten und teilweise als Naturdenkmale geschützten, großen, mit den Moränen antransportierten, nordischen Geschiebe. Die entstandenen Sandlöße bildeten die standörtlichen Grundlagen für die landwirtschaftliche Nutzung. Gleichzeitig ist der Hochfläming eine von Wäldern bestimmte Landschaft. Die höchste Erhebung des Flämings in der Region ist der Hirseberg mit 184 m NN bei Berkau. Große, geschlossene Kiefernforste werden aufgelichtet von größeren, im Mittelalter während der Besiedlung entstandenen Rodungsinseln um die Ortschaften, die landwirtschaftlich als Ackerflächen genutzt werden. Der Wechsel vom Vorfläming zum Hochfläming wird durch erhalten gebliebene Buchenwälder bestimmt. Die Endmoränen sind als flache, lang gestreckte Hügelketten geformt, die nach Süden und Westen sanft abflachen. Die auslaufenden Täler und Flachmulden sind durch Wiesen bedeckt. Vereinzelt finden sich in dieser Landschaft charakteristische Bodensenken, die so genannten „Sölle", die in Abhängigkeit von der Niederschlagshäufigkeit und -menge wassergefüllt sind.

Der dem Hochfläming südlich vorgelagerte **Roßlau-Wittenberger Vorfläming** wurde gleichfalls durch die Inlandvereisung der Saalekaltzeit geprägt. Der zentrale Bereich ist ein Grundmoränenhügelland. Neben größeren Rodungsinseln wird auch hier das Landschaftsbild wesentlich durch ausgedehnte, trockene Kiefernforste bestimmt, welche die nach Norden ansteigenden Sanderflächen bedecken. In das trockene, sanft hügelige Gelände sind die Täler scharf eingetieft. Sie prägen den sonst wenig markanten Charakter dieser Landschaft mit ihren Talwiesen und kleinen Bruchwäldern. Mehrere Bachtäler (Rossel, Olbitzbach, Wörpener Bach, Grieboer Bach, Rischebach, Fauler Bach und Zahnabach), deren Ober- und Mittelläufe teilweise noch recht naturnah sind, unterbrechen dieses Hügelland und vermitteln den Eindruck einer abwechslungsreichen Landschaft. Hinsichtlich der landschaftlich-ästhetischen Situation ist das Rosseltal besonders hervorzuheben. Die vorherrschenden Nutzungsformen des Roßlau-Wittenberger Vorflämings sind heute eine intensiv betriebene Land- und Forstwirtschaft (Waldflächenanteil um 37 %, Ackerflächenanteil 50 %, Grünlandflächenanteil um 6 %). Die ehemaligen bachnahen Erlen-Eschen-Wälder sind einer Wiesennutzung gewichen und nur noch fragmentarisch vorhanden. Der Anstieg vom Elbetal zum Hochfläming verbindet sich mit einem Übergang vom mehr subkontinental getönten Klima des Elbetals zum mehr subatlantisch getönten Klima des Hochflämings. Die Potentielle Natürliche Vegetation der Lehm-Fahlerden und Braunerden sind im Roßlau-Wittenberger Vorfläming lindenreiche Eichen-Hainbuchen-Wälder mit unterschiedlichen Mischholzanteilen.

Östlich des Roßlau-Wittenberger Vorflämings schließt sich das **Südliche Fläming-Hügelland** an. Diese Landschaftseinheit umfasst den Bereich der breit entwickelten Sanderflächen der saalezeitlichen (warthestadialen) Eisrandlagen im östlichen Fläming und die südlich vorgelagerten weichselkaltzeitlichen Talsandflächen, die in die Talsandflächen des Elbe-Urstromtales übergehen. Im südöstlichen Teil durchragen bei Jessen die Stauchendmoränen der Arnsdorfer bzw. Jessener Berge (130 m NN) diese Talsandfläche als waldreiches, flachhügeliges Offenland. Im Allgemeinen schwankt die Höhenlage zwischen 70 und 100 m NN. Ein Teil der Landschaftseinheit ist die nördlich von Jessen gelegene Glücksburger Heide. In der durch jahrzehntelange militärische Nutzung entstandenen „Heide" befinden sich größere mit Besenheide bestandene Freiflächen, die nach Aufgabe der militärischen Nutzung nur teilweise freigehalten werden können und durch die natürliche Sukzession mit Pionierwald bestocken. Durch den Kiesabbau nordöstlich von Jessen entstehen zunehmend künstliche Wasserflächen in dieser ursprünglich gewässerarmen Landschaft. Das Südliche Fläming-Hügelland ist hinsichtlich der Potentiellen Natürlichen Vegetation ein Eichen-Hainbuchen-Waldgebiet, in dem die Winter-Linde als Mischholzart den Vegetationscharakter bestimmt. Ansonsten ist die Landschaft geprägt durch die Ackerlandschaft des Flottsandgebietes im Norden und die ausgedehnten kiefernforstbestandenen Sanderflächen, die in Siedlungsnähe von Ackerflächen durchbrochen werden. Die klimatischen Verhältnisse entsprechen einem subkontinental getönten Übergangsklima mit einer mittleren Jahrestemperatur von 8,4° C und einer mittleren Julitemperatur von >18° C. Die mittleren Jahresniederschläge liegen im Bereich von 500 –550 mm.

Südlich des Vorfläming schließt sich das **Dessau-Wittenberger Elbtal** an, das durch die breite, ebene Aue der Elbe und dem Strom selbst geprägt wird. Die Landschaftsentwicklung dieses breiten und zentralen Abschnitts des Elbetals wurde durch die Entwicklung der Schmelzwasserabflüsse vor der Gletscherrandlage der saalezeitlichen Inlandvereisung gebildet. Große Bereiche dieses Elbtals sind ausgedeicht und bleiben daher den alljährlichen Hochwasserereignissen ausgesetzt. Dieses Vordeichland wird durch großflächiges Grünland geprägt, das durch Altarme und Altwässer unterbrochen wird. Dagegen werden die eingedeichten Flächen überwiegend ackerbaulich genutzt. Südlich von Wittenberg sind Reste des ursprünglichen Hartholz-Auwaldes aus naturnahen Stieleichen-Ulmen-Wäldern erhalten. Die ehemals flussbegleitende Weichholzaue aus Weiden-Pappel-Wäldern ist nur noch fragmentarisch als schmaler Saum erhalten. Das Überflutungsgrünland ist durch die landwirtschaftliche Bewirtschaftung von ursprünglich mosaikförmig verbreiteten, differenzierten, artenreichen Grünlandgesellschaften zu artenarmen Auenfettwiesen degradiert worden. So ergibt sich in der Elbaue das Bild einer weitläufigen, durch Grünland, Weiden und sogar Äcker geöffneten Landschaft mit Auwaldresten, Baumreihen, Solitärbäumen, Gebüschen sowie Altwassern, Kolken und Gräben. Als Besonderheit sind stellenweise postglazial entstandene Sanddünen vorhanden, die von Kiefernforsten bedeckt sind. Das Dessau-Wittenberger Elbetal liegt im subatlantisch-subkontinentalen Übergangsbereich des Binnentieflandklimas.

Die Landschaftseinheit **Annaburger Heide und Schwarze-Elster-Tal** wird durch die gewässer- und waldreiche Landschaft im Gebiet der Schwarzen Elster bei Jessen–Annaburg gebildet. Sie besteht aus pleistozänen Niederterassen mit Dünenbildungen, die im nördlichen Bereich in holozäne Aueböden übergehen. Zahlreiche abgetrennte Altwässer der völlig begradigten Schwarzen Elster ergeben in der Aue eine hohe Gewässerdichte. Der landwirtschaftlich genutzte Teil wird von zahlreichen Entwässerungsgräben, wie Neugraben (mit dem Mollgraben), Mauergraben und Selbstflussgraben durchflossen. Die Annaburger Heide (die höchste Erhebung ist die „Schöne Aussicht" mit 75 m NN) wird militärisch genutzt. Daher sind größere unzugängliche Waldbereiche, aber auch Offenflächen mit Heide und Magerrasen vorhanden. Sie wird zum subkontinental geprägten Binnenlandklima gerechnet. Die weitgehend von Kiefernforsten bestandenen Niederterrassen und Dünen öffnen sich nach Nordwesten zum gemeinsamen Tal der Elbe und Schwarzen Elster. Hier treten kaum Reliefunterschiede zwischen der Heide und der Aue auf. Das Schwarze-Elster-Tal ist deutlich in die Terrasse eingetieft. Die Kiefernforste weisen durch fehlende Laubbaumverjüngung deutlich die Zeichen eines sehr hohen Wildbestandes, hier insbesondere von Rotwild, auf.

Südlich der Elbaue schließt sich die **Dübener Heide** als flachhügelige Landschaft an. Der zentrale nördliche Teil der Dübener Heide ist durch markante saalekaltzeitliche Stauchendmoränen geprägt. Nach Westen und Süden schließen sich saumartig Sanderflächen und ausgedehnte wellige Moränenflächen mit Resten vorgelagerter schwach ausgeprägter Endmoränen an. Bis auf kleinere Rodungsinseln ist die Dübener Heide fast völlig mit forstwirtschaftlich geprägten Kiefernwäldern bedeckt. Der ursprüngliche Traubeneichen-Rotbuchen-Wald existiert nur noch in kleinflächigen Resten. Im zentralen Teil weist die Dübener Heide ein Berghügel-Relief mit der höchsten Erhebung, der Hohen Gieck (190 m NN) auf. Kleine Fließgewässer in Schmelzwasserrinnen fließen teils zur Elbe, teils zur Mulde und weisen stellenweise eine naturnahe Morphologie auf. Im Raum Bad Schmiedeberg-Reinharz existieren im Mittelalter entstandene Stauteiche wie die Lausiger Teiche, der Ausreißerteich, der Rote Mühlteich und Heideteich, die fischereiwirtschaftlich genutzt werden. Daneben gibt es einige geflutete Tagebaugruben, z.B. der Bergwitzsee oder die Gniester Seen mit dem größeren Königssee. Teile des süd-südwestlichen Bereiches der Dübener Heide sind durch den ehemaligen Braunkohlenabbau im Tagebauverfahren landschaftlich verändert worden. Tagebaurestlöcher, Kippen und Halden bilden neue Landschaftsformen, die rekultiviert und landschaftlich gestaltet wurden. Unter den besonderen Bedingungen der militärischen Nutzung entstand in der Oranienbaumer Heide ein Mosaik unterschiedlicher Offenland-Biotope, zu deren Erhaltung eine Beweidung mit Heckrindern und Koniks unter naturschutzfachlichen Aspekten durchgeführt wird. Die tiefer liegenden Landschaftsflächen zählen zum Klimagebiet des subkontinental beeinflussten Binnentieflandes, während die höheren Lagen subatlantisch getönt sind.

Die **Bergbaulandschaften** nehmen eine Sonderstellung ein. Insbesondere durch den Abbau von Braunkohle kam es zu gravierenden Eingriffen in die natürlichen Zusammenhänge der Landschaft. Durch Waldrodung, Bodenabtragung und Grundwasserabsenkung wurden die umliegenden Landschaftsräume mit beeinflusst und somit gravierende Veränderungen des Naturhaushaltes bewirkt. Gleichzeitig sind auf den Bergbaufolgeflächen wertvolle Sekundärlandschaften mit Lebensräumen für Arten und Biotope entstanden. Auf den nährstoffarmen Kippen und Halden haben sich Trockenrasen und vorwaldartige Laubbestockungen gebildet. An den Tagebauseen entstehen langsam naturnahe Verlandungsbereiche.

Innerhalb der **Siedlungsbereiche** nimmt die Kreisstadt Wittenberg den größten urbanen Raum in Anspruch. Neben einem 33 ha großen historischen Stadtkern mit einer Bebauung aus dem 15. und 16. Jahrhundert und vielen historisch bedeutsamen Gebäuden entstanden Neubaugebiete mit fünfgeschossigen Wohnblöcken. Die größte Ausdehnung mit ca. 125 ha erstreckt sich am nordöstlichen Stadtrand. Daneben existieren Gebiete mit lockerer Bebauung (Gartenstadtbereiche), Siedlungen und einer Vielzahl von Kleingärten sowie ein nicht unerheblicher Anteil an Industriegebieten sowie ca. 80 ha Parks und Grünflächen. Die Vorstadtgebiete werden von einer lockeren Bebauung sowie von größeren Ackerflächen geprägt. Auch die anderen Städte, wie Jessen, Gräfenhainichen, Zahna, Seyda, Annaburg, Prettin, Pretzsch, Kemberg und Bad Schmiedeberg weisen dichter bebaute Zentren mit Straßenschluchten und versiegelten Freiflächen auf, die sich in den Außenbezirken auflockern. Östlich von Jessen befindet sich ein Obst- und Weinanbaugebiet. Die Dörfer weisen neben Wohnhäusern und Stallgebäuden, in denen heute nur noch wenig Nutzvieh gehalten wird, Baum-, Strauch- und Heckenstrukturen in den Gärten und Ruderalfluren auf Lagerflächen auf.

Die ehemaligen **Truppenübungsplätze**, die bis Anfang der 1990er Jahre von der sowjetischen Armee genutzt wurden, gehören heute zu den wertvollsten Offenlandschaften der Wittenberger Region. Sie bieten als große unzerschnittene Gebiete mit nährstoffarmen Böden vielen gefährdeten Pflanzen und Tieren Lebensraum. Durch das einstige Befahren mit Kettenfahrzeugen oder durch Schießübungen, wodurch es immer wieder zu Bränden kam, hat sich eine Landschaft entwickelt, welche ohne wesentliche Eingriffe durch Bewirtschaftung und Nutzung sich selbst überlassen wurde. In Bereichen mit hoher Munitionsbelastung und dem bestehenden Betretungsverbot finden wir ungestörte Naturentwicklungsflächen. Mit Hilfe von Naturschutz-Managementmaßnahmen in Form von Weide- und Mähnutzungen sollen die durch natürliche Sukzession wieder schwindenden Lebensräume erhalten werden. Um diese Gebiete dauerhaft auch als Rückzugsgebiete zu erhalten, wurden Teile der Glücksburger Heide, Oranienbaumer Heide und Woltersdorfer Heide als Naturschutzgebiete bzw. FFH- oder Vogelschutzgebiete unter Schutz gestellt.

Der Hochfläming ist eine von Wäldern bestimmte Hügellandschaft, in der ursprüngliche, altholz-reiche Rotbuchenbestände innerhalb der flächenhaften Kiefernforste erhalten sind. (Foto: I. Elz)

Der Roßlau-Wittenberger Vorfläming bildet eine Wald-Offenland-Landschaft mit einem hohen Waldanteil, aber auch ausgedehnten Feldfluren und feuchten Grünländern.

In dem von großflächigen Ackerlandschaften und strukturarmen Kiefernforsten dominierten Südlichen Fläming-Hügelland bieten auch kleinere Gehölze sowie Fließ- und Standgewässer, wie Gräben und Tümpel mit ihren Randstrukturen etlichen Säugetierarten Lebensraum.

Das Dessauer Elbtal wird in der Wittenberrger Region von einer breiten Überflutungsaue mit zahlreichen Altarmen und -wässern sowie Auenwald und Grünland geprägt, wie hier am Schönitzer und Radehochsee bei Riesigk. (Foto: I. Elz)

In der Niederung der Schwarzen Elster charakterisieren der überwiegend begradigte Fluss und mehrere abgetrennte Altwässer mit angenzendem Grünland und nur kleinen Auwaldresten das Landschaftsbild.

Die Annaburger Heide ist ein großes, geschlossenes Mischwaldgebiet, das von einem Grabensystem durchzogen ist und in dem sich größere, durch militärische Nutzung entstandene und durch magere Vegetation geprägte Freiflächen befinden.

Südlich der Elbaue liegt die Dübener Heide als das größte geschlossene Waldgebiet Mitteldeutschlands, das jedoch überwiegend aus Wirtschaftswäldern gebildet wird, deren aufkommen-
der Unterwuchs auch Säugetieren Deckung bietet.

Die in Folge des obertägigen Braunkohleabbaus entstandenen Folgelandschaften werden von
großflächigen Seen und Hügeln aus abgekipptem Rohboden eingenommen. Die natürliche Sukzession schafft Voraussetzung für die Ansiedlung von Säugetieren.

Die ehemals zahlreichen Lebensstätten für Fledermäuse und anderer Säugetiere in den Siedlungsbereichen werden, wie in den mittelalterlichen Gebäuden der historischen Altstadt von Wittenberg, durch die fortschreitenden Sanierungen weiter reduziert.

Die ehemaligen Truppenübungsplätze (hier: Glücksburger Heide) weisen Freiflächen mit schütterer und magerer Vegetation auf, die jedoch durch die natürliche Sukzession ständig zuwachsen.

Die regionale Säugetierforschung von damals bis heute

Einen hohen Bekanntheitsgrad erlangte die Stadt Wittenberg als Wirkungsstätte des Reformators MARTIN LUTHER. In vielen Tischreden und Briefen äußerte er sich auch über das Verhältnis des Menschen zu den Tieren, die für ihn beide Resultate der Schöpfung durch Gott sind. Etliche seiner Äußerungen sind allerdings aus heutiger naturwissenschaftlicher Sicht fragwürdig oder nicht richtig. Bei der Bibelübersetzung interpretierte/übersetzte er beispielsweise das hebräische Wort „Shapan" als Kaninchen. Es handelte sich dabei in Wirklichkeit um ein in Afrika und Westasien lebendes, kaninchengroßes Tier, dem Klippschliefer (*Procavia spec.*), das mit den Elefanten und Seekühen verwandt ist. Neben Luthers religiösen Deutungen sind nur wenige Äußerungen überliefert, die sich auf die lokale Fauna beziehen. So nahm Luther auf Bitten der Wettiner Fürsten verschiedentlich an Jagden teil, allerdings nur als Zuschauer (TREU 2004), auf der er z. B. im Lochauer Forst (jetzt Annaburg) „viele Hirsche" sah.

Wenngleich an der damaligen Wittenberger Universität auch namhafte Naturwissenschaftler lehrten, kennen wir fast keine Hinweise auf etwaige faunistische, insbesondere auch säugetierkundliche Tätigkeiten in der Wittenberger Umgebung. ARTUR HINKEL, der seine Beziehung zu den Fledermäusen in Wittenberg entwickeln konnte sowie sich mit Teilen der Onomastik beschäftigt, konnte dennoch einige Beziehungen namhafter Personen zu Wittenberg erkennen. Danach lebten, forschten und lehrten in Wittenberg folgende Persönlichkeiten, die über die Ländergrenzen hinaus bekannt sind.

Darunter befindet sich der namhafte Naturforscher **JOHANN FRIEDRICH VON BRANDT** (geb. 25.05.1802 in Jüterbog, gest. 15.07.1879 in Merreküll/Estland). Er besuchte als Schüler von 1818 bis 1822 das „Gymnasium Wittenbergense". Danach studierte er in Berlin neben Medizin u. a. auch Zoologie. Im Jahr 1826 promovierte er zum Doktor der Medizin. Da er in Deutschland keine Anstellung fand, emigrierte er [auf Vermittlung durch ALEXANDER VON HUMBOLDT (1769-1859)] 1831 nach Russland,  wo er Adjunkt-Direktor am Zoologischen Museum in St. Petersburg wurde und mehrere Professuren bekam. Er unternahm Reisen zur Halbinsel Krim, nach Bessarabien und in den Kaukasus und rüstete Expeditionen für andere Naturforscher aus. Der deutsche

Russlandforscher EDUARD FRIEDRICH EVERSMANN (1794-1860) benannte eine neue Fledermausart zu Ehren von BRANDT, heute *Myotis brandtii* (EVERSMANN, 1845), die Große Bartfledermaus. Als Professor MICHAEL STUBBE (Halle/S.) in Leningrad (das zuvor St. Petersburg hieß) Zoologie studierte, fand er in einem Archiv eine handschriftliche Kladde von EVERSMANN aus dem Jahr 1842, worauf dieser den ersten Entwurf für diese neue Fledermausart geschrieben hatte. Einen überarbeiteten Entwurf aus dem Jahr 1843 bildete STUBBE (in HEIDECKE 1989) ab. (gekürzt aus: Zum Gedenken an den 130. Todestag von JOHANN FRIEDRICH VON BRANDT (1802-1879) – Tagung des AK Fledermäuse Sa.-Anh. e.V., 2009 im Schloss Mansfeld, Text: A. HINKEL).

CHRISTIAN LUDWIG NITZSCH (1782-1837), Sohn des einstigen Pastors der Wittenberger Stadtkirche KARL LUDWIG NITZSCH, begann am 1. Juli 1791 an der Universität Wittenberg zu studieren, wo er sein Examen am 21. Dezember 1804 ablegte und Kandidat der Medizin wurde. Der spätere Anatomie-Professor in Halle/Saale hatte als Medizinstudent in Wittenberg die Mopsfledermaus gefunden und diese ganz nebenbei in einer Publikation über mikroskopische Untersuchungen an Vogelfedern erwähnt. 
JOHANN PHILIPP ACHILLES LEISLER (1772-1813), nach dem der Kleinabendsegler den wissenschaftlichen Namen *Nyctalus leisleri* trägt, nahm den Fund von NITZSCH auf und erbrachte damit im Jahre 1808 den vermeintlichen Erstnachweis der Mopsfledermaus für Deutschland. Auf Grund dieser „Sensation" beschäftigte sich LEISLER intensiver mit heimischen Fledermäusen und entdeckte in den Jahren 1812 und 1813 vier neue Arten: Wasserfledermaus, Bechsteinfledermaus, Kleinabendsegler und Kleine Bartfledermaus.

GEORG WILHELM STELLER (1709-1746), Arzt und bekannter deutscher Naturforscher, begann an der Wittenberger Universität ein Theologie-Studium, dass er später aufgab und in Halle Medizin weiterstudierte. 1734 legte er sein Examen als Arzt ab. Weil er in Preußen keine Aussicht auf eine akademische Karriere sah, ging er nach Russland. Er war Teilnehmer der vom dänischen Kapitän Vitus Bering geleiteten Zweiten Kamtschatkaexpedition 1741. 

Dabei entdeckte er die nach ihm benannte Stellersche Seekuh (*Hydrodamalis gigas*), die wenige Jahre später schon ausgestorben war, von der der Wittenberger Sammler JULIUS RIEMER eines der wenigen erhalten gebliebenen Hautstücke besaß. Eine Gedenktafel in der Schlossstraße 3 erinnert an seinen Aufenthalt in Wittenberg.

OTTO KLEINSCHMIDT (geb. 13.12.1870 in Kornsand a. Rhein, gest. 25.03.1954 in Lutherstadt Wittenberg) wurde 1927 als Provinzialpfarrer in die Lutherstadt Wittenberg berufen. Hier gründete er das kirchliche „Forschungsheim für Weltanschauungskunde" (später bekannt als „Kirchliches Forschungsheim"), welches er 26 Jahre lang leitete. Sein Thema war die geographische Variation im Tierreich. Er erkannte, dass Tierformen, welche sich in ihrer geographischen Verbreitung vertreten, Rassen ein und derselben Art sind, selbst wenn sie morphologisch-anatomisch stark variieren. Umgekehrt gehören Tierformen, welche einander unter Umständen  äußerlich sehr ähneln und in demselben Gebiet vorkommen, sich jedoch sexuell nicht mischen, verschiedenen Arten an. Das war nichts anderes als ein neuer Artbegriff. Um 1950 hielt er in Wittenberg regelmäßige Vorträge über die Tierwelt der Umgebung, so auch über den Biber an der Elbe, an denen der Autor (U.Z.) als Schüler teilnahm.

JULIUS RIEMER (geb. 04.04.1880 in Berlin, gest. 17.11.1958 in Lutherstadt Wittenberg) bekannt als Naturkundler und Höhlenforscher, erhielt nach 1945 von OTTO KLEINSCHMIDT das Angebot, im Schloss Wittenberg als Erweiterung zum dortigen Kirchlichen Forschungsheim ein Natur- und Völkerkundemuseum einzurichten. 1947 war der Umzug von Berlin abgeschlossen, 1949 erfolgte die Eröffnung der ersten Ausstellungsräume und 1954 die Gründung des Museums für Natur- und Völkerkunde „Julius Riemer" aus seiner über 150.000 Gegenstände umfassenden Privatsammlung, welches er bis zu seinem Tod leitete. Die Sammlung  enthält Objekte von teilweise sehr hohem wissenschaftlichem Wert, darunter eine einmalige Säugetiersammlung. So besitzt das Museum eine von weltweit drei Hautproben der ausgestorbenen Stellerschen Seekuh (*Hydrodamalis gigas*). Julius Riemer war ein anerkannter Partner von Wissenschaftlern in aller Welt, leistete aber auch in Wittenberg in den Fach- und Jugendgruppen eine unermüdliche Öffentlichkeitsarbeit. Das „Museum Riemer" galt bis 1989 als regelmäßiger Treffpunkt und Wirkungsstätte naturkundlicher Fach- und Arbeitsgruppen des Kulturbundes der DDR. Hier trafen sich Freizeitforscher, die sich vor allem der Ornithologie widmeten. Daneben war das Museum auch Heimstätte für Botaniker, Feldherpetologen und Säugetierkundler. Gegenwärtig ist das Museum geschlossen, die Exponate dieser Sammlung sind ausgelagert und harren der Neugestaltung einer Ausstellung.

Jagdbare Säugetiere und die Jagd in der Region

Die Jagd ist neben dem Fischfang eine der ursprünglichsten Tätigkeiten der Menschen. Bereits in der Altsteinzeit nutzten die damaligen Menschen die Jagd, um sich mit Nahrung zu versorgen. Gleichzeitig wurden die tierischen „Nebenprodukte", z.B. die Knochen als Werkzeuge und das Fell als Bekleidung oder für die Behausung genutzt. Erst als der Mensch anfing, Tiere zu zähmen und zu züchten, trat die Jagd für den Nahrungserwerb in den Hintergrund. Bereits im Altertum galt die Jagd auch als regulierender Eingriff in die Natur, um z. B. Wildschäden auf den Ackerflächen zu mindern. Daneben wurde sie bis ins Mittelalter als Freizeitvergnügen für den Adel als Privileg angesehen. Später entwickelte sich der Berufsjäger, der neben seiner jagdlichen Tätigkeit auch die Hege ausführte. Heute wird die Jagd von Jägern ausgeübt, die nach dem Jagdrecht ein Jagdrevier zur Ausübung der Jagd gepachtet haben.

Die Kreisjägerschaft in der Wittenberger Region hat gegenwärtig (2014) 370 Mitglieder, die in die sechs Hegeringe Zahna, Wittenberg, Pratau, Schleesen, Reinharz und Möhlau unterteilt sind. Im Jahr 2013 betrug die Jagdfläche 180.000 ha. Hier erfolgt die Jagd hauptsächlich auf Rot-, Dam-, Muffel-, Reh- und Schwarzwild. Dieses Wild dient einerseits als Fleischlieferant. Andererseits hatten die genannten Wildtierarten bei uns bislang keine natürlichen Feinde. Es entwickelten sich Bestandsdichten, die durch ihr massives Auftreten zu Schäden in Land- und Forstwirtschaft führten, weshalb durch die Jagd bestandsregulierend eingegriffen werden soll. Im Landkreis Wittenberg wurden in den Jahren 2011 bis 2013 folgende Anzahlen dieser Wildarten geschossen:

	2011	2012	2013
Rotwild	1.199	1.303	1.305
dav. Hirsche	253	292	289
Damwild	1.064	1.777	1.431
dav. Hirsche	206	335	243
Muffelwild	59	46	62
dav. Widder	19	14	16
Rehwild	4.767	5.587	4.789
dav. Böcke	1.820	2.112	1.953
Schwarzwild	4.376	5.817	4.238
dav. Keiler	281	405	347

Die Jagd auf Feldhasen und Wildkaninchen fällt gegenwärtig kaum ins Gewicht. So wurden in diesen drei Jagdjahren 24, 47 bzw. 35 Feldhasen gestreckt, bei den Wildkaninchen waren es nur 4 und 6 in den Jahren 2012 und 2013.

Daneben nimmt die Jagd auf Raubwild einen hohen Stellenwert ein:

	2011	2012	2013
Füchse	1.854	2.293	1.439
Dachse	93	149	108
Steinmarder	77	77	62
Baummarder	3	13	16
Iltisse	2	12	6
Waschbären	345	701	820
Marderhunde	148	225	157
Minke	28	36	30
Nutria	32	19	63

Tierarten, die dem Jagdrecht unterliegen, gliedern sich in „Haarwild" und „Federwild". Alle dem Jagdrecht unterstellten Haarwild- und damit Säugetierarten in unserer Region werden wie folgt untergliedert:

Schalenwild	**Niederwild**	**Raubwild**
Elchwild (Elch) [1]	Feldhase	Wildkatze [1]
Rotwild (Rothirsch)	Wildkaninchen	Luchs [1]
Damwild (Damhirsch)		Rotfuchs
Rehwild (Reh)		Steinmarder
Muffelwild (Mufflon)		Baummarder
Schwarzwild (Wildschwein)		Iltis [3]
		Hermelin
		Mauswiesel [1]
		Dachs
		Fischotter [1]
		Waschbär [2]
		Marderhund [2]
		Mink [2]
		Nutria [2]

[1] ganzjährige Schonzeit gemäß Verordnung über die Jagdzeiten v. 25.04.2002 zum Bundesjagdgesetz sowie der Verordnung zur Durchführung des Landesjagdgesetzes für Sachsen-Anhalt (LJagdG-DVO v. 25.07.2005)

[2] Tierarten, die nach dem LJagdG (Fassung v. 23.07.1991) auf der Grundlage §2 BJagdG jagdbar sind.

[3] Verordnung des Landesverwaltungsamtes Sachsen-Anhalt über das Verbot d. Abschusses f. d. Iltis vom 16.10.2014 bis 15.10.2019 zur Stabilisierung d. Iltispopulation und dem Populationserhalt.

Fledermäuse in Mythos, Religion und Aberglaube

Auszug aus: Die Bedeutung der Fledermäuse in Religion, Mythos und Aberglaube und sich daraus ergebende Gefahren für das Leben der Fledertiere (BERG 1985)

Am Anfang der Menschheitsgeschichte stand der noch unwissende Mensch den Naturgewalten hilflos gegenüber, einer Welt, die von unbekannten, unsichtbaren Wesen bevölkert ist, einer Welt von Göttern, die Regengüsse und Sonnenstrahlen schicken, von Dämonen, die Verderben bringende Blitze schleudern, von Geistern und Gespenstern, die nachts in den Träumen Unruhe stiften könnten.

Zauberei und Religion wurden eins. Man beschäftigte sich damit, um kommende Ereignisse vorherzusehen und Dämonen dienstbar zu machen. Solche Vorstellungen blieben bis in unsere Tage erhalten, und sie wurden besonders auf Fledermäuse angewendet. Im „Handwörterbuch des deutschen Aberglaubens" beschreibt RIEGLER (1929/30) unter dem Stichwort Fledermaus verschiedenste Beziehungen: Das Erscheinen von Fledermäusen im Traum galt als ein Vorzeichen von drohendem Unheil, als Ankündigung eines aufkommenden Sturmes auf dem Meer oder eines zu erwartenden Überfalls durch Wegelagerer. In verschiedenen Ländern und Kulturen spielten Fledermäuse unterschiedlichste Rollen. Fieberdämonen in Gestalt von Fledermäusen lauern in den Sümpfen Indiens und Sri Lankas auf Menschen, die sich in ihre Nähe wagen. Bei den Südslawen verkörpern die Flattertiere die Pest. Vorbote des Todes ist häufig die Krankheit, und Krankheit bedeutet es auch, wenn die Fledermäuse ihren Kot jemanden auf den Kopf fallen lassen. Als Todesboten fliegen die Fledermäuse über das Haupt eines vom Tode gezeichneten oder reißen ihm ein Haar aus. Es bedeutet einen Todesfall, wenn Fledermäuse ein Haus umschwärmen oder in die Stube hineingeschwirrt kommen. In Finnland glaubt man, dass die Seele eines Schlafenden den Körper verlasse und als Fledermaus umherfliege. Beim Erwachen kehre sie dann wieder in den schlafenden Körper zurück. Bei vielen Völkern finden wir die Version, dass die Seele Verstorbener in Gestalt von Fledermäusen nachts umherfliegt und keine Ruhe findet. In Sizilien sollen Menschen, die vorzeitig eines gewaltsamen Todes sterben, in der Gestalt von Fledermäusen ihre eigentliche Lebenszeit beenden müssen; dies beschreibt EISENTRAUT (1957) in „Aus dem Leben der Fledermäuse und Flughunde"

Neben dem bösen Omen, Unglücksboten zu sein, gibt es die gegenteilige, positive Wertung der Fledermäuse. Nach RIEGLER (1929/39) zeigt sich dieser Gegensatz besonders scharf in England. In der Grafschaft Shropshire werden die Fledermäuse im Norden getötet, im Süden aber für heilig gehalten. Es gibt einige Völker, bei denen Fledermäuse Symbole des Glücks darstellen. Man hat versucht, den „optimistischen“ Aberglauben durch Entlehnungen aus China zu erklären, da in diesem Lande die Tiere ausschließlich als Glückssymbole gelten. In der breiten Palette der Fledermaus-Symbolik in Religion, Mythos und Aberglaube wird diesen Tieren nur in geringem Maße eine Rolle als Glücksbringer zugestanden. Die Ansicht, dass sie Schrecken und Unheil bringen, ist viel weiter verbreitet. Die sonderbaren Tiere waren ohnehin immer geheimnisumwittert, auch bezüglich ihrer systematischen Zuordnung. So war man sich in früheren Zeiten nicht einig, ob es sich bei ihnen um Vögel oder Mäuse handelte. Das Ergebnis: Fledermäuse galten als „Zwitterdinge“ mit Flügeln der Vögel und Zähnen der Mäuse. Noch 1581 ordnete der Naturforscher GESSNER die Fledermäuse den Vögeln zu. In seinem großen Tierbuch schreibt er: „Die Flädermauß ist ein unreiner Vogel, nicht allein im Jüdischen Gesetz verbotten, sondern auch ein Greuwel anzusehen“. Selbst in unseren Tagen erkennen manche Menschen die Fledermäuse nicht als Säugetiere, obwohl bereits WOTTON 1552 ihre Zugehörigkeit zu den Säugern nachwies.

Legenden über die Fledermäuse flossen auch in die Sagenwelt ein. Bei OVID lesen wir, dass die Töchter des Königs Minyas zur Strafe für ihr Fernbleiben und somit für die Entweihung des Bacchusfestes zu Fledermäusen wurden und ihr Klagen mit dünnen, piepsenden Stimmen in der Abenddämmerung erklingen lassen. Hierin zeigt sich, dass die Metamorphose in eine Fledermaus häufig als Strafe für ein sündhaftes Leben galt. Ähnliche Vorstellungen haben wohl den Dichter HOMER geleitet, wenn er im 24. Gesang der Odyssee die Seelen der getöteten Freier, die von Hermes mit dem goldenen Heerstab aufgescheucht werden, mit den in einer Höhle aufgejagten Fledermäusen vergleicht.

Diese Auswahl der Beispiele lässt erkennen, warum gerade die Fledermäuse im Gegensatz zu anderen Lebewesen eine so herausragende Stellung in den Beziehungen zwischen Mensch und Tier, in Religion und Mythos, aber auch in Fabel und Sage einnehmen. Daraus lässt sich die Vielfalt der abergläubischen Vorstellungen mit ableiten. Diese Beziehungen lassen sich noch vertiefen, wenn wir die Sonderstellung der Fledermäuse speziell als nachtaktive Tiere betrachten. Eben diese Urangst vor der Finsternis führte bei unwissenden Menschen zu solch vielfältigen Aberglauben. Die stark ausgeprägte Phantasie und die Leichtgläubigkeit des Menschen wurden zu allen Zeiten von Scharlatanen ausgenutzt, um damit vor allem Geschäfte zu machen. Dies führte mit zum Verhängnis für manche Tiere, so auch für die Fledermäuse. Auf Grund ihrer Nachtaktivität schrieb man ihnen besondere Kräfte zu, vermutete Verbindungen zu geheimnisvollen Mächten. So lassen sich beispielsweise an Hand des Gesichtssinnes der Fledermäuse zwei völlig entgegengesetzte Aberglaubenskomplexe ableiten. Einerseits gelten die Fledermäuse wegen ihrer winzigen Augen als blind (englisches Sprichwort: „blind as a bat"), andererseits wird ihnen infolge ihrer nächtlichen Aktivität ein sehr scharfer Gesichtssinn und die besondere Fähigkeit, im Dunkeln sehen zu können, zugeschrieben – allerdings kannte man seinerzeit die Ultraschall-Orientierung noch nicht.

Weil man in der Dunkelheit fliegende Fledermäuse schlecht erkennen kann, ist ein anderer Aberglaube, nämlich der, dass die Fledermaus Unsichtbarkeit verleiht, entstanden. In einigen Ländern glaubt man, diese Fähigkeit zu erlangen, wenn man die Augen oder das Herz einer Fledermaus bei sich trägt. Annähernd vergleichbar mit diesem Aberglauben werden den Tieren aufgrund ihrer Lebensweise auch die verschiedensten mystischen Kräfte zugesprochen. So kann man sich z. B. kaum eine zünftige Hexenküche ohne die durch den magisch beleuchteten Raum flatternden Fledermäuse vorstellen. MONTANUS berichtet, dass die Hexen bisweilen als Fledermäuse umherfliegen und wie diese auch zur Bereitung ihrer Salben Organe der Fledermaus benutzen. Noch heute identifiziert ein Teil der mexikanischen Bevölkerung die Vampirfledermäuse mit Hexen, die den Schlafenden das Blut aussaugen. Selbst in unserer aufgeklärten Zeit sind in einigen westeuropäischen und überseeischen Ländern von Sekten betriebene Hexenkulte noch/wieder aktuell. Besonders ausgeprägt finden wir dies in England, und auch hierbei sind die Fledermäuse in manche Hexenrezepte und magische Formeln einbezogen. Hexentiere galten zugleich auch immer als Teufelstiere. Zwischen Fledermaus und Teufel findet man mannigfaltige Beziehungen. Nach Aussagen der Hexen ist „Flederwisch" einer der üblichen Teufelsnamen. Ein Volksglaube macht die Flattertiere zu Dienerinnen Satans; deshalb müsse man abgeschnittene Haare und Nägel (als Sitz der Seele) verbrennen, weil die Fledermäuse sie sonst dem Teufel bringen und dieser dann den Menschen holt. Nach dem Glauben der Zigeuner ist die Fledermaus aus einem Kuss entstanden, den der Teufel einem schlafenden Weib gab. Und fliegt eine Fledermaus ins Haus, so fliegt der Teufel hinterdrein. Oft stellt man den Satan mit Fledermausflügeln dar, und oft wird dann die Fledermaus mit dem Teufel identifiziert.

Andererseits bedient man sich der Flattertiere zur Teufelsbeschwörung. Der Teufelspakt wird gern mit Fledermausblut geschrieben. Will man ein Mädchen zum Tanze zwingen (der Tanz gilt als teuflisches Lockmittel zur Sinneslust), so schreibt man den Namen des Mädchens mit Fledermausblut auf einen Zettel, den man zu Boden wirft, und tritt das Mädchen darauf, muss es tanzen, ob es will oder nicht. Bei einer Teufelsaustreibung fliegt der böse Geist aus dem Munde einer Besessenen, ähnlich einer Fledermaus. Interessant für die animistische Bedeutung des Blutes ist der Volksglaube: „So viele Tropfen Blutes man von einer getöteten Fledermaus auf Seide fallen lässt, so viele Seelen entreißt man dem Teufel". Man vermutet in den Tieren menschliche Wesen, und wirft man sie in die Flammen, so hörte man deutlich vernehmbare Schimpfworte.

Auch seitens der Alchimisten werden den Flattertieren Hexen- und Teufelskräfte zugeschrieben. Die Volksmedizin früherer Epochen kennt in manchen Ländern „eine Fülle von Getränken, Mixturen und Salben, die aus Fledermäusen oder aus bestimmten Teilen von ihnen hergestellt werden, und gibt die verschiedensten Anwendungsmöglichkeiten" (EISENTRAUT 1957). Ein koptisch-medizinischer Papyrus empfiehlt, eine Sehstörung durch Fledermausurin, gut gemischt mit der Galle des Nilkarpfens und dem Saft der wilden Raute, zu heilen. PLINIUS erwähnt erstaunliche Mittel aus Fledermäusen gegen „Gicht, Schlangenbiss, Bauchgrimmen, Enthaarung, Triefaugen u.v.m.". Der arabische Arzt IBN-AL-BEITHAR (gest. 1248) hat in seinem Buch der einfachen Heilmittel der Fledermaus einen langen Abschnitt gewidmet. Er verordnete beispielsweise gegen Ischias in Sesamöl und gegen Asthma in Jasminöl gekochte Fledermäuse. Im hellenisch-hebräisch-ägyptischen Schlafzauber (300 bis 350 v. d. Z.) dient eine lebende Fledermaus mit auf den Flügeln gemalten magischen Zeichen und Bildern als Schlafmittel, wohingegen man durch das Verspeisen von sieben Fledermausherzen oder das Beisichtragen von einer Fledermaus die gegenteilige Wirkung erwartet. Der berühmte MAYENNE (gest. 1655), Arzt zweier französischer und dreier englischer Könige, kurierte die Hypochondrie mit einer geheimen tierischen Salbe, dem 'Fledermausbalsam' (EISENTRAUT). RIEGLER schreibt: In der „modernen" Volksmedizin finden die Fledermäuse Verwendung gegen Erkrankungen der Augen, beim Zahnen, gegen Fieber, Hühneraugen, Rheumatismus, Warzen usw.

Letztendlich spielen die geheimnisvollen Kräfte der Fledermäuse auch eine Rolle bei amourösen Abenteuern. Als angeblich blinde, die Nacht schlaflos verbringende Tiere werden die Fledermäuse zu Erweckern blinder, höriger Liebe. Nächtlich lebende Tiere, die in der Dunkelheit ihr heimliches Wesen treiben, sind besonders dazu geeignet, mit erotischen Visionen verknüpft zu werden. So mussten nach RIEGLER die Tiere für die Herstellung von Liebesträhken und zur Bereitung anderer Lockmittel Amors herhalten. In Anbetracht der Begehrtheit solcher Liebesmittel ist es nicht verwunderlich, dass sie auch heutzutage noch in verschiedenen Ländern zur Anwendung kommen.

Oberflächliche Beobachtungen und dramatisierende Berichte oder auch Falschmeldungen führen selbst in unseren Tagen immer wieder zur Vernichtung völlig harmloser

Fledermäuse. Oft spielen dabei falsche oder ungenaue Kenntnisse über Lebensweise und Ernährungsbiologie eine wesentliche Rolle. Auf diese Art hat wohl auch unser Abendsegler in früheren Zeiten seinen Namen „Speckmaus" erhalten. Im BREHM (1912) kann man dazu folgendes lesen: „Der vorurteilsvolle Mensch hat diesen harmlosen Tierchen mancherlei Verleumdung zuteil werden lassen, und die große Menge ist mit Abneigung gegen sie erfüllt, anstatt sie im eigenen Nutzen zu hegen und zu schützen. Unrichtig schon ist die Behauptung, dass die Fledermäuse den Speck in den Vorratskammern benagen; denn keine einzige von ihnen frisst Speck, und der in der Volkssprache allgemeine Gebrauchsname „Speckmaus", der auch in die Wissenschaft übergegangen ist, scheint daher zu kommen, dass die Fledermäuse zum Zwecke ihrer Erhaltung während des langen Winterschlafes unter der Haut sehr beträchtliche Speckmassen ablagern und diese zum Vorschein kommen, wenn man ein Tier gewaltsam tötet und dabei die zarte Haut zerreißt. Später hat man aus dem Namen die angedichtete Sünde abgeleitet, welche Ansicht noch eine wesentliche Unterstützung in dem Umstand fand, dass sich die so genannten Speckmäuse gern in dunklen Räumen verbergen und daher auch vielfach in Speck- und Räucherkammern angetroffen werden".

Der wohl am weitesten verbreitete, besonders bei Frauen Angst und Schrecken erzeugende Irrglaube ist, dass Fledermäuse in die Haare flögen. Verständlich ist, dass Frauen, die daran glauben, mitunter darauf drängen, die Tiere aus ihren Quartieren in menschlichen Bauten zu vertreiben oder sie gleich zu töten. Man legte sogar Gift im Keller aus, auch gegen Fledermäuse! Dies zeugt nicht nur von einem über Generationen hinweg weiterentwickelten anerzogenen Ekel vor Fledermäusen, sondern auch von totaler Unwissenheit über ihre Ernährungsbiologie. In Wirklichkeit kommt es aber nicht vor, dass Fledermäuse in die Haare fliegen und sich dabei so stark verfitzen, dass man sie nur noch herausschneiden kann. Die Ursache für den „Haar-Aberglauben" wird mit der fast vollständigen Kahlheit der Flughäute begründet. Von Natur aus bangen Menschen um ihr Haupthaar, und so hat sich der Aberglaube vom Haardämon besonders hartnäckig bis in unsere Tage erhalten.

Aber Menschen lassen sich leicht, und oft genug auch heute noch, durch abergläubische Visionen, Gerüchte und unüberlegte, geradezu leichtfertige Darstellungen in der eigenen Phantasie beeinflussen. Besonders spektakulär ist es, wenn abergläubische Vorstellungen über Fledermäuse in unserer Zeit bei den verschiedensten Anlässen — bewusst oder unbewusst, auch unter dem Mantel der künstlerischen Freiheit — noch popularisiert werden. Zur Darstellung von gespenstischen Treiben, Hexenzauber und Spuk werden immer wieder symbolisch Fledermäuse ins Bild gerückt, um Abscheu, Angst und Schrecken zu verbreiten. Durch abergläubische Visionen, Gerüchte und unüberlegte, geradezu leichtfertige Darstellungen und deren Nichtbewältigung, in der eigenen Phantasie, drohen teils drastische Entgleisungen. Dies zeigt sich leider auch noch in unseren Tagen. Es kommt immer wieder vor, dass unsere streng geschützten und nützlichen Fledermäuse Opfer unüberlegten oder grausamen Handelns werden.

Kleine Freunde

(KLAUS JAUER, Rackith 30.10.2009)

Unterm Dach in unserm Haus
schläft´ne kleine Fledermaus:
„Bleib nur ruhig liebes Tier,
wohnen darfst du immer hier!

Lebst ganz heimlich und bescheiden,
manch Leute können dich nicht leiden,
weil sie aus Urgroßmutterszeiten
noch heute dummes Zeug verbreiten."

In all den langen Jahren
saß nie ein Tierchen in den Haaren,
von aufgeregten Damen,
die deshalb fast ums Leben kamen.

Auch sind aus völlig anderen Gründen
oft Flecken an deren Hals zu finden.
Da war auch nie, das wissen wir,
ein Fledermäuschen der Vampir.

Im Gegenteil ist ohne Frage,
im Kampf gegen manch Insektenplage,
die Fledermaus ein Kamerad,
der uns schon oft geholfen hat.

Man sieht sie dann nach warmen Tagen,
abends die dicken Motten jagen.
Wer´s noch erlebt, hat großes Glück,
denn ihre Zahl geht stark zurück.

Drum sollten wir alle Kräfte nützen,
die Fledermäuse gut zu schützen.
Sie brauchen jetzt schon hier und heute,
viele hilfsbereite Leute!

Der Mythos „Wolf" - zwischen gut und böse

Beitrag von: Janine Meißner, Bad Schmiedeberg (Mitarbeiterin der Wildtierarten-Kontaktstelle Naturpark-Verein Dübener Heide e.V.)

Ganz unabhängig von einer unmittelbaren persönlichen Erfahrung mit freilebenden Wölfen, und derselben wohl überwiegend entbehrend, zeichnet uns eine bemerkenswert starke emotionale Prägung unserer Einstellung dem Wolf gegenüber aus. Unabhängig auch von einer unmittelbaren Berührung oder direkter Betroffenheit hält wohl jeder von uns ein Meinungsbild den Wolf betreffend vor und kaum jemandem ist die gedankliche Auseinandersetzung mit ihm unbekannt oder gar egal. So sind es menschliche Eigenschaften und Projektionen auf den Wolf, wenn wir vom Isegrim und bösen Wolf aus Fabel und Märchen ausgehen, denen wir Heimtücke, Verschlagenheit und Habgier zusprechen, was uns Unbehagen und Angst bereitet und woraus wir konsequentermaßen eine Ablehnung des Wolfes ableiten. Sehen wir in „demselben" Wolf jedoch unseren Haushund oder den „Bruder Wolf" und schätzen ihn ob seiner Überlegenheit, Anpassungsfähigkeit und Dynamik, so kann von ihm auch eine gewisse Faszination ausgehen, die uns – und das stellt das andere Extrem dar – den Wolf verehren lässt.

Der bedrohlich beängstigende Wolf aus dem Grimmschen Rotkäppchen sowie derjenige den Erzählungen Jack Londons entlehnt, welcher vor wildromantischer Kulisse Individualismus und Abenteuer verkörpert, spannen hierbei den Bogen und illustrieren die beiden extremen Gegenparte. Diese Gegensätzlichkeit unserer menschlichen Einstellung dem Wolf gegenüber widerspiegelt letztlich den Abwägungsprozess zwischen der Bewertung seiner Wiedereinwanderung als eine „Bereicherung" oder eine „Bedrohung". Romulus und Remus, die von einer Wölfin gesäugt werden, Vorstellungen vom Werwesen Wolf (Werwolf) und der Verwandlung eines Menschen in ein Tier, Geri und Freki als Begleiter Odins und nicht zuletzt Charles Perraults *Le Petit Chaperon rouge* als das französische „Original" und Ursprung unseres Rotkäppchens zeugen hiervon. Auch die Äsop-Fabel vom „Kranich und dem Wolf" an der Fassade des Kurhauses in Bad Schmiedeberg spielt mit diesem Bild.

Nachdem der Wolf in Deutschland einmal flächendeckend verbreitet war, gibt es Hinweise auf ihn in Form von „letzten Wölfen" und Landmarken auch aus unserer Region.

So zeugt die Sandsteintafel über dem Portal der Gaststätte „Grauer Wolf" in Wittenberg von der Erlegung eines Wolfes bei der Jagd in Wulvesluk (Wolfsluck) bei Piesteritz im Jahre 1547. Die Strecke des Jagdlagers des Kurfürsten Johann Georg I. bei Düben (Tornauer und Söllichauer Heide) zählt nach „144 hauenden Schweinen, 252 Bachen, 272 Frischlingen, über 200 Stücken Rotwild, 52 Rehen, 2 Spießhirschen (Damwild?) und 6 Füchsen" auch 3 Wölfe. Der Kurfürst von

Sachsen-Wittenberg gab den Jägern 1519 einen Scheffel Korn, als sie in Kemberg und Pratau je einen Wolf erlegten, in Straach sogar vier. Auch bei Kropstädt und bei Schmiedeberg trieben sich Wölfe herum. So gab das Amt Wittenberg 25 Groschen „fur vii junge wolff", die getötet wurden, aus. Im Mehlsdorfer Busch östlich von Jessen wurde am 24.03.1961 ein 70 kg schwerer Wolf mit einer „gestreckten Länge von 185 Zentimetern" und einer „Risthöhe von 83 Zentimeter" erlegt.

In Flurnamen macht der Wolf seither noch immer von sich reden, weiß man um den Wolfsgrubenberg nördlich von Tornau und Söllichau oder die Wolfskeiten bei Schwemsal sowie die Wolfsgärten bei Durchwehna in der Dübener Heide. Auch die Wolfsberge in Berkau, Wolfsraden in Klitzschena, der Wolfswinkel in Melzwig, die Wolfswinkelhutung in Pratau, die Wolfsholze und die Wolfswiese in Rahnsdorf, in Zahna ein Flurstück, welches Wolfsauge heißt sowie die Siedlung „Wolfswinkel" bei Zemnick tragen den „Wolf" noch im Namen.

1537 wird aus Pratau gemeldet, dass ein Bauer ein altes Schaf verlor, das der Wolf wegschleifte und so auffraß, dass nur noch die Füße und „das gebutte" (Gedärme) zu finden waren. Während wir einer unmittelbaren Berührung oder direkten Betroffenheit überwiegend entbehren, trat der Wolf vormals als unmittelbarer und direkter Nahrungskonkurrent des Menschen in Erscheinung, was maßgeblich zu seiner Ausrottung beigetragen haben wird. Auch Erlebnisse, wie sie der Söllichauer Pfarrer im Zuge des Dreißigjährigen Kriegs am 11.01.1656 mit den Worten: „Mein Filial Tornau ist dermaßen durchs Feuer verheert, dass es bekannte Leute kaum wieder finden können. In Schwemsal halten die Wölfe Zusammenkünfte, und in Söllichau und Durchwehna sind kaum noch 40 Leite anzutreffen." beschreibt, werden ihr Übriges dazu beigetragen haben, den Wolf mit Unheil und Not zu assoziieren.

Die Wiedereinwanderung des Wolfes wird eine Herausforderung bedeuten und stellt die Menschen ohne Zweifel vor eine große Aufgabe. Wirtschaftliche Auswirkungen und Risiken können hinsichtlich der Beziehungen zur Nutztierhaltung bestehen. Vor allem Schafe müssen durch geeignete Maßnahmen vor Übergriffen durch den Wolf geschützt werden. Unsicherheiten im Umgang mit dem Wolf bestehen auch in anderen Bereichen. Zum Beispiel gibt es offene Fragen zu den Auswirkungen auf den Tourismus, die Jagd oder den allgemeinen Umgang mit dem Wolf.

Den Unsicherheiten ist mit einer Regionalisierung des Wolfsmanagements und einer breiten gesellschaftlichen Verankerung dieser Themen in den Entwicklungszielen der Region geeignet zu begegnen. Die natürliche Entwicklung der Wiedereinwanderung des Wolfes werden wir nicht verhindern können. Der Schutz des Wolfes ist eine gesellschaftliche Aufgabenstellung, über die wir nicht entscheiden. Besteht am Wolf tatsächlich ein gemeinschaftliches Interesse, so wäre das „Ja" zum Wolf eine gemeinschaftliche Entscheidung. Diese gälte es dann, als Gemeinschaft in Verantwortung füreinander und für den Einzelnen im Vertrauen auf die Unterstützung der Gemeinschaft zu tragen. Der erste Schritt sollte dabei wohl darin bestehen, alle Risiken offen zu benennen und gemeinsam zu versuchen sie zu minimieren.

Gefährdungen heimischer Säugetiere

Von jeher neigt der Mensch dazu, Pflanzen und Tiere danach zu bewerten, ob sie gut und nützlich sind oder ob sie schädlich sind und damit unnütz. Um aber ein gesundes Gleichgewicht in der Natur zu erhalten, hat jede Art ihre Bedeutung und sei sie noch so klein und unscheinbar. Über all das stellt sich der Mensch und durch sein Tun verändert sich stetig die Umwelt. Dadurch wurde auch unsere heutige Landschaft geprägt und damit in gewissem Maße auch die Existenz der heute bei uns vorkommenden Säugetiere. Die Art und Weise, wie wir unsere Umwelt nutzen und damit die Naturräume verändern, wirkt sich nachhaltig auf die Artenzusammensetzung und die Häufigkeit unserer heimischen, wildlebenden Tierwelt aus. Neben der Besiedelung und Urbarmachung gestalten sich die stärksten Auswirkungen insbesondere durch Land- und Forstwirtschaft sowie durch den ehemaligen Bergbau. Inzwischen gelten 35 Säugetierarten gemäß Roter Liste in Sachsen-Anhalt mehr oder weniger stark gefährdet. 5 weitere sind oder waren ausgestorben bzw. verschollen (der Wolf ist inzwischen wieder erschienen).

Vor allem die Tiere des Offenlandes erfahren durch die intensive Landwirtschaft (z. B. durch Schlagvergrößerung und Melioration, Reduzierung der Fruchtarten, Einsatz großer Maschinen und komplexer Technik, Verwendung von Agrochemikalien, Reduzierung der Ackerrandstreifen und Entbuschung, Rückgang der Weidewirtschaft u. ä.) deutliche Einbußen ihrer Lebensräume in der Agrarlandschaft. BOYE (1992) stellte fest, dass großflächig ackerbaulich genutzte Räume von den meisten einheimischen Insektenfresser- und Raubtierarten zwar „zeitweise besiedelt" werden können, „aber ein längerfristiges Überleben unmöglich ist". In unserer Region wurde dies beispielsweise in der Elbaue und dem angrenzenden Deichhinterland besonders ab den 1970er Jahren deutlich. Auf Grund der vielgestaltigen Inanspruchnahme und Nutzung wurde damals z. B. der Biber stark in Mitleidenschaft gezogen. Neben dem Entzug des Lebensraumes wirken diese Faktoren auch auf die Besiedlung mit wirbellosen Tierarten negativ und führen damit zur Nahrungsverknappung für insektenfressende Säugetiere, wie es die Bestandsentwicklung vieler Arten der Insektenfresser (Insectivoren) andeutet (HOFMANN et al. 2016).

Während einige Generalisten unter den Säugetieren, wie Wildschwein und Reh, unter diesen Bedingungen gefördert werden, führte dies andererseits zur Verarmung der

Landschaft oder gar zum Verlust bestimmter Lebensräume und damit an Arten, die daran gebunden sind. Die Folge ist der bedenkliche Rückgang der Bestände der Kleinsäuger, wie z. B. beim Feldhasen oder Mauswiesel. Die sich gegenwärtig abzeichnende Steigerung des Pflanzenanbaus zur Energiegewinnung aus Biomasse lässt weitere Auswirkungen auf die Kleinsäugerfauna der Agrarlandschaft erwarten. Neuere Untersuchungen zeigen, dass der vermehrte Anbau von Mais als Energiepflanze sogar zum Verschwinden der Feldmaus führen kann.

Der Landkreis Wittenberg zählt im Bundesland Sachsen-Anhalt nach dem Harz zu den waldreichsten Regionen. Auch wenn seit längerem die Größe der Waldfläche relativ stabil geblieben ist, verschlechterten sich durch intensive Nutzung in Form von starker Holzentnahme (z. T. Ganzbaumnutzung) die Lebensbedingungen für waldbewohnende Säugetierarten mit großem Raumanspruch, z. B. Rothirsch und Damhirsch. Zunehmend werden alte Bestände von Eiche und Rotbuche durchforstet und dadurch u.a. der Baummarder zurückgedrängt. Durch die Entnahme von alten Laubbäumen sowie von Stark- und Totholz sind die Säugetierarten gefährdet, die Baumhöhlen und Spaltenquartiere an Bäumen bewohnen. Dazu zählen vor allem die Fledermäuse. Ein zusätzlicher Konfliktbereich besonders an Straßen und Wegen ist die so genannte Verkehrssicherungspflicht, wonach hohle Äste oder Bäume entfernt werden müssen.

Innerhalb der Land- und Forstwirtschaft werden zudem Umweltchemikalien ausgebracht, die Säugetiere beeinträchtigen können. Neben der direkten Bekämpfung von Nagetieren durch Rodentizide sind gerade die insektenfressenden Arten, wie Spitzmäuse und alle Fledermäuse durch die Anwendung von Insektiziden und die daraus folgende Reduzierung der Wirbellosenfauna und damit der Nahrungstiere gefährdet. Innerhalb der Nahrungsketten kann es auch zur Anreicherung von Schadstoffen in den Beutetieren kommen, wovon dann indirekt Fledermäuse und andere säugetierartige Prädatoren besonders betroffen sind.

In den Gewässerlebensräumen sind die semiaquatischen Säugetiere, wie Biber, Fischotter und Wasserspitzmaus durch Melioration, Gewässerausbau und -unterhaltung gefährdet. Aus Gründen des Hochwasserschutzes wurden nach den großen Hochwassern 2002 und 2013 die nahe am Gewässer stockenden Gehölze beseitigt und teils auch Flutmulden verfüllt. Neben den semiaquatischen Arten werden auch Zwergmaus, Iltis und verschiedene weitere kleinere Säugetiere durch das Verschwinden von Feuchtgebieten nachhaltig beeinträchtigt. Neben dem direkten Verlust an Lebensräumen und Ruhestätten für die genannten Arten bedeutet dies aber auch eine Reduzierung des Nahrungsangebotes für bestimmte Fledermaus- und Spitzmausarten.

Für viele Säugetierarten stieg in den letzten zwei Jahrzehnten durch Zunahme des Fahrzeugverkehrs die Gefahr des Verkehrstodes, welcher lokal durchaus zu bestandsbedrohenden Verlusten führen kann, z. B. beim Igel. Die Zunahme an Siedlungs- und Verkehrswegebau und deren Ausbau und Befestigung führt zu einer anhaltenden Verbauung und intensiveren Nutzung von Flächen, die für verschiedene Säugetierarten bislang als Rückzugs- und Einstandsgebiet galten. Damit verbunden ist eine allgemeine Vernichtung von Lebensräumen und Störungen im Umfeld, wodurch bestimmte Arten verdrängt werden. Durch die Zerschneidung kommt es zur Verinselung und besonders kleine Arten mit geringem Aktionsradius können sich nicht mehr „austauschen". Treten Krankheiten auf und damit verbundene Sterblichkeit, können Jahre vergehen, ehe eine Wiederbesiedlung einsetzen könnte.

Im ländlichen Siedlungsbereich führt der Rückgang der Nutztierhaltung, der Abriss oder die Renovierung von älteren Gebäuden, der Rückgang von Haus- und Nutzgärten sowie eine zunehmende Bodenversiegelung zur Reduzierung oder Vernichtung von Lebensraum für synanthrope Arten. Besonders seit Ende der 1990er Jahre sind die Wohn- und Versteckmöglichkeiten an Gebäuden durch den Ausbau von Keller- und Dachbereichen durch Maßnahmen zur Wärmedämmung stark zurückgegangen. Nicht zu vergessen sind auch die Verluste an Kleinsäugern, besonders von Spitzmäusen und Fledermäusen, durch freilaufende Hauskatzen, wie es JENTZSCH (2004) für das Wohngebiet „Eislebener Breite" beschreibt. Speziell für Fledermäuse ist die zunehmende Zahl der Windkraftanlagen eine weitere (und neu hinzu gekommene) Gefährdungsursache. So könnte der Windpark Kemberg−Rackith−Schnellin und die große Zahl der Anlagen unmittelbar nördlich der Kreisgrenze im Land Brandenburg einen Barriereeffekt für ziehende Fledermäuse ausüben, abgesehen von den zahlreichen direkten Schlagopfern unter den Anlagen (*www.lugv.brandenburg.de*). Der Tod an Windrädern erfolgt zum Teil direkt an den Rotorblättern, ein anderer Teil fällt einem Barotrauma zum Opfer: Durch Verwirbelungen und Druckabfall hinter den Rotorblättern platzen die Lungen und inneren Organe der Fledermäuse. Es wird hochgerechnet, dass jährlich bis zu 200.000 Fledermäuse an deutschen Windenergieanlagen verunglücken, die Auswirkungen auf die Populationen der einzelnen Arten sind noch unbekannt.

Schutz heimischer Säugetiere

Gesetzliche Grundlagen

Die meisten in Sachsen-Anhalt und damit in der Region Wittenberg vorkommenden Säugetierarten besitzen einen Schutzstatus, der auf unterschiedlichen gesetzlichen Grundlagen beruht. Der Schutz unserer Säugetiere untersteht dem Naturschutz- und Jagdrecht. Im Bereich des Natur- oder Artenschutzes werden, um den Grad der Gefährdung einer Art einzuschätzen, deren gegenwärtige Häufigkeit, Trends in der lang- und kurzfristigen Bestandsentwicklung sowie bereits absehbare, zukünftige Einflüsse betrachtet. Diese Faktoren finden bei der Erarbeitung Roter Listen von gefährdeten Arten Berücksichtigung. Diese bilden dann die Grundlage für besondere Maßnahmen in Form von Artenschutzprogrammen. Der Säugetierschutz ordnet sich allgemein in die aktuellen Strategien des Naturschutzes ein (BMU 2007, NABU 2008). Daneben werden aber auch Arten besonders berücksichtigt, die im europäischen Rahmen gefährdet sind oder Schwerpunkte ihres Vorkommens in Sachsen-Anhalt haben.

Die wichtigste Grundlage für alle Schutzbemühungen ist jedoch das Verständnis für ökologische Zusammenhänge in der Natur bzw. Umwelt. Ein wesentlicher Grundsatz findet sich im Ausspruch von ALBERT SCHWEIZER: „Habt Ehrfurcht vor dem Leben". Es geht nicht um gut oder nützlich, sondern um die Vielfalt und Lebensqualität der heimatlichen Natur, die von den Menschen genutzt und erlebt werden darf.

Nachfolgend soll eine Übersicht der im Jahr 2014 geltenden Gesetze und sonstigen Bestimmungen aufgezeigt werden. Der Schutz wildlebender Säugetierarten in Deutschland basiert im Wesentlichen auf drei Rechtsprinzipien:

Das **Artenschutzrecht** dient der Umsetzung internationaler Rechtsnormen im Bereich des Artenschutzes zum Schutz bedrohter Arten. Generell wird für jedes Individuum ein Mindestschutz in Form eines „allgemeinen Schutzes für wildlebende Tiere" gefordert. Danach ist es verboten, Tiere mutwillig zu beunruhigen oder ohne vernünftigen Grund zu fangen, zu verletzen oder zu töten. Wesentlich strengere Schutzbestimmungen gelten darüber hinaus für „besonders geschützte Tierarten". Für die hier genannten Arten bestehen so genannte Zugriffs- (z. B. Nachstellen, Fang), Besitz- und Vermarktungsverbote, und es wird ein Schutz ihrer Fortpflanzungs- und Ruhestätten rechtlich festgelegt. Für eine weitere engere Auswahl von Tierarten, den „streng geschützten Arten", gelten neben den o. g. Festlegungen noch weitergehende Schutzbestimmungen. Das betrifft vor allem weitere Zugriffsverbote, die erhebliche Störungen während sensibler Lebensphasen wie Fortpflanzungs-, Aufzucht-, Überwinterungs- und Wanderungszeiten untersagen.

Im **Naturschutzrecht** sind weitere für den Säugetierschutz relevante Regularien verankert. Hierzu zählen vor allem:

- die Landschaftsplanung, die auf Landesebene Entwicklungsziele und Schutzmaßnahmen im Arten- und Biotopschutz formuliert,

- die Eingriffs- und Ausgleichsregelungen, die gravierende Beeinträchtigungen von Lebensräumen außerhalb von Schutzgebieten vermeiden und anderenfalls einen funktionellen Ausgleich sichern, beispielsweise bei dem Verbauen von Flächen,

- der Biotopschutz, der einen pauschalen Schutz bestimmter Lebensraumtypen sichert, die überwiegend auch für Säugetiere bedeutsam sind,

- das Schutzgebiets-System, das in Schutzgebieten die Landnutzung regelt und störende Handlungen in unterschiedlichem Maße beschränkt wie z. B. im Biosphärenreservat, Naturschutzgebiet, (Flächen)-Naturdenkmal, Naturpark und Landschaftsschutzgebiet sowie innerhalb der europäischen Schutzgebiete mit der Bezeichnung NATURA 2000,

- das Umwelt- und Artenschutzstrafrecht.

Durch das **Jagdrecht** sind die Bejagung und die Jagdzeiten für alle jagdbaren Säugetierarten, die als „Wild" bezeichnet werden, geregelt. Diese Arten besitzen eine Sonderstellung, da ein Großteil der artenschutzrechtlichen Vorschriften auf sie keine Anwendung findet. Einige jagdbare Arten besitzen keine Jagdzeit, sondern ganzjährige Schonzeit und sind auch durch das Naturschutzrecht geschützt (z. B. Fischotter, Luchs). Das Jagdrecht vermittelt innerhalb eines Gebietes dem Jäger ein ausschließliches Hege-, Jagd- und Aneignungsrecht. Auch der Umgang mit kranken und verletzten bzw. verendeten und verunglückten jagdbaren Tieren wird gesondert geregelt.

Folgende Gesetze und Verordnungen der Bundesrepublik Deutschland dienen unter anderem dem Schutz gefährdeter Säugetierarten:

- Bundesnaturschutzgesetz (BNatSchG) - Gesetz über Naturschutz und Landschaftspflege vom 25. März 2002. Eine Anpassung an das europäische Recht erfolgte mit der so genannten Kleinen Novelle vom 12. Dezember 2007, die eine bessere rechtliche Umsetzung der FFH-Richtlinie bezweckt.

- Bundesartenschutzverordnung (BArtSchV) - Verordnung zum Schutz wild lebender Tier- und Pflanzenarten vom 16. Februar 2005.

- Bundesjagdgesetz (BJagdG) vom 29. September 1976.

- Verordnung über die Jagdzeiten (BJagdzeitV) vom 25. April 2002.

- Bundeswildschutzverordnung (BWildSchV) – Verordnung über den Schutz von Wild vom 16. Februar 2005.

Auf Grundlage der o. g. Bundesgesetze wurden auf Länderebene folgende Gesetze und Verordnungen des Landes Sachsen-Anhalt verabschiedet:

- Naturschutzgesetz des Landes Sachsen-Anhalt (NatSchG LSA) vom 10. Dezember 2010.

- Landesjagdgesetz für Sachsen-Anhalt (LJagdG LSA) vom 23. Juli 1991

- Verordnung zur Durchführung des Landesjagdgesetzes für Sachsen-Anhalt (LJagdG-DVO) vom 25. Juli 2005, letzte berücksichtigte Änderung vom 21. Februar 2005.

- Ausführungsbestimmungen zum Landesjagdgesetz (AB-LJagdG) vom 25. Oktober 2011.

- Richtlinie für die Hege und Bejagung des Schalenwildes in Sachsen-Anhalt (Hegerichtlinie) vom 7. April 2011.

- Übersicht der Jagdzeiten für das Land Sachsen-Anhalt (JagdZeitV mit abweichenden Regelungen nach der LJagdG-DVO) Stand 1/2012.

- Richtlinie für die Hege und Bejagung des Schalenwildes im Land Sachsen-Anhalt (Hegerichtlinie) vom 7. April 2011

- Verordnung des Landesverwaltungsamtes Sachsen-Anhalt über das Verbot des Abschusses für den Iltis vom 16. Oktober 2014 - 15. Oktober 2019 zur Stabilisierung der Iltispopulation und dem Populationserhalt vom 14. November 2013.

Für den Schutz der in Sachsen-Anhalt freilebenden Säugetierarten gelten auch eine Reihe von wichtigen internationalen Übereinkommen und europarechtlichen Regelungen. Hierzu zählen:

- Washingtoner Artenschutzübereinkommen (Übereinkommen über den internationalen Handel mit gefährdeten Arten freilebender Tiere und Pflanzen (CITES) vom 3. März 1973),

- Berner Konvention (Übereinkommen über die Erhaltung der europäischen wildlebenden Pflanzen und Tiere und ihrer natürlichen Lebensräume vom 19. September 1979 [in Deutschland seit 1. April 1985 in Kraft]),

- Bonner Konvention (Übereinkommen zur Erhaltung der wandernden wildlebenden Tierarten vom 20. Juni 1979),

- EUROBATS (Abkommen zur Erhaltung der Fledermäuse in Europa [29. April 1992 von Deutschland ratifiziert]),

- EG-Artenschutzverordnung (EG-Verordnung Nr. 338/97 des Rates vom 9. Dezember 1996 über den Schutz von Exemplaren wildlebender Tier- und Pflanzenarten durch Überwachung des Handels),

- Fauna-Flora-Habitat-Richtlinie (FFH-RL) (Richtlinie 92/43/EWG des Rates vom 21. Mai 1992 zur Erhaltung der natürlichen Lebensräume sowie der wildlebenden Tiere und Pflanzen)

Neben den Gesetzen und Verordnungen zählen die **Roten Listen** zu einem wichtigen Instrument, um die Schutzbedürftigkeit sowie spezielle Maßnahmen und Konzepte im Artenschutz herzuleiten. Die Roten Listen der BRD und Sachsen-Anhalts sind jedoch keine Gesetze oder Verordnungen. Sie werden durch Fachleute erstellt und geben detaillierte und aktuelle Informationen zum jeweiligen Gefährdungsgrad. Es handelt sich um Verzeichnisse der ausgestorbenen, verschollenen und gefährdeten Tier-, Pflanzen- und Pilzarten, Pflanzengesellschaften sowie Biotoptypen und Biotopkomplexe. Sie gelten als wissenschaftliche Fachgutachten, in denen der Gefährdungsstatus für einen bestimmten Bezugsraum dargestellt ist. Dabei wird die Gefährdung anhand der Bestandsgröße und der Bestandsentwicklung bewertet.

Weiterhin wurden durch Analysen zur nationalen Verantwortlichkeit für die Erhaltung von Tier- und Pflanzenarten so genannte **Verantwortungsarten** zu einer zweiten bedeutenden Grundlage bei der Prioritätensetzung im Arten- und Naturschutz entwickelt.

„Arten nationaler Verantwortlichkeit Deutschlands" sind Arten, für die Deutschland international eine besondere Verantwortlichkeit hat, entweder weil sie nur in Deutschland vorkommen oder ein hoher Anteil der Weltpopulation in Deutschland lebt. In Ergänzung zu den Aussagen über die Gefährdung einzelner Arten anhand von Roten Listen liefern Verantwortlichkeitsanalysen wichtige Informationen über Arten, die einer erhöhten nationalen Aufmerksamkeit bedürfen, um dadurch den Weltbestand zu sichern. Für das Land Sachsen-Anhalt gelten seit 8. Februar 2013 folgende Säugetiere als Verantwortungsarten:

Elbebiber, Feldhamster, Wildkatze, Mopsfledermaus, Großes Mausohr.

Eine Übersicht der Zuordnung der einzelnen Arten der Säugetiere der Region zu den Gefährdungs- und Schutzkategorien befindet sich im Kapitel „Zusammenfassende Darstellung der nachgewiesenen Säugetierarten".

Schwerpunkte des Säugetierschutzes

Für den Schutz der Säugetiere ist die Erhaltung ihrer Habitate, besonders der ursprünglichen natürlichen Lebensräume der wichtigste Maßnahmenkomplex. Die Säugetiere in unserer Landschaft können nur bestehen, wenn überlebensfähige Bestände erhalten werden, die sich selbst reproduzieren. Die nachhaltigste Schutzmaßname dazu ist der direkte Schutz ihrer Lebensräume − eine komplexe Aufgabe bei den großen Raumansprüchen der einzelnen Arten, da zum Gesamtlebensraum die Wohn-, Nahrungs-, Reproduktions- und Überwinterungsgebiete gehören. Zumindest müssen Verbindungen zwischen diesen Teillebensräumen gesichert werden

In unserer Kulturlandschaft nutzen die Säugetiere aber auch Kulturbiotope und Siedlungsbereiche, so genannte sekundäre Lebensräume, z. B. Teiche statt ursprüngliche Flussauen oder Gebäude statt Felsen. Aus diesem Grund muss neben dem Schutz der natürlichen Habitate parallel das Besiedeln und Überleben in diesen Ersatzlebensräumen gewährleistet werden. Dies gestaltet sich häufig schwierig, da sie hier in erheblichem Umfang von Nutzungseinflüssen bzw. Pflege- und Erhaltungsmaßnahmen der Eigentümer abhängig sind.

In die Acker- und Grünlandbewirtschaftung müssten aus Sicht des Säugetierschutzes verstärkt ökologische Qualitätsziele integriert werden. Besonders wirksame Maßnahmen wären vielfältigere und kleinflächigere Anbaumuster, Verzicht bzw. zumindest reduzierter Einsatz von Pflanzenschutzmitteln und eine Reduzierung der Eutrophierung der Gewässer. Für viele Kleinsäuger und ihre Prädatoren wäre es sehr nützlich, ökologische Rückzugsflächen in der Agrarlandschaft zu entwickeln.

Der geforderte Umbau monotoner Forstflächen in altersdifferenzierte Laub- oder Mischwälder sowie der Erhalt und die Förderung des Alt- und Totholzanteils würden sich positiv auf den Säugetierbestand auswirken. Die Anbindung von Waldlebensräumen an das Offenland und deren Vernetzung mit Feldgehölzen sowie dem ländlichen Siedlungsraum sollte mit der Erhaltung und Gestaltung von Kleinstrukturen wie Hecken, Kleingehölzen, Baumreihen und Feldrainen gewährleistet werden. Davon profitieren neben den waldbewohnenden Säugetierarten auch Igel, Dachs sowie viele Kleinsäuger- und Fledermausarten.

Die Fließ- und Standgewässer mit ihren Uferbereichen und die Erhaltung bzw. Schaffung großzügiger Gewässerrandstreifen könnten als ökologische Verbindungsflächen und Rückzugsgebiete für Säugetiere dienen. Für alle semiaquatischen Arten sind der Erhalt oder die Entwicklung von ungenutzten Uferrandstreifen einschließlich einer strukturreichen Vegetation lebensnotwendig. Falls Gewässer- und Uferabschnitte gepflegt oder gesichert werden müssen, sollte dies in schonender und angepasster Form (zeit- und raumversetzt) erfolgen. In den ausgedehnten Überschwemmungsbereichen der Elbe- und Elsteraue könnten mehr Wildrettungshügel angelegt werden.

In Kirchen, öffentlichen Gebäuden und bei staatlich geförderten Baumaßnahmen sollten Quartiere für Fledermäuse generell integriert werden. Auf Grund des Rückgangs der dörflichen Tierhaltung kann durch Schaffung von Unterschlupfmöglichkeiten wie Holzstapel, Kompost- und Laubhaufen, Trockenmauern etc. für Arten wie Igel, Haus- und Gartenspitzmaus, Steinmarder und Mauswiesel Ersatzlebensraum geschaffen werden.

Der Gefährdung von Säugetieren durch den Straßenverkehr kann nur schwerpunktmäßig und punktuell entgegen gewirkt werden. Bei Straßenneubauten oder -erweiterungen sollten mit technischen oder teilweise natürlichen Mitteln Querungshilfen wie Wildbrücken oder -tunnel konzipiert werden. Bei allen Brückenneubauten oder -sanierungen sind otter- und bibergerechte Querungshilfen zu berücksichtigen.

Bei vielen Maßnahmen, die mit Eingriffen in die Natur und Landschaft verbunden sind, werden leider oft nur die Auswirkungen auf spezielle Tiergruppen beachtet. Insbesondere die kleinen Säugetierarten werden dabei kaum berücksichtigt. Öfters werden bei derartigen Eingriffen unbeabsichtigt wichtige Elemente des Lebensraumes, etwa Neststandorte oder Nahrungsquellen beeinträchtigt und die Verbindungen zwischen den verschiedenen Teilen des Lebensraumes nicht berücksichtigt, denn als „Fussgänger" mit grossem Raumanspruch sind gerade die kleinen Säugetiere sehr empfindlich gegenüber der Zerstückelung des Lebensraumes. Zur Berücksichtigung der Ansprüche dieser Säugetiergruppe (Insektenfresser, Hasentiere, Bilche, Kleinnager, Kleinräuber) in der Landschaftsplanung hat der Kanton Aargau (Schweiz) eine präzise Arbeitshilfe herausgegeben (WEBER, D. 2011), die auch für unsere Region eine wichtige Grundlage des Säugetierschutzes sein könnte.

Leider genießt der Schutz der Säugetiere gegenwärtig eine unzureichende Akzeptanz bei der Bevölkerung, die meistens in durch Vorurteile geprägte Emotionen begründet ist und „zu einem großen Teil durch die nicht von Fachkenntnis geprägte Berichterstattung in den Medien" ausgelöst bzw. unterstützt wird (MEINIG 2014). Durch eine fachgerechte biologische Schulbildung sollte langfristig die Grundlage für eine objektive, emotionsfreie Sichtweise der Bevölkerung auf alle Säugetierarten geschaffen werden.

Modellpojekt zum Schutz und Management des Elbebibers im Landkreis Wittenberg

Der Landkreis Wittenberg ist der Landkreis mit der größten Anzahl von Biberansiedlungen im Land Sachsen-Anhalt (AK BIBERSCHUTZ 1/2009). Die Bestandsentwicklung der letzten Jahre zeigt, dass der Elbebiber hier die geeigneten Habitate im Wesentlichen besiedelt hat. Dies hat zur Folge, dass im Landkreis eine Häufung von Konflikten mit dem Biber auftritt.

Im Rahmen des vorliegenden Projektes wurde modellhaft ein Leitfaden entwickelt, der Fragen des Schutzes und des Managements des Elbebibers im Landkreis Wittenberg abarbeitet und eine Arbeitsgrundlage für die untere Naturschutzbehörde darstellt. Das Projekt umfasst folgende Schwerpunkte:
- Bewertung des Erhaltungszustandes der Population des Elbebibers im Landkreis Wittenberg auf der Grundlage einer flächendeckenden Beurteilung der einzelnen Reviere und unter Berücksichtigung der Vorgaben der FFH-Richtlinie,
- Ausarbeitung der Schutzziele für ausgewählte FFH-Gebiete, die durch kleine Fließgewässer charakterisiert sind, im Hinblick auf möglicherweise konkurrierende Vorgaben zwischen dem Biber und anderen Schutzgütern (insbesondere FFH-Lebensraumtypen, andere Arten der Anhänge der FFH-Richtlinie, ausgewählte lebensraumtypische und stark gefährdete Arten),
- Ableitung von Maßnahmen zur Verbesserung des Lebensraumes für den Elbebiber und praktische Umsetzung verschiedener Maßnahmen mit dem Ziel der Verbesserung des Erhaltungszustandes der Art,

- Typisierung von Konfliktbereichen und Reviertypen sowie Ableitung von Managementempfehlungen zum Umgang mit Konflikten und Erfassung in einer zu erstellenden Datenbank; Einzelfalldarstellung für außergewöhnliche Bereiche.

Die im Rahmen des Modellprojektes im Landkreis Wittenberg gewonnenen Ergebnisse und Erkenntnisse sollen letztendlich eine Grundlage für das Management des Bibers im gesamten Land Sachsen-Anhalt bilden. Dazu gehören die Ableitung von Handlungsempfehlungen sowie die Bereitstellung von Arbeitsmaterialien, die auch von anderen Naturschutzbehörden genutzt werden können. Diese Empfehlungen betreffen zum einen den direkten Umgang mit Biberkonflikten und zum anderen organisatorische Fragen des Biberschutzes und -managements. Die Grundlage für die Empfehlungen bilden die Ergebnisse und Erfahrungen, die im Rahmen der Bearbeitung verschiedener Fragestellungen innerhalb des Projektes gewonnen werden konnten. Neben Daten, die bei Teiluntersuchungen erhoben wurden, spielen dabei vor allem die Ergebnisse von Gesprächen mit Landnutzern und aktiven Biberbetreuern eine wichtige Rolle.

Allgemeine Kennzeichen, Merkmale und Lebensraumansprüche heimischer Säugetiere

Säugetiere sind Wirbeltiere, die eine Wirbelsäule und vier Gliedmaßen besitzen. Vor etwa 200 Millionen Jahren entwickelten sich die ersten Säugetiere auf der Erde. Sie ähnelten zunächst in ihrer Gestalt unseren heutigen Spitzmäusen. Über viele Millionen Jahre besetzten diese frühen Säugetiere nur kleine ökologische Nischen, bis sich die Lebensbedingungen auf der Erde radikal wandelten. Durch die Fähigkeit, ihre Körpertemperatur zu regulieren, konnten sie die Folgen des Klimawandels vor etwa 65 Millionen Jahren besser bewältigen als andere Lebewesen. Mit dem Aussterben der Dinosaurier begann der Erfolg der Säugetiere, die im Laufe der Zeit nahezu jeden Lebensraum der Erde – zu Land, im Wasser oder in der Luft – besiedelten.

Das prägnanteste gemeinsame Merkmal der Säugetiere ist das Säugen der Jungtiere mit Muttermilch aus den Milchdrüsen der Weibchen. Ein weiteres Merkmal ist die dichte Körperbehaarung der meisten Säugetierarten. Das Fell aus Haaren in Kombination mit der gleichwarmen Körpertemperatur macht die Säugetiere relativ unabhängig von der Umgebungstemperatur. Es schützt vor Wärmeverlust und besitzt außerdem folgende Funktionen: spezielle Färbung als Sichtschutz und zur Tarnung, Geschlechtskennzeichen, Kommunikation als Warn- oder Fluchtsignal, Tastsinn zur Orientierung und bei einigen Arten Schutz durch Umwandlung in Stacheln.

Charakteristisch für Säugetiere ist auch ihr Gebiss, welches in der Regel aus Schneide-, Eck-, Vorbacken- und Backenzähnen besteht. Das Gebiss kann bei vielen Arten als Bestimmungsmerkmal nach Anzahl der Zähne, Form und Gestaltung der Kaufläche genutzt werden.

Einige Säugetiere überstehen klimatisch extreme Zeiten, wie den Winter und den damit verbundenen Nahrungsmangel, indem sie wie Igel, Fledermäuse oder Siebenschläfer in einen Winterschlaf oder wie Spitzmäuse in einen Torpor (Starrezustand) verfallen. Dabei fällt die Körpertemperatur nahezu auf die Umgebungstemperatur ab, Atmung und Herzschlag verlangsamen sich und der Stoffwechsel wird stark reduziert.

Im Zuge ihrer Entwicklungsgeschichte haben die Säugetiere nahezu alle Lebensräume von der Tiefsee bis zum Hochgebirge besiedelt und dabei eine Vielzahl von Formen angenommen. So unterschiedlich die Säugetiere in Bezug auf ihren Körperbau und ihre Lebensräume sind, so unterschiedlich sind auch ihre Lebensweisen. Es finden sich tag-, dämmerungs- und nachtaktive sowie kathemerale (sowohl am Tag als auch in der Nacht aktive) Arten. Auch hinsichtlich des Sozialverhaltens gibt es beträchtliche Unterschiede. Neben strikt einzelgängerischen Arten gibt es andere, die als Paar oder in Gruppen von einem Dutzend bis zu mehreren Hundert Tieren zusammenleben. Manche Arten haben bestimmte Verhaltensmuster entwickelt. Die einen bilden Fortpflanzungsgemeinschaften (bei Fledermäusen „Wochenstuben"), andere etablieren sich in einer strengen Rangordnung innerhalb der Gruppe und kommunizieren untereinander mittels Lauten, Gesten oder Körperhaltungen (z. B. Wölfe), womit sie ihre Lebensräume und Reviere sowie Ruhe- oder Einstandsgebiete differenzieren. Diese Gebiete haben der Art entsprechend unterschiedlichste Größen, die durch eine bestimmte naturräumliche Ausstattung charakterisiert werden.

Neben diesen Lebensräumen gilt es für bestimmte Säugetierarten unterschiedliche Funktionsräume zu unterscheiden, die mitunter bis zu tausend Kilometer auseinander liegen und zu saisonal bedingten Wanderungen führen können. Zwar gibt es in der Region keine Arten, die derartig spektakuläre Wanderungen durchführen, wie etwa die ostafrikanischen Steppentiere (Gnus, Zebras, Thompsongazellen), die nordamerikanischen Bisons oder die skandinavischen Lemminge, aber durch Markierungen wurde erkannt, dass einige Fledermausarten der Region auch weite Wanderungen unternehmen.

In Auswertung der 40jährigen Markierungstätigkeit der Fledermausmarkierungszentrale Dresden (STEFFENS et al. 2004) werden je nach Art des Ortswechsels unterschieden zwischen

- saisonalen Wanderungen zwischen Sommer- und Winterquartieren
- Wanderungen zu Schwarm-, Paarungs- und anderen Zwischenquartieren
- Zerstreuungswanderungen junger Tiere
- Paarungs- und Zwischenquartierwechsel adulter Tiere
- allnächtlichen Flügen zwischen Quartieren und Jagdhabitaten.

Durch das Wanderverhalten der jeweiligen Fledermausarten wird deutlich, dass sich in der Wittenberger Region auch Durchzugs- und Überwinterungsgäste einfinden. Einige Wanderleistungen von Fledermäusen der Wittenberger Region werden bei den einzelnen Arten angeführt.

Erfassung der Säugetierfauna in der Region

Während es für andere Tiergruppen auch in der Region Wittenberg kollektive Freizeitforschung gibt oder gab (z. B. Fachgruppen im Kulturbund sowie der ehemaligen Gesellschaft für Natur und Umwelt, wie Fachgruppe Ornithologie, Fachgruppe Feldherpetologie, Fachgruppe Entomologie u. a.), fehlt eine derartige Interessengruppe für das gesamte Artenspektrum der Säuger, wohl weil ihre äußerst unterschiedlichen Lebensweisen auch sehr unterschiedliche Beobachtungsweisen und Nachweismethoden notwendig machen und daher Einzelpersonen oder kleine Gruppen überfordern.

Lediglich die Bibererfassung und die Fledermausforschung haben seit über 45 Jahren Tradition. Im Rahmen des "Arbeitskreises für den Schutz vom Aussterben bedrohter Tierarten" hatte sich eine *"Bezirksarbeitsgruppe Artenschutz"* gebildet, die von U. ZUPPKE geleitet wurde und im damaligen Bezirk Halle Daten über das Vorkommen gefährdeter Arten zusammentrug sowie sich um die Durchsetzung von Schutzmaßnahmen bemühte, so auch für Biber, Fischotter und Wildkatze. Nach 1990 entstand aus dieser Arbeitsgruppe der *"Arbeitskreis Biberschutz Sachsen-Anhalt"*, der sich um die Erfassung des Biberbestandes im Land bemüht und in dem zahlreiche ehrenamtliche Mitarbeiter aus dem Kreisgebiet Wittenberg tätig waren und sind. Nur kurzzeitig gab es innerhalb der Gesellschaft Natur und Umwelt im Kulturbund Wittenberg eine Arbeitsgruppe Kleinsäuger von 1985 bis 1989, die sich neben den Fledermäusen vor allem dem Igel und den Spitzmäusen widmete. Daraus entstand der *"Igelverein Sachsen-Anhalt e.V."*, der in Wittenberg seinen Sitz hat.

Viele Personen, so die Landwirte, Jäger und auch Angler sowie weitere Naturfreunde, schenken den Säugetieren in der Natur ihre Aufmerksamkeit. Sofern sie ihre Beobachtungen den Autoren mündlich oder schriftlich bekannt gaben, wurden sie in dieser Auswertung berücksichtigt. Stellvertretend für weitere danken wir ganz besonders folgenden Personen und Einrichtungen, die uns mit Daten und Informationen unterstützten:

BERG, J. (Kemberg)
BERG, A. (Wittenberg)
BRAUN, P. (Wittenberg) †

DORSCHNER, J. (Wittenberg)
ELZ, I. (Apollensdorf)
FACIUS, K. (Bleddin)

FRANKE, K. (Oranienbaum)
GLÖCKNER, K. (jetzt Leipzig)
HANNEMANN, G. (Wittenberg)
HAHN, S. (jetzt Halle)
HEIDECKE, Dr. D. (Halle) †
HEISE, U. (Dessau)
HENKELMANN, P. (Wittenberg)
HENNIG, R. (Heinrichswalde)
HENZE, G. (Melzwig)
HERRMANN, J. (Eutzsch)
HINKEL, A. (jetzt Hamburg)
HÜBNER, S. (Wittenberg), jetzt:
   S. HILGENHOF
HOFMANN, Dr. T. (Dessau)
JAKOBS, Dr. W. (Wittenberg) †
JAKOBS, V. (Neuenhagen/NWM)
JASCHKE, M. (Dommitzsch) †
JAUER, K. (Rackith) †
KELLER, M. (jetzt Wahlsdorf)
KINAST, H. (Bad Schmiedeberg)
KÖRNER, O. (Pretzsch) †
KRUMMHAAR, B. (Wittenberg)
KUJAT, U. (Schköna)
LUBITZKI, P. (Wartenburg)
MATTIGIT, K. (Kakau)
MEIßNER, J. (Bad Schmiedeberg)
MENDE, B. (Raßdorf)

MEYER, H.-J. (Roßlau)
MEYER, M. (Roßlau)
MITZKA, A. (Schwemsal)
MOTL, E. (Seyda)
NAUMANN, Dr. M. (Wittenberg)
NEHRING, K. (Annaburg)
NOACK, J. (Söllichau)
PLANERT, E. (Gräfenhainichen)
PÖTZSCH, A. (Ateritz)
PUHLMANN, G. (Griebo)
RASCHIG, P. (Jessen)
REHN, H. (Wittenberg)
REICHHOFF, Dr. L. (Horstdorf)
v. RIESEN, J. (jetzt Berlin)
SCHMIDT, G. (Wittenberg)
SCHMIDT, H.-J. (Zahna)
SCHNEIDER, E. (Premsendorf)
SEIFERT, G. (Mühlanger)
SIMON, Dr. B. (Plossig)
TROST, Dr. M. (Halle)
VOLLMER, A. (Halle)
WEBER, A. (Jeggau)
WEIßKÖPPEL, G. (Söllichau)
ZIEROLD, B. (Annaburg) †
ZUPPKE, H. (jetzt Dresden)
ZUPPKE, Dr. U. (Wittenberg)

Untere Naturschutzbehörde Wittenberg
Untere Jagdbehörde Wittenberg
Landesbetrieb für Hochwasserschutz und Wasserwirtschaft Wittenberg
Landesamt für Umweltschutz Sachsen-Anhalt, Abt. Naturschutz
Arbeitskreis Biberschutz Sachsen-Anhalt
Arbeitskreis Fledermäuse Sachsen-Anhalt e.V.
Biosphärenreservat Mittlere Elbe
Kreisjägermeister M. GERSCH (Selbitz)
Vorsitzender des Hegerings Rotwild Dübener Heide, Dr. G. HÜBNER

Einige Beobachter und Institutionen übermittelten ihre Beobachtungen direkt dem Landesamt für Umweltschutz, wo sie in die Säugetier-Datenbank des Landes Sachsen-Anhalt eingefügt wurden. Dr. Martin TROST selektierte die für die Region relevanten Daten und stellte sie dankenswerterweise zur Verfügung, so dass sie in der vorliegenden Auswertung berücksichtigt werden konnten.

In der Zeit nach 1990 wurden von mehreren Planungsbüros Fledermauserfassungen mittels Detektorfänge im Rahmen von Eingriffsgutachten durchgeführt. Diese Ergebnisse konnten für die vorliegende Darstellung nur berücksichtigt werden, sofern sie öffentlich gemacht wurden. Im Auftrag des Landesamtes für Umweltschutz Sachsen-Anhalt wurden im Rahmen von ELER-Förderprogrammen für Monitoringarbeiten umfangreiche Fledermauserfassungen mittels Detektorerfassung und Netzfängen in den FFH-Gebieten Sachsen-Anhalts durchgeführt. Diese Ergebnisse werden in einer Datenbank des Landesamtes gespeichert. Die für die Wittenberger Region relevanten Angaben wurden von Dr. M. TROST selektiert und zur Verfügung gestellt.

Auszüge aus dem „Managementplan für das FFH-Gebiet „Dessau-Wörlitzer Elbauen" und dem dazugehörigen EU SPA „Mittlere Elbe einschließlich Steckby-Lödderitzer Forst" mit Informationen über Säugetiere des Anhangs II und IV der FFH-Richtlinie stellte das Planungsbüro LPR Landschaftsplanung Dr. Reichhoff GmbH Dessau zur Auswertung zur Verfügung.

Die Dipl.-Biologin Antje WEBER (Büro Wildforschung und Artenschutz, Jeggau/Drömling) hat im Rahmen der Erarbeitung einer Studie zur Verbreitung des Fischotters in Sachsen-Anhalt sowie eines noch laufenden landesweiten Iltismonitoring auch Nachweise weiterer Säugerarten erfasst und in eine Datenbank zusammengeführt, aus der die Daten der Wittenberger Region selektiert und in der vorliegenden Betrachtung berücksichtigt wurden.

Verschiedentlich wurden aussagefähige Bilddokumente zur Verfügung gestellt, die faunistische Beurteilungen erlaubten. Insbesondere ist dafür Marcel BURDACK (Wachsdorf), Iris ELZ (Apollensdorf), Katja FACIUS (Bleddin), Sven HILGENHOF (Wittenberg), Martin JORDAN (Wartenburg), Birgit KRUMMHAAR (FÖLV Biores), Heide LEWERENZ (Coswig), Karla MATTIGIT (Kakau), Jens NOACK (Söllichau) und Uwe THIEME (Uthausen) zu danken. Klaus-Peter HURTIG (Bundesforstbetrieb Mittlere Elbe) und Claudia MEYER (Primigenius GmbH) stellten dankenswerterweise Wolfsbilder aus dem laufenden Monitoring zur Verfügung.

Neben dem allgemeinen Sammeln von Beobachtungsdaten gab und gibt es gezielte Erfassungen von Säugetiergruppen durch verschiedene Arbeitsgruppen oder -kreise.

Arbeitsgruppe Fledermäuse Sachsen-Anhalt

Im ehemaligen Altkreis Wittenberg und Teilen des Jessener Kreises engagierte sich vor allem J. BERG mit Unterstützung durch weitere Fledermausfreunde im Fledermausschutz. Neben den ersten Beobachtungen und der Registrierung von Orten mit hoher Flugaktivität jagender Fledermäuse, gelangen erste Quartierinformationen aus Hinweisen der Bevölkerung in Folge verschiedener Formen der Öffentlichkeitsarbeit. Es wurden weiterhin exponierte Gebäude, wie Kirchen, alte Schulgebäude und andere „auffällige" Bauwerke, im Dachraum auf Vorkommen während der Sommerzeit direkt untersucht. In der Wittenberger Altstadt befinden sich zahlreiche Gewölbekeller, die Haus für Haus Anfang der 1980er Jahre abgesucht wurden. Nach dem Erlangen der Beringererlaubnis wurden erste Netzfänge mittels Japannetzen realisiert und es wurden vereinzelt Kastenreviere in den Forsten um Wittenberg eingerichtet. Ab 1986 erfolgten erste Detektor-Untersuchungen. Die bekannten Sommer- und Winterquartiere wurden jährlich hinsichtlich ihres Besatzes kontrolliert. Bis Ende der 1990er Jahre lag die Mehrheit der Beobachtungen bzw. der Quartiere im Siedlungsbereich innerhalb von Ortschaften. Mit der Einrichtung einer ABM-Maßnahme des NABU Kreisverbandes Wittenberg im Jahr 1999 wurden durch Dr. M. NAUMANN und E. PLANERT waldbewohnende Arten und deren Quartierräume aufgespürt. Es wurden über den Landkreis verteilt insgesamt 27 Kastenreviere mit 360 unterschiedlichen, selbst gefertigten Fledermauskästen eingerichtet. Unterstützt wurde die Arbeit durch die ehemalige Naturschutzstation „Elbe-Dübener Heide". Noch im gleichen Jahr konnten erste Wochenstuben und Paarungsquartiere in den Kästen nachgewiesen werden. Es wurden bei der Auswahl der Flächen bzw. Reviere auch einige Quartierbäume aufgefunden. Heute werden bestimmte Kastenreviere und Wochenstuben an und in Gebäuden als Monitoring jährlich untersucht und Markierungen durchgeführt. Im Rahmen von Schutzwürdigkeitsgutachten oder Eingriffsregelungen erfolgen Untersuchungen mittels Netzfang („Puppenhaarnetz") und/oder Detektorerfassungen sowie deren Auswertung (BERG 2009). Für die Erarbeitung von „Managementplänen" für FFH-Gebiete wurden ebenfalls Netzfänge und Detektorerfassungen durchgeführt. Diese Untersuchungen geben Auskunft über die Frequentierung der betreffenden Gebiete durch Fledermäuse auf ihren Jagdflügen. Die Ergebnisse sind in nichtveröffentlichten Berichten für die Behörden dokumentiert und daher nicht allgemein verfügbar.

Die gesamte Erfassung und Betreuung erfolgt ehrenamtlich. Dadurch fehlt für die Beteiligten teilweise die notwendige Zeit, um professioneller weiterreichende Nachweise zu führen. Vor allem folgende Personen haben sich bei den jährlichen Quartier- und Nistkastenkontrollen besonders engagiert:

BERG, A.	MEIßNER, J.
BERG, J.	MEYER, H.-J.
HANNEMANN, G.	MEYER, M.
HAHN, S.	NAUMANN, Dr. M.
HINKEL, A.	NEHRING, K.
HÜBNER, S. (jetzt: HILGENHOF)	PLANERT, E.
HOFMANN, Dr. T.	WEIßKÖPPEL, G.
KORSCHEFSKY, A.	

Arbeitskreis Biberschutz Sachsen-Anhalt

Nachdem am Ende des 2. Weltkrieges insgesamt nur noch etwa 90, teilweise nur mit Einzeltieren besetzte Biberreviere im Gebiet an der Mittelelbe erhalten geblieben waren, bildete sich in Dessau ein Arbeitskreis "Schutz und Erhaltung des Mittelelbe-Bibers", der 1957 in den "Arbeitskreis zum Schutz vom Aussterben bedrohter Tiere (AKSAT)" einmündete (HEIDECKE 2011). Naturfreunde aus allen Landesteilen wirkten "vor Ort" mit. Von der Biologischen Station Steckby (Dr. M. DORNBUSCH, Dr. D. HEIDECKE) wurde dann ein ehrenamtliches Biberbetreuernetz zu einer Arbeitsgruppe Biberschutz aufgebaut, die 1980 in den neu gegründeten Bezirksarbeitsgruppen "Artenschutz" (BAG) integriert wurde. Nach 1990 wurde der Biberschutz vom Zoologischen Institut der Martin-Luther-Universität Halle-Wittenberg getragen (Dr. D. HEIDECKE), bis sich der Arbeitskreis Biberschutz im NABU-Landesverband Sachsen-Anhalt etablierte (FRANKE et al. 1996). Von Beginn an engagierten sich auch ehrenamtliche Mitstreiter aus der Wittenberger Region in diesem Arbeitskreis bzw. der BAG:

AUGNER, L.	DANNEBERG, F	GRAMPE, U.
BERG, G.	EHLERT, E.	GROß, A.
BERGMANN, A.	ELZ, I.	GUTEWORT, S
BERNDT, H.	FEHLBERG, H.	HANOWSKI, G
BÖHME, B.	FISCHER, H.	HÄUBLEIN, B.
BRAUN, P. †	FRANKE, K.	HELLWIG, H.
BRÄSE, B.	GEHRE, R.	HENNIG, G.
BURGKHARDT, P	GERHARD, M.	HENZE, G.

HERMANN, J.
HOCKE, E.
JOHANNES, L.
JOHANNES, W.
KAUERAUF, D.
KINAST, H.
KÖHLER, G. †
KÖRNER, O. †
KÖTZ, H.
KREIDEWEIS,
KUJATH, U.
LANDGRAF, W.
LEBELT, S.
LEHMANN, P.
LINK, W.
MATTIGIT, K.
MEIßNER, J.

MOTL, E.
MÜLLER, S.
MUSCHERT, G.
NEHRING, K.
PANNIER, P.
PATZAK, U.
PEISKER, G.
PLESS, W.
RABE, B.
RASCHIG, P.
REGNER, A.
REICHHOFF, Dr. L.
REMEK, W.
SAHR, T.
SCHILDHAUER, H.
SCHINDLER,
SCHNEE, R. †

SCHNEIDER, K. †
SCHOLDER; H.
SCHÖNAU, H.-D.
SCHUBERT, H.
SCHULZ, G.
SCHULZE, P.
SEIFERT, G.
SIMON, B.
SIMON, U.
THOMAS, W.
WEIßKÖPPEL, G.
WOLF, K. †
VETTER, R.
ZIEROLD, P.
ZUPPKE, U.

Sie erfassen jährlich nach einer einheitlichen Methodik die Biberansiedlungen in einge-teilten Betreuungsgebieten und achten gleichzeitig auf weitere amphibisch lebende Säu-getiere, wie Bisamratte, Nutria und Fischotter. Sie sicherten bisher auch die Totfunde für die beispielgebende Todesursachenforschung an der Martin-Luther-Universität Hal-le-Wittenberg. Dadurch liegen Ergebnisse einer langjährigen kontinuierlichen Erfas-sungstätigkeit für den Biber vor.

Igelverein Sachsen-Anhalt e.V.

Nachdem die Familie DORSCHNER (Wittenberg) von 1968 bis 1988 auf privater Basis Aktivitäten zum Schutz des Igels betrieben hatte, gründete sich 1989 eine Fachgruppe „Kleinsäuger" im Kulturbund der DDR, die 1991 in eine Arbeitsgruppe „Igel" inner-halb des Kulturbundes e.V. überging. Daraus gründete sich 1998 ein selbständiger Ver-ein „Igelfreunde Sachsen-Anhalt e.V.", der von JOHANNES und INGRID DORSCHNER geleitet wird. Einher ging u. a. die Gründung einer Igelstation in Wittenberg. Mit per-sönlichem Engagement widmeten sich Familie DORSCHNER und ihr Team der Pflege und der Erhaltung der heimischen Stacheltiere. 2013 wurde nach 15 Jahren engagierter Arbeit die Igelstation in Wittenberg geschlossen. Im Jahr 2015 konnte der Verein in der Lichtenburg Prettin (LK Wittenberg) ein kleines Igelmuseum einrichten und eröffnen.

„Wolfbotschafter" des NABU/Kreisverband Wittenberg e.V.

Aus der Sicht des Naturschutzes ist die Rückkehr der Wölfe nach Deutschland einer der größten Erfolge. Vom Menschen einst in Deutschland ausgerottet und über Jahrhunderte verteufelt, leben sie seit dem Jahr 2000 wieder in unseren Regionen. Dabei berührt der Wolf den Alltag von Schafhaltern, Jägern und Waldbesuchern und wirft Fragen über das Zusammenleben und den Umgang mit dem „Raubtier" auf. Um Fragen, Ängsten und Sorgen zu begegnen, begleitet der NABU ehrenamtlich die Rückkehr der Wölfe, insbesondere durch Aufklärung und sachliche Informationen. Eine wichtige Säule des NABU-Aktionsplans „Willkommen Wolf" ist der Aufbau eines Netzwerkes von Ehrenamtlichen, die sich in der Öffentlichkeit für den Wolf einsetzen. NABU-Wolfsbotschafter des Kreises Wittenberg sind gegenwärtig:

EMMERICH, C.
MEIßNER, J.
NEHRING, K.
SCHÖNAU, H.-D.

Unter der Koordination des Landesamtes für Umweltschutz Sachsen-Anhalt (Fachbereich Naturschutz) wird über ein landesweites Wolfsmonitoring die Entwicklung des Wolfsbestandes verfolgt. In diesem Monitoring wirken auch mehrere Mitarbeiter aus dem Wittenberger Raum mit:

DOMRÖS, R. (Landesforstbetrieb Sachsen-Anhalt, Forstrevier Glücksburg)
GIPS, M. (Jägerschaft Mittlere Elbe-Vorfläming, Jeber-Bergfrieden)
HURTIG, K.-P. (Bundesforstbetrieb Mittelelbe, Funktionsbereich Naturschutz)
KUPITZ, T. (Bundesforstbetrieb Mittelelbe, Forstrevier Glücksburger Heide)
MANN, E. (Bundesforstbetrieb Mittelelbe, MSB Annaburger Heide)
OESTREICH, P. (Biosphärenreservat Mittelelbe, Referenzstelle Wolfsschutz)
PAUL, G. (Jägerschaft Mittlere Elbe-Vorfläming)
POPPE, P. (Primigenius GmbH, Weidemanager Oranienbaumer Heide)
SCHÖNAU, H.-D. (ehrenamtl. Naturschutzbeauftzragter, Tornau)
SCHULZE, A. (Bundesforstbetrieb Mittelelbe, Forstrevier Oranienbaumer Heide)
SCHUMANN, N. (Landesforstbetrieb Sachsen-Anhalt, Forstrevier Göritz)
STÖLZNER, N. (Bundesforstbetrieb Mittelelbe, Funktionsbereich Naturschutz)
STEINERT, M. (NABU Wittenberg, Jägerschaft Jessen)
THIELE, O. (Landeszentrum Wald, Betreuungsforstamt Annaburg)

Material und Methoden

Neben dem Sammeln und Registrieren von **Sichtnachweisen** durch die erwähnten Arbeitsgruppen und Vereine sowie von säugetierkundlich interessierten Personen wurden Nachweise von Kleinsäugern und Fledermäusen durch folgende sporadisch durchgeführte Methoden erbracht:

- Sammeln und Untersuchen von Eulengewöllen
- Untersuchung von Fuchslosung
- Stellen von Lebendfallen
- Beifänge in Bodenfallen (Barberfallen zur Erfassung der Laufkäferfauna)
- Detektornachweise und Netzfänge (Markierung von Fledermäusen)
- Totfunde

Diese Methoden werden von verschiedenen freiberuflich oder ehrenamtlich tätigen Biologen im Rahmen landschaftsplanerischer Aufgaben angewendet und die Ergebnisse zur Auswertung zur Verfügung gestellt.

Eulengewölle wurden sporadisch von Mitgliedern der Fachgruppe Ornithologie und Vogelschutz Wittenberg und besonders von P. RASCHIG (Jessen) im Rahmen seiner intensiven Schleiereulen-Erfassungen aufgelesen und verschiedenen Spezialisten zur Bestimmung übergeben, insbesondere J. ERFURT (Halle), M. JENTZSCH (Halle), A. SCHUMACHER (Kapenmühle), M. UNRUH (Kapenmühle) und G. SCHMIDT (Wittenberg). Diese Bestimmungen brachten wertvolle Hinweise zum Vorkommen von Kleinsäugerarten, allerdings ließen sie sich nicht mehr konkreten Örtlichkeiten zuordnen, da sie an den Ruheplätzen der Eulen, besonders Kirchtürmen (Schleiereulen) oder Schlafplätzen (Waldohreulen), gefunden wurden.

Die Untersuchung von **Fuchslosung** wurde von J. MEIßNER (Bad Schmiedeberg) für ihre Magisterarbeit an der Friedrich-Schiller-Universität Jena durchgeführt. Dabei wurden auch im Zeitraum vom 01. Oktober 2007 bis 31. März 2008 insgesamt 210 Proben in der Dübener Heide gesammelt und untersucht. In den Losungsproben waren als Reste der Kleinsäuger Knochen, Zähne und Fell zu finden. Die Bestimmung der Huftiere und Hasenartigen erfolgte hauptsächlich anhand der in der Losung enthaltenen Haare.

Fänge mit **Lebendfallen** wurden bei entsprechenden Aufgabenstellungen im Rahmen von faunistischen Untersuchungen für Schutzwürdigkeits- oder Eingriffsgutachten durchgeführt, hauptsächlich im Stadtwald Wittenberg, im Gebiet an der unteren Schwarzen Elster, im Fläming-Hügelland nördlich von Jessen und in der Feldflur bei Kemberg-Rackith. Mit dem gleichen Ziel, also als Beitrag zu faunistischen Untersuchungen für die o. a. Aufgabenstellungen wurden **Bodenfallen (Barberfallen)** zur Erfassung der Laufkäferfauna in verschiedenen Gebieten der Region gestellt. Die Beifänge (Kleinsäuger) wurden zur Artdiagnose geborgen und bestimmt.

Fledermäuse senden zur Ortung von Beute, zur Orientierung oder zur Kommunikation mit Artgenossen für menschliche Ohren unhörbare artspezifische Ultraschalllaute aus. Mit elektronischen **Fledermausdetektoren** können diese in für Menschen hörbare Töne umgewandelt werden, so dass damit fliegende Fledermäuse aufgespürt werden können. Mittels dieser Methode wurden auch in der Wittenberger Region von den Mitgliedern der Arbeitsgruppe zahlreiche Nachweise erbracht. Weiterhin wurden Fledermäuse mit speziellen Netzen gefangen und markiert. Bei dieser **Markierung** erhält die Fledermaus um den Unterarm eine leichte Metallklammer gelegt, in die neben dem Code der Markierungszentrale eine Kennummer eingeprägt ist, so dass bei einem Wiederfund neben den Wanderwegen auch wichtige Aussagen zum Lebensalter und andere Daten der Populationsökologie erkannt werden.

Besonders bei den gefährdeten Arten Biber und Fischotter wurden alle **Totfunde** geborgen und zur Todesursachenforschung dem Zoologischen Institut der Martin-Luther-Universität Halle-Wittenberg zugeführt. Zufallsfunde anderer Arten wurden nach Möglichkeit zur Artdiagnose aufgesucht und die Schädel als Beleg geborgen (U. ZUPPKE). Durch G. SEIFERT (Mühlanger) wurden jahrelang täglich die Verkehrsopfer an Igeln auf einer 5 km langen Fernverkehrsstraße erfasst. Im Windpark Kemberg-Rackith begann eine intensive Schlagopfersuche von Fledermäusen (B. SIMON/Plossig).

Die mit diesen Methoden erfassten Artnachweise wurden nach Möglichkeit von U. ZUPPKE gesammelt. Eine erste Zusammenstellung des nachgewiesenen Artenspektrums in Kurzform erfolgte 2007 in den von M. GÖRNER in Jena herausgegebenen „Säugetierkundlichen Informationen" (ZUPPKE 2007). Alle gesammelten Nachweise wurden in einer WINART-Datei gespeichert. Gemeinsam mit den vom Landesamt für Umweltschutz Sachsen-Anhalt (M. TROST) und dem Büro für Wildforschung und Artenschutz Jeggau (A. WEBER) zur Verfügung gestellten Daten lagen dadurch ca. 5.000 Datensätze zur Auswertung für diese Veröffentlichung vor.

Die Säugetierarten der Region Wittenberg

Zur Darstellung des Vorkommens und der Verbreitung der wildlebenden Säugetiere in der Wittenberger Region werden nachfolgend alle bisher nachgewiesenen Arten aufgeführt und nach vorliegender Datenlage bewertet. Das berücksichtigte Datenmaterial weist jedoch keine Homogenität auf, sondern ist aus den bereits angeführten verschiedenen Quellen zusammen gestellt und recherchiert, so dass es zufallsbehaftet ist und kein Anspruch auf Vollständigkeit abgeleitet werden kann.

Allgemein üblich folgt in derartigen Abhandlungen die Reihenfolge der Arten der systematischen Nomenklatur. Dabei ist die wichtigste taxonomische Einheit die Art, die jedoch heutzutage verschieden definiert wird. Während für die Artabgrenzung aus genetischer oder phylogenetischer Sicht auch umfangreiche und komplizierte Labornachweismethoden erforderlich sind, arbeiten Freilandbiologen mit dem biologischen Artbegriff, wonach Lebewesen, die sich untereinander fortpflanzen und deren Nachkommen weiterhin miteinander fruchtbar sind, einer Art angehören. Wegen der verschiedenen Auffassungen zur Artabgrenzung werden in den verschiedenen Veröffentlichungen auch unterschiedliche Reihenfolgen befolgt, die sich aber in der Folge ständig neuer phylogenetischer Untersuchungen, besonders auf molekularer oder genetischer Ebene, mehrmals umgruppierten.

Die Reihenfolge und Bezeichnung der Arten in der vorliegenden Darstellung folgt dem neuesten Werk über die Säugetierfauna Deutschlands von GRIMMBERGER (2014), der die Nomenklatur von WILSON & REEDER (2005) benutzt.

Hinsichtlich der Körperbeschreibung und -maße der einzelnen Arten wird nachfolgend ebenfalls auf GRIMMBERGER (2014) zurückgegriffen. Zur Beschreibung der allgemeinen Verbreitung wurden insbesondere NIETHAMMER & KRAPP (1978-2004) sowie HAUER et al. (2009) herangezogen. Zum Vergleich der Verbreitung der Arten in Ostdeutschland wird jeweils auf die Verbreitungskarten im groben UTM-Raster (50x50 km) verwiesen, die Zuge der Erarbeitung eines europäischen Säugetieratlasses erstellt wurden (STUBBE & STUBBE 1994).

Neben der Vorstellung der Vertreter der wildlebenden Säugetiere sollen anschließend auch domestizierte Säugetiere, die in der Wittenberger Region in der freien Natur als „Landschaftspfleger" zu sehen sind, Erwähnung finden.

In der Wittenberger Region kommen Säugetiere folgender Ordnungen vor:

- Igelartige (Erinaceomorpha),
- Spitzmausverwandte (Soricomorpha),
- Fledertiere (Chiroptera),
- Hasentiere (Lagomorpha),
- Nagetiere (Rodentia),
- Raubtiere oder Beutegreifer (Carnivora) und
- Paarhufer (Artiodactyla).

Die etablierten Arten

Ordnung Igelartige, Erinaceomorpha

1.   Braunbrustigel - *Erinaceus europaeus* Linnaeus, 1758

Durch die Stacheln, mit denen der Rücken und die Kopfoberseite des Igels bedeckt sind, ist diese Tierart ausreichend gekennzeichnet und unverwechselbar, da seine ähnlich aussehenden Verwandten in dieser Region nicht vorkommen. Die Körper-oberseite ist mit etwa 8.400 aufrichtbaren Stacheln besetzt. Die 2 – 3 cm langen Stacheln sind an der Basis braun, an der Spitze gelb. Die Körperlänge beträgt 18 – 31 cm, das Gewicht bis 1375 g. Sein plumper Körper hat kurze Beine und einen kurzen Schwanz. Der Kopf und die Bauchregion sind braun behaart.

Der Braunbrustigel kommt in Süd-, West- und Mitteleuropa (etwa bis zur Oder) und im südlichen Skandinavien vor. In Deutschland ist der Igel weit verbreitet. Für das östliche Deutschland geben STUBBE & STUBBE (1994) alle 50x50 km-Raster des verwendeten UTM-Gitters als besetzt an, so dass der Igel hier im gesamten Land vorkommt.

Die Zahl und die Verteilung der Nachweise zeigen insgesamt ein regelmäßiges Vorkommen und eine weite Verbreitung des Igels in der Wittenberger Region an. Es liegen aus allen Landschaftsteilen Nachweise vor. Sie konzentrieren sich entlang der Straßen, da die Igelnachweise überwiegend durch Totfunde der Verkehrsopfer erfolgten. Lediglich aus den geschlossenen Waldungen der Dübener und Annaburger Heide sowie des Flämings fehlen Nachweise, so dass die Nichtbesiedlung dieser Waldgebiete angenommen werden muss. In der direkten Überflutungsaue der Elbe und Schwarzen Elster gibt es Nachweise von den erhöhten Dünen (z.B. Kannabude bei Melzwig). Ob das überflutungsbeeinflusste Grünland besiedelt ist, kann nicht belegt werden; einzelne Totfunde auf dem Hochwasserdeich, z.B. bei Bösewig, deuten es aber an.

Der Braunbrustigel lebt in der offenen Landschaft und an Waldrändern, sofern ausreichend Gehölze in Form von Hecken, Sträuchern, Unterwuchs oder Feldgehölzen Deckung bieten. So kommt er auch in den Gärten der Städte und Dörfer vor. Auch die Parkanlagen in Wittenberg werden vom Igel bewohnt, sogar die relativ schmalen Randbereiche um den Schwanenteich oder an der Luthereiche in der Innenstadt. Die von GÖRNER & HACKETHAL (1987) angenommene Bevorzugung der menschlichen Siedlungen bestätigt sich in der Wittenberger Region, denn die Verteilung der Igel-Totfunde und der Sichtbeobachtungen zeigen eine deutliche Konzentration im Stadtgebiet sowie in den Bereichen der Ortschaften oder Einzelgehöfte.

Die Igelnachweise zeigen folgende monatliche Verteilung und damit gleichzeitig den Zeitraum der Aktivität dieser Art an:

Januar	0 %	Juli	13,2 %
Februar	0,7 %	August	18,4 %
März	0,4 %	September	19,4 %
April	1,7 %	Oktober	19,1 %
Mai	5,6 %	November	5,9 %
Juni	14,6 %	Dezember	1,0 %

Bei den wenigen Februar-, März- und Dezembernachweisen handelt es sich stets um untergewichtige Jungigel aus späten Würfen. Ein überfahrenes gravides Igelweibchen bei Dabrun-Rötzsch am 7. August 2016 mit zwei hochentwickelten Föten zeigt, dass auch in der Region Würfe recht spät im Jahresverlauf erfolgen und noch im Herbst kleine Jungigel auftreten können.

Hauptgefährdungsursache ist der Straßenverkehr: Seit 1963 konnten 313 Totfunddaten als Verkehrsverluste gesammelt und ausgewertet werden. Im Jahr 1978 erfasste G. SEIFERT auf der ca. 5 km langen Strecke der B 187 zwischen Wittenberg und Mühlanger 25 überfahrene Igel. Die tatsächliche Anzahl wird weitaus höher liegen. Seit etwa 2010 wurden auffällig weniger Totfunde auf den Straßen bemerkt - bereits als Zeichen einer Bestandsabnahme? Verluste treten auch durch das stellenweise immer noch durchgeführte Abbrennen von Wiesen, Wegrändern, Ruderalstellen und Gartenabfällen im Frühjahr und Herbst sowie durch das Mähen der Straßenränder auf. Verluste entstehen auch durch landwirtschaftliche Arbeiten, sie werden aber nicht erfasst und sind

daher nicht belegbar. Bereits geringste Störungen führen zum Verlassen der
Igel„nester“, in denen sich die Jungigel bis zur Selbständigkeit aufhalten. Am 29.9.2016
gelang in einem Garten in Coswig der seltene Nachweis, dass die Jungigel dabei von
den Elterntieren fortgetragen werden (H. LEWERENZ). Wie in anderen Regionen
Deutschlands ist auch in der Wittenberger Region der Rückgang strukturierter Lebensräume eine ernste Gefährdungsursache. Zunehmende Versiegelung des Bodens, Einsatz von Insektiziden sowie das Freilaufenlassen von Hunden sind weitere Gefahren.
Der in Wittenberg ansässige „Igelverein Sachsen-Anhalt e.V.“ bemüht sich um Aufklärung der Bevölkerung, gibt Anleitung zur Überwinterung untergewichtiger herbstlicher
Jungigel und überwinterte bis 2012/13 selbst in seiner Station jährlich 50 – 60 untergewichtige Tiere, wenn auch diese Maßnahme umstritten ist.

Der Igel ist eine gesetzlich besonders geschützte Art nach dem Bundesnaturschutzgesetz (BNatSchG) und steht in der Roten Liste Sachsen-Anhalts auf der
Vorwarnliste (Kategorie V), also als Art, deren Gefährdung in den nächsten Jahren zu
befürchten ist.

Ordnung Spitzmausverwandte, Soricomorpha

2.   Waldspitzmaus - *Sorex araneus* Linnaeus, 1758

Der Name Spitz„maus“ für alle Arten dieser Säugetierordnung ist irreführend, denn mit
den vegetarisch lebenden Mäusen, die zu den Nagetieren zählen, sind sie nicht verwandt.

Die Waldspitzmaus unterscheidet sich wie alle anderen Spitzmäuse durch die spitze
Schnauze mit der rüsselartig vorstehenden Oberlippe von den Mäuseartigen. Ihre Körperlänge misst 5,8 – 8,5 cm, der Schwanz ist 3 – 6 cm lang. Die Oberseite ist dunkelbraun, die Unterseite weißgrau, die Flanken hellbraun, so dass diese Spitzmaus dreifar-
big wirkt. Der Schwanz ist nur kurz behaart. Mit ihren rotbraunen Zahnspitzen gehört
sie zu den Rotzähnigen Spitzmäusen (*Soricinae*).

Die Waldspitzmaus ist in Europa von den Niederlanden und der Schweiz an ostwärts
bis über den Ural verbreitet, fehlt aber auf den Mittelmeerinseln sowie in Irland und Island. In Deutschland ist sie weit verbreitet und besiedelt die Alpen bis über die Baumgrenze. STUBBE & STUBBE (1994) geben eine Besiedlung aller 64 UTM-Raster und damit eine flächendeckende Besiedlung im östlichen Deutschland an. Die Waldspitzmaus
zählt zu den häufigsten Spitzmausarten in Deutschland und ist in allen geeigneten Bio-

topen anzutreffen. Dazu zählen: Uferbereiche und Verlandungszonen von Gewässern, ausgedehnte Sumpf- und Röhrichtwiesen, Bruch- und Auwälder sowie Laub- und Mischwälder mit Totholz, aber auch naturnahe Gärten und Parkanlagen.

Die Waldspitzmaus scheint auch in der Wittenberger Region die häufigste Spitzmausart zu sein. Sie kommt in der Region außer in den direkten Siedlungs- und Agrarbereichen flächendeckend vor. Nachweise gibt es aus allen Landschaftsteilen, vom Fläming über die Elbaue bis zur Dübener Heide. Bodenfallenfänge in der Elsteraue bei Gorsdorf und Premsendorf deuten an, dass die Waldspitzmaus auch in der direkten Überflutungsaue vorkommt. Ebenso wurde sie in der Bergbaufolgelandschaft bei Bergwitz gefangen. Von der Waldspitzmaus liegen 527 auswertbare Nachweise aus Totfunden, Beifängen in Bodenfallen oder aus Eulengewöllen vor, welche die weite Verbreitung im Kreisgebiet bestätigen. Viele Nachweise stammen aus den Flussauen, den Auwäldern, den Bachtälern, von Grabenrändern oder anderen Feuchtstellen, andere aus trockenen Heide- und Waldgebieten, aber auch von Grünländern, so dass eine große ökologische Plastizität dieser Spitzmausart angezeigt wird. Die Nachweise aus Eulengewöllen (Schleiereule, Waldohreule) lassen sich kaum direkten Habitaten zuordnen, da die Gewölle stets an den Ruheplätzen der Eulen aufgesammelt wurden. Obwohl sich die Waldspitzmaus, wie alle Vertreter dieser Tierordnung, von Insekten, deren Larven und anderen Wirbellosen ernährt, hält sie keinen Winterschlaf, wie es auch Lebendfänge am 7. Februar 2001 bei Gorsdorf aus dem Wittenberger Gebiet belegen.

Spezielle Gefährdungsursachen sind gegenwärtig nicht erkennbar. Die Vernichtung oder Zerschneidung von Lebensräumen durch ständig weitere Inanspruchnahme von Landschaft für Bautätigkeiten, insbesondere die Beseitigung von Feuchtgebieten, und der Straßenverkehr sind jedoch zu erwähnen. Die Waldspitzmaus ist ein häufiges Beutetier von Eulenarten. Man findet oftmals unversehrte, tote Tiere auf Wegen, dabei ist die Todesursache nicht erkennbar. Möglich ist, dass sie von Prädatoren (vielleicht Katzen) erbeutet, dann aber wegen des starken Moschusgeruchs nicht gefressen wurden.

Sie ist in Sachsen-Anhalt laut Roter Liste nicht gefährdet, jedoch nach dem Bundesnaturschutzgesetz eine gesetzlich besonders geschützte Art.

3. Zwergspitzmaus - *Sorex minutus* Linnaeus, 1766

Mit einer Körperlänge von 4,5 − 6,5 cm ist die Zwergspitzmaus kleiner als die Waldspitzmaus. Der Schwanz nimmt ¾ der Körperlänge ein. Das Fell ist mit einem braunen

Rücken und einer grauweißen Unterseite zweifarbig. Auch die Zwergspitzmaus ist eine rotzähnige Spitzmaus.

Die Zwergspitzmaus kommt in fast ganz Europa vor und fehlt nur auf Island, den großen Mittelmeerinseln und großen Teilen Spaniens. Sie ist auch in ganz Deutschland verbreitet und besiedelt nach STUBBE & STUBBE (1994) ebenfalls alle Raster im östlichen Deutschland, ist aber nicht so häufig wie die Waldspitzmaus. Der Lebensraum ähnelt sehr dem der Waldspitzmaus. Man kann sie aber auch auf Wiesen, in Hochstaudenfluren und in Feuchtgebieten mit Schilf und Röhricht antreffen. Ihre Nester aus Laub, Gras und Moos legt sie über dem Erdboden an.

In der Wittenberger Region kommt die Zwergspitzmaus verbreitet vor. Sie ist mit 221 auswertbaren Nachweisen die zweithäufigste Spitzmausart der Region. Auf Grund ihrer heimlichen und versteckten Lebensweise gibt es kaum Sichtbeobachtungen im Freiland, auch fehlen gezielte Untersuchungen zur Bestandsdichte, so dass jegliche Angaben zur Häufigkeit spekulativ wären. Sie wurde in allen Landschaftsteilen der Region außerhalb der urbanen Bereiche festgestellt. Die Nachweise aus Totfunden, Gewöllen und Beifängen in Bodenfallen stammen aus dem Fläming, der Elbe- und Elsteraue sowie aus der Dübener Heide und den Bergbaufolgelandschaften. Sowohl feuchte Gebiete in den Flussauen oder Bachtälern, wie der Tugendbusch bei Zwuschen und die Elsteraue bei Gorsdorf, Hemsendorf oder Premsendorf als auch trockene Bereiche, wie die Woltersdorfer Heide oder der Stadtwald Wittenberg, werden besiedelt. HENNIG (1994) gibt sie für eine Kleingartenanlage im Stadtgebiet von Wittenberg an. Auch in größeren, geschlossenen Waldgebieten kommt sie vor, z. B. am 18. Juni 2008 im Waldgebiet südöstlich von Reinharz. Ebenso wurde sie häufig im Fläming gefangen (LAU). Dennoch kann sie wohl als Bewohner offener Landschaftsteile angesehen werden.

Eine spezifische Gefährdung der Zwergspitzmaus in der Wittenberger Region ist nicht erkennbar. Allerdings wirken die gleichen allgemeinen Gefährdungsfaktoren (Nahrungsmangel durch Pestizidausbringung, Dezimierung geeigneter Lebensräume durch Flurneugestaltung, Straßenverkehr) wie bei allen Kleinsäugern auch auf diese Art. Auch sie ist ein regelmäßiges Beutetier der vorkommenden Eulenarten, besonders der Schleiereule, aber auch des Turmfalken, wie es Gewöllnachweise vom Turmfalken-Brutplatz im Schloss Jessen belegen.

In Sachsen-Anhalt ist die Zwergspitzmaus als gefährdete Art in der Roten Liste in die Gefährdungskategorie 3 eingestuft und ist eine gesetzlich besonders geschützte Art.

4. Wasserspitzmaus - *Neomys fodiens* (Pennant, 1771)

Die 7,0 – 9,4 cm lang werdende Wasserspitzmaus hat einen 5,2 – 7,4 cm langen Schwanz, der an der Unterseite mit Borstenhaaren besetzt ist. Sie ist die größte europäische Spitzmaus. Oberseits ist sie schwarz, unterseits weißlich gefärbt. Das Fell ist samtartig dicht. Die Hinterfüße sind groß und tragen außen einen hellen Saum aus Schwimmborsten.

Die Wasserspitzmaus kommt in Mittel- und Nordeuropa außer auf Irland und Island vor und fehlt in Südeuropa in großen Teilen der Iberischen Halbinsel. Sie kommt auch in ganz Deutschland vor. Bei STUBBE & STUBBE (1994) fehlt sie auf 8 Rastern des östlichen Deutschland, das aber auf Erfassungsdefiziten beruhen kann. Wie ihr Name bereits vermuten lässt, lebt sie an Gewässern, wo sie sich von Wasserinsekten, kleinen Krebsen, Fischen und Fröschen ernährt. Als Lebensraum werden übereinstimmend klare Fließ- und Stillgewässer mit natürlichen, vegetationsreichen, höheren Uferstrukturen und guter Wasserqualität benannt.

In der Wittenberger Region muss die Wasserspitzmaus als seltene Tierart mit einer zerstreuten Verbreitung angesehen werden. Für das Gebiet um Wittenberg liegen nur vereinzelte Zufallsbeobachtungen vor, so dass ihre reale Verbreitung nicht konkret dargestellt werden kann: Am 26. März 1999 wurde ein Tier in der Amphibien-Schutzanlage am Großen Lausiger Teich mitgefangen (det.: A. Schumacher), am 28. August 2003 gelang ein Tier beim Elektrofischen im Fliethbach bei Lubast in den Anodenbereich (det.: U. Zuppke), im September 2007 fand sich eine im Eulengewölle aus der Oranienbaumer Heide (det.: M. Unruh) und am 11. März 2012 eine in der Amphibien-Schutzanlage am Kleingewässer bei Scholis (J. Meißner). Diese Nachweise beziehen sich alle auf den Großraum Dübener Heide. Am 5. April 2011 fing E. SCHNEIDER eine Wasserspitzmaus im Drewischgraben im Forst Arnsnesta. 1995 wurden vier Wasserspitzmäuse in Schleiereulengewöllen vom Schlossturm Wittenberg determiniert (M. JASCHKE), deren genaue Herkunft daraus nicht ableitbar ist. Außerdem geben ERFURT & STUBBE (1986) Nachweise aus Eulengewöllen auf sechs MTB-Q der Region an. RASCHIG (1986) erwähnt Nachweise dieser Art in Gewöllen von Battin, Jessen, Prettin, Puzien und Ruhlsdorf. Aus dem gewässerarmen Fläming fehlen (bisher) derartige Nachweise, aber auch aus den Flussauen, wobei im letzteren Landschaftsraum die wiederkehrenden Hochwassersituationen lebensfeindlich wirken werden.

Die geringe Datenlage erlaubt keine Rückschlüsse darüber, ob ein Bestandsrückgang stattgefunden hat. Als Gefährdung wirkt jede Veränderung der Gewässerlebensräume und Verschlechterung der Wasserqualität, beides Faktoren, die auch im Gebiet um Wittenberg eine Rolle spielen. Da die Wasserspitzmaus ihre Insektennahrung im Wasser fängt, besteht dadurch noch die zusätzliche Gefährdung der Schadstoffakkumulation aus den Beutetieren.

Die Wasserspitzmaus ist eine gesetzlich besonders geschützte Tierart und ist in der Roten Liste Sachsen-Anhalts als gefährdet (Gefährdungskategorie 3) eingestuft.

5. Gartenspitzmaus - *Crocidura suaveolens* (Pallas, 1811)

Die Gartenspitzmaus zählt zu den Weißzähnigen Spitzmäusen (*Crocidurinae*) und besitzt eine Körperlänge von 5,3 − 6,7 cm, der Schwanz ist 3,1 − 3,9 cm lang. Der Schwanz ist auf seiner ganzen Länge mit Wimperhaaren bedeckt. Das Rückenfell ist grau-braun und der Bauch hellgrau. Die dunklere Seitenfärbung ist nicht scharf von der helleren Bauchseite abgesetzt.

Die Nordgrenze des Verbreitungsareals in Europa verläuft durch Mittelfrankreich, Deutschland und das westliche Russland. Hierbei ist die Art auf den Osten Deutschlands beschränkt. Auch bei STUBBE & STUBBE (1994) sind nur 40 % der Raster in Ostdeutschland besetzt, die sich auf den Osten und Südosten unter Einschluss der hier betrachteten Region konzentrieren. Die Arealgrenze innerhalb von Deutschland hat sich nach JENTZSCH & TROST (2008) deutlich in nordwestlicher Richtung verschoben und hat auch Sachsen-Anhalt erreicht (ERFURT & STUBBE 1986). Die Gartenspitzmaus besiedelt meist trockene Kultur- und Offenlandschaft mit Bodenbedeckung, kommt nicht im Wald vor, ist aber häufig in Gärten, auch in Komposthaufen, Trockenmauern und Gewächshäusern anzutreffen.

Die Wittenberger Region wird nach gegenwärtigem Kenntnisstand von der Gartenspitzmaus nur selten bewohnt. HAFERKORN (2001) erwähnt die nordwestliche Verbreitungsgrenze dieser Art und Fundorte im Landkreis Wittenberg. ERFURT & STUBBE (1986) fanden Nachweise in Eulengewöllen auf sieben MTB-Q der Region. Von dieser Art lagen bisher zwei Nachweise aus den Jahren 1978 und 1981 aus dem Stadtrandgebiet von Wittenberg vor. Durch Gewöllaufsammlungen von P. RASCHIG, K. NEHRING, G. SCHMIDT und B. SIMON wurde die Besiedlung der rechtselbischen Elbaue südlich von Jessen mit dieser Art bekannt. Mittlerweile ist auch das linkselbische Ufer bis zur Dübener Heide besiedelt (u.a. EBERSBACH et al. 1999), was von JENTZSCH & TROST (2008) als Teil einer Verschiebung der Verbreitungsgrenze gedeutet wird.

Aussagen zur Habitatbindung sind anhand dieser Gewöllanalysen kaum möglich. Die Totfunde in einem Gartenbereich in der Stadtrandlage von Wittenberg, aber auch der Fang in Schwemsal (A. MITZKA) belegen, dass die Gartenspitzmaus den menschlichen Siedlungsbereich keinesfalls meidet. Dahingehend ist auch ein weiterer Totfund durch B. SIMON in einem dörflichen Siedlungsbereich zu interpretieren. Die Verbreitung konzentriert sich auf die offene, trockene Landschaft außerhalb der geschlossenen Waldgebiete. Die Bestandssituation dieser Art lässt sich auf Grund der geringen Datenlage nicht einschätzen. Der Nachweis einer Gartenspitzmaus in 75 Schleiereulengewöllen gegenüber 21 Waldspitzmäusen und 10 Feldspitzmäusen auf dem Schloss Annaburg 2008 oder ebenfalls nur einer Gartenspitzmaus gegenüber 49 Walspitzmäusen und 15 Zwergspitzmäusen 2006 in Axien kann als Hinweis auf die Seltenheit dieser Art in der Region gedeutet werden.

Nachweise der Gartenspitzmaus in der Region Wittenberg

Datum	Ort	MTBQ	Anzahl	Nachweis
21.10.1978	Wittenberg	4141-22	1	Totfund
07.11.1981	Wittenberg	4141-22	1	Totfund
1984	Großnaundorf	4343-2	3	Gewöllnachweis
1984	Plossig	4343-2	2	Gewöllnachweis
1984	Prettin	4343-2	2	Gewöllnachweis
07.10.1999	Dorna	4242-12	1	Gewöllnachweis
05.10.2006	Dorna	4242-12	1	Gewöllnachweis
05.10.2006	Prettin	4343-23	1	Gewöllnachweis
05.10.2006	Axien	4243-34	1	Gewöllnachweis
01.2007	Oranienbaum	4140-1	2	Gewöllnachweis
29.05.2007	Jessen	4243-22	6	Gewöllnachweis
30.05.2007	Wittenberg/Wiesigk	4142-1	1	Gewöllnachweis
19.06.2007	Bergwitz	4241-2	3	Gewöllnachweis
19.06.2007	Gehmen	4243-3	1	Gewöllnachweis
19.07.2007	Dorna	4242-12	2	Gewöllnachweis
27.09.2007	Pretzsch	4242-44	1	Gewöllnachweis
29.09.2007	Annaburg	4244-32	2	Gewöllnachweis
01.10.2007	Axien	4243-34	1	Gewöllnachweis
09.11.2007	Gerbisbach	4243-23	1	Gewöllnachweis

15.01.2008	Annaburg	4244-32	1	Gewöllnachweis
16.01.2008	Purzien	4244-13	2	Gewöllnachweis
30.01.2008	Gentha	4143-3	1	Gewöllnachweis
05.02.2008	Jessen	4243-22	1	Gewöllnachweis
29.04.2008	Jessen	4243-22	4	Gewöllnachweis
01.06.2008	Griebo	4141-11	1	Totfund
09.03.2016	Schwemsal	4342-31	1	Totfund

Eine spezifische Gefährdung der Gartenspitzmaus in der Wittenberger Region ist nicht erkennbar. Die allgemeinen Gefährdungsfaktoren (Nahrungsmangel durch Pestizidausbringung, Dezimierung geeigneter Lebensräume durch Flurneugestaltung, Straßenverkehr) wirken jedoch sicherlich auch auf diese Art. Sie ist ein Beutetier der vorkommenden Eulenarten, besonders der Schleiereule.

Die Gartenspitzmaus ist eine besonders geschützte Art nach dem Bundesnaturschutzgesetz seit dem 31. August 1980. In der Roten Liste Sachsen-Anhalts (HEIDECKE et. al. 2004) ist sie noch als extrem seltene Art mit geographischer Restriktion (Kategorie R) eingestuft.

6. Feldspitzmaus - *Crocidura leucodon* (Hermann, 1780)

Die Feldspitzmaus gehört, wie die Gartenspitzmaus und die nachfolgende Hausspitzmaus, zur Gattung *Crocidura* und damit zu den Weißzähnigen Spitzmäusen. Ihre Körperlänge beträgt 6 – 9 cm, die Schwanzlänge 3 – 4 cm. Sie hat oberseits eine dunkelbraune bis schiefergraue Färbung, die sich scharf von der gelblichweißen Unterseite absetzt. Auch der Schwanz ist zweifarbig und mit einzeln stehenden Wimperhaaren besetzt. Die Feldspitzmaus hat deutlich aus dem Fell herausragende Ohren und weißliche Füße.

Die Feldspitzmaus bewohnt Europa von Ostfrankreich ostwärts bis zum Ural, jedoch nur bis zu einer nördlichen Verbreitungsgrenze, die in Deutschland etwa von der Nordsee über Westmecklenburg, Brandenburg und Sachsen (entlang der Elbe) verläuft (WEBER 1983). Auch bei STUBBE & STUBBE (1994) sind die nördlichen und östlichen Raster unbesetzt, wobei die Raster der hier behandelten Region im bestzten Bereich (58 %) liegen. Die Wittenberger Region befindet sich demnach innerhalb des Verbreitungsgebiets dieser Art. Feldspitzmäuse besiedeln Kulturlandschaften, vor allem landwirtschaftlich genutzte Flächen z. B. ökologisch bewirtschaftete Felder, Feldraine, Hecken- und Flurgehölzstreifen, Streuobstwiesen, aber auch Trockenstandorte an Deichen und Bahndämmen sowie Fettwiesen.

Die Nachweislage deutet darauf, dass die Feldspitzmaus in der Wittenberger Region zwar regelmäßig vorkommt, aber nirgends häufig ist. Aus der Region gibt es eine Anzahl von Nachweisen aus Schleiereulengewöllen (det.: J. ERFURT, M. JENTZSCH, S. HAUER, G. SCHMIDT) sowie etliche Totfunde (det.: U. ZUPPKE). Der überwiegende Anteil der Nachweise stammt aus der Ackeraue südlich von Jessen, weitere aus den Stadtrandgebieten von Wittenberg und der Elbaue, einzelne auch aus dem Vorfläming. Nachweise aus der Dübener Heide fehlen, sicherlich sind die großen geschlossenen Waldgebiete von dieser Art nicht besiedelt. Die in den Schleiereulengewöllen gefundenen Nachweise beziehen sich vermutlich auf die Umgebung der Ortschaften, also auf Felder und Gärten. Die Nachweise von 26 Feldspitzmäusen in Schleiereulengewöllen in Oranienbaum, 16 in Jessen, elf in Bergwitz, zehn in Annaburg, je sieben in Gadegast und Heinrichswalde sowie je sechs in Dorna und Reinsdorf-Dobien zeigen, dass diese Art in geeigneten Habitaten regelmäßig vorkommt. Auch die Nachweise von sechs Feldspitzmäusen bei Dorna, je fünf bei Dabrun und Rettig, vier bei Labrun und eine bei Klieken durch EBERSBACH et al. (1999) bestätigen dies.

Spezifische Gefährdungsursachen sind bei dieser Art nicht erkennbar. Die Verkleinerung oder Beseitigung von Feldrainen durch zu nahes Pflügen bis zum Weg verringert den Lebensraum deutlich. Die Verringerung der Strukturvielfalt in den dörflichen Siedlungen durch Aufräumarbeiten vernichtet Verstecke und Überwinterungsräume. Durch Ausbringung von Pestiziden entsteht Nahrungsmangel. Auch diese Spitzmausart ist ein regelmäßiges Beutetier der Schleiereule.

Die Feldspitzmaus ist eine gesetzlich besonders geschützte Art und steht in Sachsen-Anhalt auf der Vorwarnliste.

7. Hausspitzmaus - *Crocidura russula* (Hermann, 1780)

Die Art weist eine Körperlänge von 5,8 – 8,6 cm und eine Schwanzlänge von 3,1 – 4,5 cm auf. Der Rücken ist grau- bis rötlichbraun und der Bauch grau gefärbt. Nur unscharf ist die Grenze zwischen Ober- und Unterseite erkennbar. Der Schwanz ist mit einzeln stehenden längeren Wimperhaaren besetzt. Anhand der Fellfärbung lässt sie sich von der Gartenspitzmaus kaum unterscheiden. Hausspitzmäuse sind sehr soziale Tiere. Es sind länger anhaltende Paarbildungen und größere Überwinterungsgruppen bekannt geworden.

Die Hausspitzmaus ist in Europa von Portugal bis Deutschland und in nördlichen Teilen der Schweiz und Österreichs verbreitet. Bei STUBBE & STUBBE (1994) sind nur die südwestlichen Raster bestzt (34 %) mit dem südlich der Elbe gelegenen Raster der Wittenberger Region. Die östliche Verbreitungsgrenze liegt hauptsächlich in Sachsen etwa parallel der Elbe. DOLCH (1995) führt im Verlauf ihrer Verbreitungsgrenze auch „bei Wittenberg" an.

Somit liegt die Region Wittenberg im nordöstlichen Rand- bzw. Außenbereich des Verbreitungsgebietes der Hausspitzmaus. Belege für das Vorkommen dieser Art in der Wittenberger Region stammen aus Schleiereulengewöllen von Wartenburg, Gehmen und Axien sowie einem Lebendfallenfang in Apollensdorf. Auch sie lebt vorwiegend im Kulturland, auch in Gelände mit wenig Deckung und in der Nähe von Siedlungsbereichen, wo sie Gärten und Parkanlagen aufsucht. Die Nachweise konzentrieren sich auf die Elbaue. Ob die Hausspitzmaus in den anderen Landschaftseinheiten des Gebietes nicht vorkommt oder die Nachweise zufallsbedingt erfolgten, kann gegenwärtig nicht eindeutig ausgesagt werden. Da sich die Nachweise in Eulengewöllen örtlich nicht lokalisieren lassen, belegt nur der Lebendfallenfang in Apollensdorf (SCHÄLLIG/ELZ), dass die Hausspitzmaus als Kulturfolger Ortslagen bewohnt, denn der Nachweis erfolgte direkt in einer Wohnung, wohin diese Spitzmäuse im Winterhalbjahr oftmals ausweichen. Die insgesamt dürftige Nachweislage könnte auch daraus resultieren, dass in den urbanen Lebensräumen der Hausspitzmäuse kaum faunistische Untersuchungen durchgeführt werden. Da sie aber auch in den Gewöllen der Schleiereule bisher nur sehr vereinzelt nachgewiesen wurde, scheint sie doch eine selten vorkommende Art zu sein, worauf auch die insgesamt wenigen Nachweise aus der Region deuten.

Eine Gefährdungsursache ergibt sich durch ihr Auftreten in bewohnten oder genutzten Gebäuden, wo sie sicherlich als „ungebetener" Gast ebenso wie normale Mäuse verjagt oder bekämpft werden. Sie ist aber eine besonders geschützte Tierart nach Bundesnaturschutzgesetz und ist in der Roten Liste Sachsen-Anhalts, auch wegen ihrer Arealrandlage in die Gefährdungskategorie 3 = gefährdet eingestuft.

8. Maulwurf - *Talpa europaea* Linnaeus, 1758

Durch seine walzenförmige Gestalt ist der Maulwurf perfekt an ein Leben in unterirdischen Gängen angepasst. Er hat ein samtartig, kurzhaariges, schwarzes Fell. Die Schwanzlänge entspricht dem Radius der unterirdischen Röhren und wird vom Maulwurf zum Abtasten der Gänge eingesetzt. Seine Vorderbeine sind zu breiten, schaufelförmigen Grabwerkzeugen umgebildet. Sie besitzen fünf Finger mit sehr kräftigen, stumpfen Krallen. Selbst sein kurzhaariges schwarzes Fell ist gut für die Bewegung in den Erdröhren geeignet. Er hat eine Körperlänge von 11 − 15 cm. Früher wurde vermutet, dass der Maulwurf seine Nahrung ausgräbt und dies der Grund für sein weit verzweigtes Tunnelsystem sei. Heute weiß man, dass er ein geschickter Jäger ist, der seine Gänge als Fallen vor allem für Regenwürmer und Bodeninsekten anlegt. Gelangen diese Bodenbewohner in seine Röhren, nimmt er deren Bewegungen während seiner Kontrollgänge wahr und erbeutet sie. Er benötigt unter Tage eigentlich keine Augen, ist aber nicht blind. Die Augen sind zum Schutz in einer Hautfalte verborgen. Sie werden bei Erregung herausgedrückt und sind dann sichtbar. Dagegen fehlen Ohrmuscheln völlig. Neben seiner Rüsselscheibe verleihen ihm auch die Sinneshaare an den Kopf-, Handwurzel- und Schwanzbereichen ausgezeichnete Tastsinne.

Der Maulwurf kommt in fast ganz Europa außer in Norwegen, Irland und Island vor und ist auch in Deutschland weit verbreitet (im Hochgebirge bis etwa 2.000 m). Im UTM-Gitter von STUBBE & STUBBE (1994) sind alle Raster besetzt (außer das nördlichste mit der Nordspitze Rügens). Geeignete Biotope sind: Landschaften mit Humusböden, Wiesen, Gärten und aufgelockerte Mischwälder − überwiegend dort, wo es gute Regenwurmbestände gibt.

Der Maulwurf ist in der Wittenberger Region weit verbreitet und insbesondere auf den Grünländereien stellenweise auch häufig. Aus der Region gibt es aber keine gezielten Erfassungen des Maulwurfs. Als Nachweise konnten nur Totfunde und die frischen Aufwurfhügel herangezogen werden. Diese sind keine Eingänge zum unterirdischen, etwa 50 m langen Gangsystem, sondern das beim Graben mit den Vorderfüßen herausgeschobene Erdreich. Diese „Maulwurfshügel" werden in fast jeder Landschaftseinheit der Wittenberger Region gefunden, auch in den Parkanlagen der Innenstadt von Wittenberg, hier selbst in so kleinen Grünbereichen wie an der Luthereiche oder am Schwanenteich. Selbst auf den schmalen Banketten zwischen den befestigten Fahrspuren von Bundes- oder Landesstraßen sowie an den Banketten der Autobahn A 9 sind die Aufwurfhügel zu finden. Die Gärten am Stadtrand werden ebenso besiedelt. Auch im Überflutungsgrünland der Elbaue kommen Maulwürfe vor, wo sie sich bei Hochwasserereignissen schwimmend auf den Deich retten, dort ihre Gangsysteme graben und dadurch die Stabilität der Deiche beeinträchtigen. Oftmals sind bereits nach kurzer Zeit nach Abzug des Hochwassers wieder frische Aufwurfhügel im Überflutungsgebiet zu finden. Bei dem starken Hochwasser 2002, als das Wasser nach Deichbrüchen bei Pratau und Seegrehna beiderseits des Deiches stand, waren Maulwurfshügel sehr zahlreich auf den Dämmen zu sehen, im September sogar unmittelbar neben der gesprengten Stelle nahe des Crassensees. 2009 fanden sich frische Aufwurfhügel direkt auf den

Buhnen der Stromelbe nahe der Wendel. Anmoorige Standorte, wie z. B. im Zemnicker Bruch, sind oftmals ganz dicht von Aufwurfhügeln übersät. Die Grünländer in den Parkanlagen bieten dem Maulwurf hervorragende Lebensbedingungen, wie es die sehr zahlreichen Aufwurfhügel auf den Rasenflächen der Anlagen an den Schlössern Oranienbaum oder Wörlitz zeigen. Aber auch in Wäldern, außer den geschlossenen Waldungen, finden sich, besonders an den Wegrändern, in lockeren Laubbeständen und Blößen diese Hügel. Zahlreiche Nachweise von A. WEBER zeigen auch das Vorkommen in der Nähe von Gewässern an. Dagegen sind in der Feldflur diese Nachweise jetzt seltener geworden und meistens nur noch an den Feldrändern zu finden. Lockere und steinreiche Sandböden im Fläming, wie in der Umgebung von Zallmsdorf, Gadegast und Naundorf, werden gemieden. Frische Aufwurfhügel im frostharten Boden oder in der Schneedecke zeigen, dass der Maulwurf ganzjährig aktiv ist.

Wie die seltener gewordenen Nachweise in der Feldflur belegen, ist die intensive Feldbewirtschaftung mit dem Tiefpflügen eine Hauptgefährdungsursache für den Maulwurf, der sein Gangsystem in 30 − 50 cm Tiefe anlegt. Die Verwendung von Insektiziden wirkt sich negativ auf bodenbewohnende wirbellose Nahrungstiere aus. In Privatgärten wird er nicht geduldet und dabei nicht nur vertrieben, sondern immer noch auch direkt getötet.

Dabei ist der Maulwurf in Deutschland laut Bundesnaturschutzgesetz eine besonders geschützte Tierart und steht in Sachsen-Anhalt auf der Vorwarnliste.

Igel sind zwar allbekannt, aber tagsüber selten zu sehen. Sie verlassen erst zur Dämmerung ihr Versteck und gehen in den Abendstunden auf Nahrungsuche (Eutzsch, 19.06.2007).

Durch das Abbrennen von Wegrändern, Ruderalstellen und auch Grünländern sowie auf Haufen gelagertem Reisig und Gartenabfällen werden oftmals Igel mit verbrannt (Trebitz, 17.03.78).

Oben: Igel errichten in Laub- und Reisighaufen aus Laub, Moos und Gras Nester, in denen sie tagsüber schlafen und ihre Jungen gebären. Bei der geringsten Störung werden diese Nester verlassen und nicht wieder besetzt. Die Jungigel werden dabei trotz ihrer Stacheln fortgetragen.

Unten: Nach einer Tragzeit von 32−36 Tagen bringt das Igelweibchen 4−5 Junge zur Welt, die nackt und blind sind und zunächst weiße Stacheln haben. Im Alter von 7 Wochen werden sie selbständig und folgen dem Muttertier/Garten in Coswig (Fotos: H. Lewerenz).

Eine Gartenspitzmaus beim Verzehr eines Regenwurms. Spitzmäuse fressen oftmals mehr als ihr eigenes Körpergewicht, das bis zu 15 g betragen kann (Foto: K. Mattigit).

Die Hausspitzmaus bewohnt als Kulturfolger Ortschaften und Gärten und kommt im Winterhalbjahr auch in die Gebäude, sogar bis in Wohnungen/Apollensdorf 30.11.2011 (Foto: I. Elz).

Oben: Die unterirdisch lebenden Maulwürfe sind nur selten an der Erdoberfläche zu sehen.

Unten: Mit den Vorderfüßen drücken sie die beim Graben anfallende Erde nach außen. Durch diese Aufwurfhügel wird ihre Anwesenheit sichtbar, wie hier im Park von Wörlitz (12.12.2015).

9. Breitflügelfledermaus - Eptesicus serotinus (Schreber, 1774)

Die Breitflügelfledermaus ist die drittgrößte einheimische Fledermausart mit einer Kopf-Rumpf-Länge von 6,2 – 8,2 cm, einer Spannweite von 31,5 – 38,1 cm, einer Ohrenlänge von 1,4 – 2,2 cm mit kurzem, spitzen Tragus und einem Gewicht von 14 – 34 g. Ihr Fell ist langhaarig, die Rückenhaare sind dunkelbraun mit gelbbraunen, glänzenden Spitzen, das Bauchfell ist gelblichbraun.

Die Breitflügelfledermaus ist in ganz Europa, im Norden bis etwa 55° N verbreitet. Es gibt Hinweise, dass sich die Art langsam nach Norden ausbreitet (DIETZ et al. 2007). Sie zählt in Deutschland zu den nicht seltenen Fledermausarten, deren Vorkommen sich im Flachland konzentriert (PETERSEN et al. 2004). Im UTM-Gitter von STUBBE & STUBBE (1994) fehlt sie nur in einigen Rastern in den Grenzbereichen (möglicherweise Erfassungslücken). Diese Art ist in Sachsen-Anhalt weit verbreitet (VOLLMER & OHLENDORF 2004). Nur ausnahmsweise werden mehr als 40 – 50 km zwischen Sommer- und Winterquartier zurückgelegt (maximal 330 km). Die wenigen Markierungen belegen Ortstreue (STEFFENS et al. 2004).

Mit dem Vorkommen der Breitflügelfledermaus dürfte in vielen Siedlungsbereichen des Landkreises zu rechnen sein, so dass sie in der Wittenberger Region eine regelmäßig vorkommende Art ist. Als gebäudebewohnende Art sind bislang acht Wochenstuben in der Region bekannt: in Jalousie- und Traufkästen einer Villa in Mühlanger, unter dem Dach hinter der Zwischenwand eines Zweifamilienhauses in Bad Schmiedeberg, in Annaburg in der Zwischendecke eines Wohnhauses, im Pfarrhaus in Schweinitz, auf der Kirche in Mügeln, im Schloss in Oranienbaum, in einem Wohngebäude in Hundeluft (HAHN 2000) sowie auf dem Dachboden des alten Forsthauses in Göritz. Bisher liegen nur zwei einzelne Winternachweise aus dem Gruftkeller der Schlosskirche Wittenberg und in einem Bergkeller (teils oberirdischer Raum) in Bad Schmiedeberg vor. Mehrere Einzelfunde teils verletzter bzw. toter Tiere aus der Lutherstadt Wittenberg sowie von Sichtbeobachtungen (auch Kot) deuten auf ein dortiges regelmäßiges Vorkommen hin. Nachweise von Einzelquartieren liegen aus dem Raum Wittenberg, Zahna und Umgebung sowie Lindwerder vor. Bei Fängen in der Dübener Heide ging die Art nahe der Ortschaft Eisenhammer ins Netz, ebenso am Rande des Flämings am Apollensberg und im Tal des Grieboer Baches nördlich von Griebo (SEILS 2012). Im November 2015 wurde eine geschwächte Breitflügelfledermaus aus einer Regenrinne in Gossa/Dübener Heide geborgen. Weitere Nachweise gelangen im Verlauf der Untersuchungen zum FFH-Monitoring durch das LAU in mehreren FFH-Gebieten im Fläming, in der Dübener Heide, im Jessener Land und der Annaburger Heide-

Die Breitflügelfledermaus ist nach dem Bundesnaturschutzgesetz eine streng geschützte Tierart und wird in der FFH-Richtlinie EG 2013/17 [FFH] im Anhang IV geführt.

10. Großer Abendsegler - *Nyctalus noctula* (Schreber, 1774)

Der Große Abendsegler ist mit einer Körperlänge von 6,0 − 8,2 cm, einer Spannweite von 32,0 − 40,0 cm und einem Gewicht von 19 − 40 g die zweitgrößte einheimische Fledermausart, die schnell und gewandt fliegend (bis 50 km/h) vor der Abenddämmerung beobachtet werden kann. Seine Ohren sind kurz (1,6 − 2,1 cm), breit und dreieckig mit abgerundeter Spitze und pilzförmigem Tragus. Sein Fell ist kurzhaarig und dicht, die Haare einfarbig oberseits rehbraun (Winterfell mittel- bis dunkelbraun) mit seidigem Glanz, unterseits hellbraun.

Der Große Abendsegler ist über ganz Europa verbreitet und kommt in Mitteleuropa flächendeckend vor (DIETZ et al. 2007). In Ostdeutschland wurde er auf fast allen Rastern kartiert (STUBBE & STUBBE 1994). Auf Grund seiner Zugaktivität erscheint er saisonal in unterschiedlicher Dichte und wird daher in Deutschland zum Teil zu den sehr seltenen Arten gerechnet (PETERSEN et al. 2004). Die Art hat in Sachsen-Anhalt ihren Verbreitungsschwerpunkt im Tiefland, der jedoch nicht nur auf das Urstromtal der Elbe beschränkt ist, sondern auch andere gewässerreiche Regionen einbezieht (VOLLMER et al. 2004). Der Große Abendsegler führt i. d. R. keine so ausgeprägten Wanderungen durch, wie z. B. der Kleinabendsegler. In Ostdeutschland hat der Große Abendsegler Sommervorkommen, ist Durchzügler und Überwinterer. In jüngster Zeit werden auch einzelne Tiere und zunehmend kleinere Gruppen (überwiegend Männchen) nahezu ganzjährig ortstreu festgestellt. Wanderstrecken liegen zwischen 28 und 950 km (STEFFENS et al. 2004).

Insgesamt dürfte der Große Abendsegler in der Wittenberger Region verbreitet sein und regelmäßig vorkommen. Aus dem Gebiet um Wittenberg gibt es verschiedene Nachweise, die sowohl vom Fläming als auch aus der Dübener Heide und der Elbe- und Elsteraue stammen.
- Nachweise aus der Elbaue: In Mühlanger, inmitten des menschlichen Siedlungsbereiches, wurden in einer solitären „Straßen"-Linde im Dezember 2007 überwinternde

Tiere registriert. Vom fast gleichen Ort meldete die Mitteldeutsche Zeitung vom 6. April 2011 den Fund von zehn toten Fledermäusen, die als Abendsegler bestimmt wurden (S. HÜBNER). Vom Betreiber der Schwimmhalle in Pretzsch wurden im April 1987 vier Abendsegler (2 ♂♂, 2 ♀♀) gemeldet, die in einen Lüftungsschacht, aus dem chlorhaltige Dämpfe austraten, einflogen und verendeten. Jagende Tiere werden regelmäßig über den Auwäldern, aber auch über anderen Flächen der Region festgestellt. Am 10. April 1999 konnte ein Trupp von 27 jagenden Tieren in der Elbaue am „Durchstich" westlich von Pratau erstmals beobachtet werden. Paarungsquartiere wurden in Baumhöhlen am Klödener Riß gefunden, wo auch Einzeltiere und Trupps in Holzkästen nachgewiesen wurden. Im Managementplan für das FFH-Gebiet „Dessau-Wörlitzer Elbauen" wird der Große Abendsegler als Charakterart bezeichnet und am Wildeberg und an der Kapenmühle wurden 2011 sowohl Alt- als auch Jungtiere nachgewiesen (LPR 2015).

- Nachweise im Fläming : Am Apollensberg und im Tal des Grieboer Baches nördlich von Griebo wurde die Art fliegend festgestellt (SEILS 2012). Im Kiehnbergwald bei Zahna wurde eine Wochenstube in einer Eiche gefunden. Zwischen Hundeluft und Thießen im Fläming hatte sich ein Trupp einen hohlen Ast an einer „Straßen"-Eiche als Winterquartier ausgesucht.

- Nachweise in der Elsteraue: Im Schlosspark Hemsendorf wurden jagende Große Abendsegler beobachtet.

- Nachweise in der Dübener Heide: Hier ist ein Männchenquartier am Bierweg bekannt und aus dem Hammerbachtal liegen Netzfang- und Detektornachweise vor.

Negative Beeinträchtigungen können durch die forstliche Nutzung der Altholzbestände entstehen, da dadurch das Quartierangebot reduziert wird. Auch als Schlagopfer unter Windenergieanlagen wurde diese Art gefunden, so am 12. und 27. August 2007 im Windpark Kemberg sowie am 6. September 2013 im Windpark Prettin (www.lug brandenburg.de).

Der Große Abendsegler ist nach dem Bundesnaturschutzgesetz eine streng geschützte Tierart und wird in der FFH-Richtlinie EG 2013/17 [FFH] im Anhang IV geführt.

11. Kleiner Abendsegler - *Nyctalus leisleri* (Kuhl, 1817)

Der Kleine Abendsegler ist eine mittelgroße Fledermausart. Seine Körperlänge beträgt 4,8 − 6,8 cm, seine Spannweite 29,0 cm und sein Gewicht 13 − 20 g. Die Ohren sind 1,4 cm lang. Das Fell ist kurz, die Haare sind zweifarbig : die Oberseite ist rotbraun, die Unterseite gelbbraun.

Der Kleine Abendsegler ist in ganz Europa bis etwa 57° N verbreitet (DIETZ et al. 2007), kommt aber in Ostdeutschland nicht flächendeckend vor. Bei STUBBE & STUBBE (1994) sind nur 42 % der UTM-Raster besetzt. In Sachsen-Anhalt hat die Art ihren Verbreitungsschwerpunkt in den unteren collinen, mit Laubwald bestockten Lagen des Harzes. Im Tiefland werden vergleichbare Geländestrukturen, wie u. a. Fläming und Dübener Heide, besiedelt (VOLLMER et al. 2004). Der Kleine Abendsegler lebt in ähnlichen Lebensräumen wie sein großer Verwandter. Er gilt in Europa als typische Wanderart. Bisher sind Ortswechsel bis zu 1568 km Entfernung bekannt (STEFFENS et al. 2004).

In der Region Wittenberg ist der Kleine Abendsegler in den Waldlebensräumen eine regelmäßige und verbreitete Art. Er wurde als Waldfledermaus bei Kontrollen der Kastenreviere in mehreren Wäldern gefunden. In der Elbaue wurde eine Wochenstube nach einer Detektorbegehung (SKIBA 2003) im Auwäldchen Bodemar bei Seegrehna in Baumhöhlen als solche angesprochen. Im Jahr 2011 wurden am Kapengraben Jungtiere sowie laktierende Weibchen gefangen, so dass eine Wochenstube wahrscheinlich ist (LPR 2015). Am Rand der Dübener Heide, im Erlenbruch am Auslauf der Lausiger Teiche, wird er regelmäßig angetroffen. Hier befindet sich in Holzkeil- und Flachkästen eine Wochenstube mit bis zu 30 Muttertieren. Eine weitere Wochenstube ist in einem Fledermauskasten am Bierweg in der Dübener Heide bekannt. Der Wiederfund eines an den Lausiger Teichen beringten Weibchens in Südfrankreich (733 km) belegt die Wanderfreudigkeit dieser Art. Der Nachweis einer Wochenstube unter dem Dach eines Wochenendhauses am Schinkensee (nahe Kolonie Gniest) in der Dübener Heide 2011 gilt als seltener Quartierraum in Deutschland (BERG 2012). In der Glücksburger Heide wird eine Wochenstube vermutet.

Auch der Kleine Abendsegler wird durch eine forstliche Nutzung der Altholzbestände in seinem Bestand beeinträchtigt, außerdem kann er auf seinen Jagdflügen mit dem Straßenverkehr kollidieren.

Der Kleine Abendsegler ist nach dem Bundesnaturschutzgesetz eine streng geschützte Tierart und wird in der FFH-Richtlinie EG 2013/17 [FFH] im Anhang IV geführt.

12. Mückenfledermaus - *Pipistrellus pygmaeus* (Leach, 1825)

Die erst vor etwa 15 Jahren als eigenständige Art erkannte Mückenfledermaus ist die kleinste einheimische Fledermausart. Hinsichtlich der Körpermaße gibt es kaum Unterschiede zur Zwergfledermaus (14.), von der sie sich jedoch durch die etwa 10 kHz höhere Hauptfrequenz ihrer Ortungsrufe unterscheidet. Das Fell ist fahler olivbraun als das der Geschwisterart, das Rückenfell hellbraun mit hellgrauer Basisfärbung. Die Oberseite geht fließend in die wenig hellere Färbung der Unterseite über.

Nach bisherigem Kenntnisstand kann auf Grund sicherer Nachweise von einer Verbreitung vom europäischen Mittelmeerraum bis etwa 63° N ausgegangen werden (DIETZ et al. 2007). SCHMIDT (2016) vertritt die These, dass die Mückenfledermaus im letzten Drittel des vorigen Jahrhunderts in Deutschland eingewandert ist, „begünstigt durch die Klimaerwärmung und den durch DDT bedingten Tiefstand der heimischen Fledermausarten". Aus Sachsen-Anhalt liegen bislang nur wenige Daten vor, die Verbreitung dieser Art ist noch nicht geklärt (VOLLMER et al. 2004). Hinsichtlich der Verbreitung und der Wanderungen gilt es zu beachten, dass bislang erst wenige Wiederfunde vorliegen. Allerdings gibt es Hinweise, dass die Mückenfledermaus in Mitteleuropa ausgeprägtere Wanderungen durchführt als die Zwergfledermaus (STEFFENS et al. 2004). Sie bevorzugt strukturreiche Wälder und lässt eine enge Bindung an Gewässer erkennen.

Auf Grund der gegenwärtig unzureichenden Datenlage kann der wahre Vorkommensstatus der Mückenfledermaus im Wittenberger Gebiet noch nicht real eingeschätzt werden. Neben Detektornachweisen aus der Elbaue sowie vom Apollensberg und dem Tal des Grieboer Baches nördlich von Griebo (SEILS 2012) liegen bisher zwei Wochenstubennachweise an Gebäuden vor: am Fährhaus bei Coswig mit bis zu 300 Tieren (mdl. Mitt.: G. WEIßKÖPPEL und T. HOFMANN) und unter dem Dach des ehemaligen Forsthauses Heinrichswalde. Paarungs- und Einzelquartiere konnten auch am Crassensee und bei Bodemar nördlich von Seegrehna nachgewiesen werden. Beim Netzfang im Hammerbachtal (Dübener Heide) ging am 6. August 2008 erstmals ein Männchen ins Netz. 2011 konnten an mehreren Orten in der Elbaue Mückenfledermäuse nachgewiesen werden, darunter sowohl Männchen als auch Weibchen und Jungtiere, so am Wildeberg, an der Kapenmühle, in Heinrichswalde, an der Straße Coswig-Wörlitz, an der Rosenwiesche und am Krägen-Riß (LPR 2015). Die Bearbeiter bezeichnen die Art neben der Wasserfledermaus und dem Abendsegler als Charakterart des FFH-Gebietes „Dessau-Wörlitzer Elbauen". 2014 wurde je eine Mückenfledermaus in Kannabude bei Melzwig und auf der Streuobstwiese bei Wartenburg gefangen. Wochenstuben in Fledermauskästen sind aus folgenden Gebieten bekannt: Stadtwald Wittenberg, Wittenberger Parkanlagen, Wald am Wittenberger Luch bei Mühlanger, Auwäldchen bei Bodemar, aus Auwaldbereichen zwischen Wörlitz und Heinrichswalde und im Sozialgebäude des ehemaligen Kraftwerkes Zschornewitz.

Ein Totfund unter einer Windenergieanlage im Windpark Kemberg am 27. August 2007 (www.lug brandenburg.de) deutet an, dass diese Art auch in der freien Ackeraue durchfliegt und dabei in den dortigen Windparks als Schlagopfer verunglückt.

Die Mückenfledermaus ist nach dem Bundesnaturschutzgesetz eine streng geschützte Tierart und wird in der FFH-Richtlinie EG 2013/17 [FFH] im Anhang IV geführt.

13. Rauhautfledermaus - *Pipistrellus nathusii* (Keyserling & Blasius, 1839)

Die Rauhautfledermaus ist mit einer Körperlänge von 5,0 cm, einer Spannweite von 24,0 cm und einem Gewicht von 6 – 15 g eine kleine Fledermausart. Die Ohren sind nur 1,2 cm lang.

Die Rauhautfledermaus lebt in großen Teilen Europas, der nördlichste Nachweis liegt bei 60° N (DIETZ et al. 2007). Vorkommen sind aus fast ganz Deutschland bekannt, jedoch nur wenige Wochenstuben. Bei STUBBE & STUBBE (1994) fehlt sie auf den Rastern in den Grenzbereichen. Die nordosteuropäischen Populationen ziehen zu einem großen Teil durch Deutschland und paaren sich oder überwintern hier (PETERSEN et al. 2004). In Sachsen-Anhalt ist die Rauhautfledermaus stellenweise häufig in feuchten Wäldern des Tieflandes verbreitet. Der Verbreitungsschwerpunkt liegt im Urstromtal der Elbe (VOLLMER et al. 2004). Für diese wandernde Art konnten Strecken von 1.455 km nachgewiesen werden (STEFFENS et al. 2004). Diese Weit-wanderstrecken führen bei der Rauhautfledermaus zu einem hohen Schlagopferrisiko an Windkraftanlagen.

Insgesamt dürfte die Rauhautfledermaus in der Wittenberger Region eine regelmäßig vorkommende Art sein. Sie bevorzugt wald- und gewässerreiche Landschaften. In der Region wurde sie in den Kastenrevieren am Crassensee und im Wäldchen bei Bodemar, an der Rosenwiesche, an der Kremnitzmark und am Schönitzer See in der Elbaue, aber auch in der Elsteraue angetroffen. Auch hinter den Fensterläden am Forsthaus Muhlberg befanden sich 2006 zwei Männchen und ein Weibchen, vergesellschaftet mit Mopsfledermäusen. Hierbei handelt es sich meist um Paarungsquartiere mit paarungsbereiten Männchen. Auch im Kastenrevier Wittenberger Luch wurde sie nachgewiesen. Bei Netzfängen in der Dübener Heide lässt sie sich in Gewässernähe regelmäßig nachweisen, so u. a. am Auslauf der Lausiger Teiche am Rand der Dübener Heide. Eine an den Lausiger Teichen beringte Rauhautfledermaus wurde in Berg (Österreich) wieder gefunden. Im Juli 2002 wurde ein weibliches Jungtier in einer Wochenstube der Großen Bartfledermaus in Steinsdorf hinter einem Fensterladen gefunden.

In den Windparks wurden mehrere Rauhautfledermäuse als Schlagopfer unter den Windkraftanlagen gefunden, so am 18. Mai 2008 im Windpark Elster (www.lug brandenburg.de) und am 29. April 2015 im Windpark Kemberg-Rackith.

Die Rauhautfledermaus ist nach dem Bundesnaturschutzgesetz eine streng geschützte Tierart und wird in der FFH-Richtlinie EG 2013/17 [FFH] im Anhang IV geführt.

14. Zwergfledermaus - *Pipistrellus pipistrellus* (Schreber, 1774)

Die Zwergfledermaus ist eine sehr kleine Fledermausart. Ihre Körperlänge beträgt nur 4,3 cm, ihre Spannweite 21,0 cm, das Gewicht 3,5 − 8 g und ihre Ohrenlänge 1,1 cm. Das Fell ist an der Haarbasis dunkel- bis schwarzbraun. Die Oberseite ist rotbraun, kastanienbraun oder dunkelbraun, die Unterseite gelbbraun bis graubraun.

Die Zwergfledermaus ist in großen Teilen Europas bis 57° N anzutreffen. Die nördliche Verbreitungsgrenze ist unsicher, da zahlreiche ältere Nachweise auf Vorkommen der Mückenfledermaus beruhen (DIETZ et al. 2007). Sie ist bundesweit vorkommend, besonders in Siedlungsbereichen zahlreich und zählt gebietsweise zu den nicht seltenen Arten (PETERSEN et al. 2004). STUBBE & STUBBE (1994) geben eine fast flächendeckende Verbreitung in Ostdeutschland wieder, allerdings fehlt sie hier auf drei Rastern östlich der mittleren Elbe, also auch teilweise im hier betrachteten Gebiet. Das disperse Verbreitungsbild dieser Art in Sachsen-Anhalt ist auf große Bearbeitungs-lücken zurückzuführen. Die Anzahl der registrierten Reproduktionsquartiere entspricht nicht der tatsächlichen Situation (VOLLMER et al. 2004). In Osteuropa scheint sie regelmäßige Wanderungen über größere Entfernungen durchzuführen, dagegen sind in Mitteleuropa und Großbritannien die meisten Tiere standortgebunden und vollziehen nur Saisonwanderungen geringen Ausmaßes. In Einzelfällen sind jedoch auch große Strecken bis 400 km nachgewiesen worden (STEFFENS et al. 2004).

Auch die Zwergfledermaus kommt in geeigneten Habitaten der Wittenberger Region vor. Im Gebiet um Wittenberg wurde diese Art bisher selten nachgewiesen. So gibt es nur vereinzelte Nachweise aus den Schweinitzer Bergen und am „Luthersbrunnen" am östlichen Ortsrand von Wittenberg. Ein invasionsartiger Einflug wurde Mitte Juli 2007 in Nudersdorf von Anwohnern beobachtet. Mehrere Tiere hielten sich einige Tage in

Spalten an Hausgiebeln, u.a. unter dem Traufblech auf. Nach Erhalt dieser Information ließen sich nur noch typische, an der Fassade klebende, Kotspuren nachweisen. Am Apollensberg und im Tal des Grieboer Baches nördlich von Griebo wurden Zwergfledermäuse per Detektor nachgewiesen (SEILS 2012). In Wittenberg gab es immer wieder Meldungen vom Einflug einzelner Tiere in Wohnräumen vor dem Aufsuchen der Winterquartiere, so auch Totfunde in der Johann-Friedrich-Böttgerstraße. 2014 wurde eine Wochenstube unter einem Dachsims in der Lutherstraße in Wittenberg vermutet (S. HÜBNER, B. KRUMMHAAR). Ansonsten liegen aus früheren Beobachtungen nur Einzelnachweise überwiegend aus dem nördlichen Teil des Landkreises vor, z.B. aus den Ortschaften Nudersdorf und Bülzig. Im August 2012 hielt sich eine in einer vorher von einem Kleiber (*Sitta europaea*) bebrüteten Höhle in einem Straßenbaum an der nördlichen Ausfahrtstraße von Wittenberg auf (S. HÜBNER, J. BERG, U. ZUPPKE). Auf Grund der späten Artdetermination der Schwesternart Mückenfledermaus (12.) und deren aktuell deutlichen Dominanz sollten ältere Zwergfledermausnachweise zumindest kritisch hinterfragt werden.

Die Zwergfledermaus ist nach dem Bundesnaturschutzgesetz eine streng geschützte Tierart und wird in der FFH-Richtlinie EG 2013/17 [FFH] im Anhang IV geführt.

15. Mopsfledermaus - *Barbastella barbastellus* (Schreber, 1774)

Als mittelgroße Fledermausart hat die Mopsfledermaus eine Körperlänge von 4,5 – 5,8 cm, eine Spannweite von 26,2 – 29,2 cm und ein Gewicht von 6 – 14 g. Die Ohren sind 1,2 – 1,8 cm kurz und am Grund miteinander verwachsen, der Tragus ist spitz auslaufend. Das Fell ist relativ langhaarig. Die Basisfarbe aller Haare ist schwarz, die Körperoberseite schwarzbraun. Weißliche bis gelbe Haarspitzen auf dem Rücken lassen den Eindruck entstehen, als sei das Tier bereift. Die Unterseite ist dunkelgrau.

Die Mopsfledermaus ist in ganz Europa bis etwa 60° N verbreitet (DIETZ et al. 2007). Sie lebt in den meisten Regionen Deutschlands und fehlt nur im äußersten Norden und Nordwesten. Die Art zählt in Deutschland zu den sehr seltenen Fledermausarten, obwohl ein bedeutender Anteil ihres europäischen Areals hier liegt (PETERSEN et al. 2004). Bei STUBBE & STUBBE (1994) fehlt sie im nordwestlichen Bereich Ostdeutschlands, aber auch auf dem Raster östlich der mittleren Elbe. Nachweise dieser Art gelangen jedoch in allen Teilen Sachsen-Anhalts (HOFMANN 2001). Sie wird überwiegend als sehr standorttreu bezeichnet, mit Entfernungsbereichen bis zu 50 km, aber auch 118 km bzw. 290 km (STEFFENS et al. 2004). Sie bevorzugt Waldgebiete mit gleichzeitiger Bindung an menschlichen Siedlungsraum.

Die Mopsfledermaus ist gegenwärtig in der Wittenberger Region eine seltene Art. Bisher sind hier erst zwei Wochenstuben bekannt: am Forsthaus Muhlberg bei Selbitz mit ca. 20 Muttertieren hinter einem Fensterladen im Wechsel mit Holzbetonkästen am Rand des angrenzenden Kiefernwaldes und im Buchenbestand am "Gabelberg" in der zentralen Dübener Heide in Holz-Flachkästen mit ca. 12 Muttertieren. Beim Dacheindecken des Forsthauses in Reinharz wurden im Mai 1988 ca. 8 Tiere unter dem First hängend von den Arbeitern vorgefunden. Auch im Hammerbachtal bei Tornau wurde sie beobachtet (MZ 2015c), laut Beschreibung von L. JOHANNES müssen es Mopsfledermäuse gewesen sein. Auch im Wald am Grieboer Bach nördlich von Griebo wurde die Art nachgewiesen (SEILS 2012). Im Verlauf der Erfassungen zum FFH-Monitoring durch das LAU wurden Mopsfledermäuse in der Annaburger und Dübener Heide nachgewiesen, auch an einige Stellen im Fläming sowie bei Jessen, Coswig und Wörlitz. Die Mopsfledermaus gilt als relativ kälteharte Art und wird in Winterquartieren erst bei starken, anhaltenden Frösten angetroffen, u. a. in den Bergkellern von Bad Schmiedeberg und Reinharz sowie im Bunker am Gabelberg (Dübener Heide). Bei Annaburg und in der Glücksburger Heide, wurden bei den Vorbereitungen zum Abriss militärischer Bauanlagen Mitte der 1990er Jahre in Bunkeranlagen winterschlafende Mopsfledermäuse vorgefunden. Weiterhin liegen Winter-Nachweise aus dem ehemaligen Gelände der Rüstungsindustrie (WASAG) nordwestlich von Wittenberg vor. Durch Netzfang nahe des Winterquartieres Mitte August 2008 konnten paarungsbereite Männchen gefangen werden. Eine Wochenstube im Umfeld wird vermutet.

Die Mopsfledermaus ist nach dem Bundesnaturschutzgesetz eine streng geschützte Tierart und wird in der FFH-Richtlinie EG 2013/17 [FFH] in den Anhängen II und IV geführt.

16. Braunes Langohr - *Plecotus auritus* (Linnaeus, 1758)

Das Braune Langohr ist eine mittelgroße Fledermausart mit sehr langen und großen Ohren (3,1 – 4,1 cm) mit spitzem Tragus, die an der Basis verwachsen sind. Der Flug ist langsam und erscheint stellenweise wie im Rüttelflug stehend. Die Körperlänge beträgt 4,2 – 5,3 cm, die Spannweite 24,0 – 28,5 cm und das Gewicht 5 – 11 g. Das Fell ist relativ langhaarig, bei adulten Weibchen oberseits hellbraun bis braun, die Unterseite graubraun bis gelbbraun. Es ist leicht mit dem Grauen Langohr (17.) zu verwechseln, das einen graueren Gesamteindruck vermittelt. Eine exakte Art-bestimmung erfolgt durch das Vermessen der Körpermaße.

Das Braune Langohr besiedelt ganz Europa, nach Norden bis 64° N. Es ist nach neuen Erkenntnissen ein rein westpaläarktisches Faunenelement (DIETZ et al. 2007). Die Art zählt in Deutschland zu den nicht seltenen Arten (PETERSEN et al. 2004). Auch STUBBE & STUBBE (1994) geben eine flächendeckende Verbreitung wieder. Die Bestandssituation der Art in Sachsen-Anhalt ist schwierig zu bewerten, da zwar sehr viele Einzelnachweise vorliegen, jedoch die Anzahl der Reproduktionsquartiere gering bis abnehmend ist (VOLLMER et al. 2004). Das Braune Langohr zählt zu den Arten mit den geringsten nachgewiesenen Entfernungen bei Ortswechsel, maximal 66 und 88 km (STEFFENS et al. 2004).

Das Braune Langohr kann als eine der häufigeren Fledermausarten der Region betrachtet werden. Es gilt als Waldfledermaus und besiedelt gern Fledermaus- und Vogelkästen. Wohl deshalb konnten 2011 nur 2 Brane Langohren in der Elbaue nachgewiesen werden (LPR 2015). In der Region Wittenberg sind gegenwärtig sechs Wochenstuben in Dachräumen bekannt: in der Friedentaler Mühle bei Kropstädt, unter einem Schleppdach an einem Wohnhaus in Bülzig, in der Schule in Jessen, in einem Kindergarten in Jessen, in der Kirche in Mügeln und im Forsthaus Arnsdorf. SIMON et al. (1994) führen darüber hinaus noch Sommerquartiere auf Dachböden im Forsthaus Annaburg, in einem Wohnhaus in Jessen, in den Kirchen Gorsdorf, Labrun, Naundorf und Prettin sowie im Pflegeheim Schweinitz an, also im gesamten ehemaligen Kreis Jessen verstreut. In Kiefern-Stangenhölzern im Fläming und in der Dübener Heide werden regelmäßig Braune Langohren in Vogelnist- und Fledermauskästen angetroffen. So sind allein vom „Bierweg" und vom „Gabelberg" in der Dübener Heide mindestens zwei Wochenstuben bekannt. In Schmilkendorf wurden bei einer Dachneueindeckung eines Wohnhauses 1981 ein kurzzeitiger, invasionsartiger Einflug einer Gruppe von sieben Weibchen und vier Männchen beobachtet. Das Braune Langohr ist gegenwärtig die Fledermausart, die noch am häufigsten angetroffen wird. Dies lassen auch die Meldungen von Bürgern vermuten, die bei Renovierungen oder anderen baulichen Arbeiten auf ihren Grundstücken Fledermäuse antreffen und die Naturschutzbehörde oder das Ordnungsamt anrufen. Sogar aus der Innenstadt von Wittenberg kommen derartige Informationen, so auch 1976 und 1977 über eine „Fledermaus" im Hauptgebäude des damaligen Rat des Kreises.

Es ist auch eine der häufigen Arten in den bekannten Winterquartieren, überwiegend in Hauskellern. Allerdings lässt sich vor allem im Bergkellerkomplex Bad Schmiedeberg und im Turmkeller der Schlosskirche Wittenberg ein leichter Rückgang verzeichnen. Daneben gibt es Winterquartiere in Kellern unter Wohnhäusern in Wittenberg, Bad Schmiedeberg, Ragösen, Hundeluft, Kropstädt, Zahna, Abtsdorf und Jessen sowie im Schlosskeller Annaburg. Aus mehreren Ortschaften wurden Winterquartiere mit Einzelvorkommen bekannt (SIMON et al. 1994). In den Frühjahren werden öfter nach dem Winterschlaf geschwächte Tiere tagsüber an Häusern gefunden, auch Katzenopfer wurden festgestellt.

Das Braune Langohr ist nach dem Bundesnaturschutzgesetz eine streng geschützte Tierart und wird in der FFH-Richtlinie EG 2013/17 [FFH] im Anhang IV geführt.

17. Graues Langohr - *Plecotus austriacus* (J. Fischer, 1829)

Das Graue Langohr ist dem Braunen Langohr sehr ähnlich und nur schwer zu unterscheiden, zumal auch die Körpermaße fast gleich sind. Das Fell ist relativ langhaarig und oberseits graubraun, unterseits dagegen hellgrau, oft bräunlich überflogen. Die Haarbasis ist schiefergrau, die Ober- und Unterseite deutlich voneinander getrennt. Dieser graue Gesamteindruck unterschiedet sie vom Braunen Langohr.

Das Graue Langohr ist im gesamten Mittelmeerraum verbreitet und erreicht im Norden etwa 53° N (DIETZ et al. 2007). In Deutschland zählt die Art aber zu den seltenen Fledermausarten (PETERSEN et al. 2004). Nach STUBBE & STUBBE (1994) fehlt es im gesamten Norden Ostdeutschlands. Aus Sachsen-Anhalt liegen verstreute Einzelnachweise vor und es gilt auch hier als selten (VOLLMER et al. 2004). Es wird ein noch geringerer Entfernungsbereich für Ortswechsel (max. 15 km) und ein noch höherer Anteil nichtwandernder Tiere abgeleitet als beim Braunen Langohr (STEFFENS et al. 2004).

Das Graue Langohr gehört zu den verbreitet und regelmäßig vorkommenden Arten in der Wittenberger Region. Hier kommen beide *Plecotus*-Arten oftmals gemeinsam vor. So war z. B. in einer Wochenstube auf dem Dachboden der Schule in Zahna am 15. August 1980 zwischen 15 hängenden Braunen Langohren auch ein weibliches Graues Langohr mit einem Jungtier anzutreffen. Das Graue Langohr hat eine enge Bindung an den menschlichen Siedlungsbereich und wurde in der Wittenberger Region bisher nur in Gebäuden nachgewiesen, so die vier Wochenstuben im Pfarrhaus in Klöden, in der Schule in Zahna, im Schloss in Pretzsch und in der Kirche in Kropstädt. Der Deckenbereich des offenen Eingangsportals des ehemaligen Gemeindehauses (Beton-Flachbau) in Nudersdorf wurde öfter nach nächtlichen Jagdflügen aufgesucht, wo sich dann auch tagsüber bis zu zehn Tiere aufhielten. Ein sich unmittelbar gegenüber beflogenes Schwalbennest wirkte dabei nicht störend. Als Winterquartiere gelten die Bergkeller in Bad Schmiedeberg und der Keller unter einer Scheune in Braunsdorf. Dagegen fanden sich gleich mehrere Winterquartiere in Jessen, Schweinitz, Annaburg, Düßnitz und Glücksburg sowie in Großwig und Trebitz, also verteilt im gesamten Kreisgebiet, so dass auf eine größere Verbreitung geschlossen werden kann. In Hauskellern wurden sie gemeinsam mit dem Braunen Langohr gefunden. Am 8. Januar 1997 fand sich ein Graues Langohr in einem Kellerzugang in der Zahnaer Bergstraße im Bereich mit Minustemperaturen. Auch Bunker und andere anthropogen geschaffene unterirdische Hohlräume werden als Winterquartiere genutzt. Mehrfach wurden auch Einzeltiere im Winterschlaf in frostsicheren Quartieren gefunden, wie in der Lichtenburg Prettin oder im Amtshaus Seyda.

Das Graue Langohr ist nach dem Bundesnaturschutzgesetz eine streng geschützte Tierart und wird in der FFH-Richtlinie EG 2013/17 [FFH] im Anhang IV geführt.

18. Zweifarbfledermaus - *Vespertilio murinus* Linnaeus, 1758

Die Zweifarbfledermaus ist mit einer Körperlänge von 4,7 − 6,4 cm, einer Spannweite von 26,0 − 30,0 cm und einem Gewicht von 12 − 23 g eine mittelgroße Fledermausart mit kontrastreicher Färbung: Die Oberseite ist rot- bis dunkelbraun, die Unterseite weißlich und das Gesicht tief dunkelbraun.

In Europa kommt die Art bis 60° N vor (DIETZ et al. 2007). Der Status der Zweifarbfledermaus ist in Deutschland vielerorts unklar. In Ostdeutschland sind sehr wenige Wochenstuben bekannt. STUBBE & STUBBE (1994) geben nur eine Verbreitung auf 33 % der untersuchten ostdeutschen Raster an, wobei die des hier betrachteten Gebietes (noch) unbesetzt sind. Eine quantitative Einschätzung des sachsen-anhaltischen Bestands dieser Art ist gegenwärtig nicht möglich (VOLLMER et al. 2004). Mittels hier durchgeführter Markierungen konnte diese Art als wandernd charakterisiert werden (maximal 293 bzw. 483 km). Quartiere finden sich häufig an Wohngebäuden. Sie gilt als ortstreu, was aber durch weitere Untersuchungen an Quartieren noch bestätigt werden muss (STEFFENS et al. 2004).

Die Zweifarbfledermaus muss als seltenere Fledermausart in der Region um Wittenberg eingeschätzt werden. Aus einem Winterquartier in Wörlitz liegt der Erstnachweis für die Region vor. In Wittenberg gelangen bisher drei Nachweise: Ein paarungsbereites

Männchen hatte sich am 30. Juli 2007 in ein Schlafzimmer eines Plattenbau-Wohnhauses im Neubaugebiet Wittenberg in der dritten Etage zurückgezogen. Im Dezember 2010 suchte ein Männchen in einem Bett der Jugendherberge Wittenberg Unterschlupf und im November 2012 wurde ein Weibchen im Nonnenhaus an der Stadtkirche aufgefunden. Vermutlich wird auch der Südturm des Schlosses Wittenberg bewohnt. 2012 wurde ein Männchen geschwächt auf dem Kirchhof in Plossig aufgegriffen und gepflegt. Ein weiteres Tier wurde in einer Lagerhalle der Stickstoffwerke Piesteritz aufgefunden. Inzwischen gibt es weitere Detektornachweise aus dem Neubaugebiet Wittenberg, am Tierheim Belziger Chaussee und am alten Wasserturm des ehemaligen Chemiewerks in Coswig.

Die Zweifarbfledermaus ist nach dem Bundesnaturschutzgesetz eine streng geschützte Tierart und wird in der FFH-Richtlinie EG 2013/17 [FFH] im Anhang IV geführt.

19. Große Bartfledermaus - *Myotis brandtii* (Eversmann, 1845)

Als kleine Fledermausart wird die Große Bartfledermaus bis zu 4,5 cm lang und hat eine Spannweite von bis zu 21,0 cm. Die Ohren sind 1,4 cm lang. Das Gewicht beträgt 4 − 9,5 g. Ihr Fell ist relaiv lang, die Haarbasis dunkel graubraun. Die Oberseite ist hellbraun meist mit Goldglanz gefärbt, die Unterseite hellgrau.

Die Große Bartfledermaus ist vor allem in Mittel- und Nordeuropa bis 65° N verbreitet. In weiten Bereichen Westeuropas und des Mittelmeerraums wurde sie bislang nicht nachgewiesen (DIETZ et al. 2007). Die Verbreitung in Deutschland ist bisher nur lückenhaft bekannt und sie zählt zu den seltenen Arten (PETERSEN et al. 2004). Bei STUBBE & STUBBE (1994) sind nur 44 % der ostdeutschen Raster besetzt. In Sachsen-Anhalt kommt sie in den mückenreichen Regionen des Tieflandes in Wäldern mit Gewässern vor; aber auch in den Flusstälern des Harzes. Die Winterquartiere befinden sich fast ausschließlich im Harz (VOLLMER et al. 2004). Aus Bayern sind Ortswechsel bis 230 km nachgewiesen worden. Die Wiederfunddatei der Fledermausmarkierungszentrale Dresden zeigt Ortswechsel überwiegend zwischen 10 und 50 km an (STEFFENS et al. 2004).

In der Wittenberger Region ist die Große Bartfledermaus eine der selteneren Arten. Von dieser Art wurden im Wittenberger Gebiet nur wenige Nachweise bekannt. Die Netzfänge in der Dübener Heide oder an der Waldkapelle bei Premsendorf bestätigen, dass die Art zurecht als waldbewohnende Art bezeichnet wird, welche die Nähe von

Wald und Gewässer bevorzugt. Sie wurde vereinzelt auch in Flachkästen an den Lausiger Teichen angetroffen. Für die als mückenreich geltenden Auwaldbereiche an der Elbe konnte diese Art nur als Einzeltier im Kastenrevier am Crassensee nachgewiesen werden. Auch im Waldgebiet am Grieboer Bach konnte die Art mittels Detektor und Netzfang nachgewiesen werden (SEILS 2012). Die bisher bekannten Wochenstuben befinden sich in Steinsdorf hinter den Fensterläden des Forsthauses (hier erfolgen noch Untersuchungen zur Determinierung) und unter der Holz-verschalung im Giebelbereich an der Kapenmühle. Hier konnten 2011 Jungtiere gefangen werden, obwohl nach 2002 dieses Quartier nach einem Einfall von Mückenfledermäusen verlassen wurde (HOFMANN) und das neue noch nicht bekannt ist (LPR 2015). Weitere Nachweise bei den Erfassungen zum FFH-Monitoring des LAU konzentrieren sich südlich von Elbe und Schwarzer Elster.

Als waldbewohnende Fledermausart kann der Bestand der Großen Bartfledermaus durch forstliche Maßnahmen in Altholzbeständen beeinträchtigt werden. Gefährdungen bestehen auch an den Verkehrstrassen, obwohl sie sehr wendig fliegt.

Die Große Bartfledermaus ist nach dem Bundesnaturschutzgesetz eine streng geschützte Tierart und wird in der FFH-Richtlinie EG 2013/17 [FFH] im Anhang IV geführt.

20. Kleine Bartfledermaus - *Myotis mystacinus* (Kuhl, 1817)

Die Kleine Bartfledermaus ist eine sehr kleine, lebhafte und wehrhafte Fledermausart. Sie hat eine Körperlänge von 4,1 cm, eine Spannweite von 20,8 cm und ein Gewicht von 4 − 8 g. Das Fell ist oberseits dunkel nuss- oder graubraun gefärbt, die Unterseite dunkel- bis hellgrau.

Die Kleine Bartfledermaus ist in ganz Europa bis 60° N verbreitet (DIETZ et al. 2007). In Norddeutschland wurde sie bisher nur selten gefunden, während sie im übrigen Bundesgebiet weit verbreitet ist. Möglicherweise wurde sie aber vielerorts übersehen oder konnte nicht sicher bestimmt werden. Sie zählt zu den seltenen Fledermausarten (PETERSEN et al. 2004). Die genaue Determination der Bartfledermausarten in Sachsen-Anhalt zeigte, dass die Kleine Bartfledermaus hier zu den sehr seltenen Arten gehört. Sie ist in Sachsen-Anhalt dispers verbreitet (VOLLMER et al. 2004). Es konnten bisher Wanderungen zwischen 57 und 165 km ermittelt werden. Ähnlich der Großen Bartfledermaus sind die gegenwärtigen Daten in vielen Fällen noch nicht repräsentativ (STEFFENS et al. 2004).

Die Kleine Bartfledermaus ist in den waldreichen Gebieten der Wittenberger Region eine regelmäßig anzutreffende Art. Obwohl sie als Bewohner der Mittelgebirge gilt, lassen die Nachweise in der Wittenberger Region keine wesentlichen Unterschiede gegenüber der größeren Schwesternart erkennen. Bei Fängen in der Dübener Heide ging sie gleichzeitig mit der Großen Bartfledermaus ins Netz. Auch bei den Untersuchungen zum FFH-Monitoring durch das LAU wurde sie an verschiedenen Örtlichkeiten nachgewiesen, so in der Elbeaue (Klödener Riß, Großer Streng Wartenburg), der Dübener Heide (Grenzbach- und Hammerbachtal), im Fläming (bei Göritz, Friedenthaler Grund, Kiehnbergwald) und in der Elsteraue (bei Jessen und Premsendorf). Die umgebenden Wälder der Wochenstube an einem Einfamilienhaus in Braunsdorf weisen eine ähnliche Struktur auf wie die am Forsthaus in Steinsdorf. Das Quartier in Braunsdorf liegt nahe dem Ortsrand, während das Forsthaus Steinsdorf weit isoliert steht. 2003 wurden im letzteren Quartier 70 dieser Tiere festgestellt (MZ 2004). Einzelnachweise während der Wanderung zwischen den Winter- und Sommerquartieren mit Hangplätzen an Gebäuden finden sich in offenen Eingangsportalen in Wittenberg und Seyda. Männchen fanden sich auch in einer Kiefernmonokultur in Holzkästen (Vogelnistkästen mit umgebauter Vorderklappe) im Kiehnbergwald bei Zahna. Eine 1993 hinter dem Lutherbild in der Kirche von Löben hängende „Traube" von Bartfledermäusen konnte nicht ganz sicher dieser Art zugeordnet werden (SIMON et al. 1994). Im Winterquartier wurde bisher ein Männchen am 27. Februar 1988 im Bergkeller in Bad Schmiedeberg angetroffen.

Die Kleine Bartfledermaus ist nach dem Bundesnaturschutzgesetz eine streng geschützte Tierart und wird in der FFH-Richtlinie EG 2013/17 [FFH] im Anhang IV geführt.

21. Nymphenfledermaus - *Myotis alcathoe* von Helversen & Heller, 2001

Diese erst 2001 beschriebene Fledermausart ist die kleinste Art der Gattung *Myotis*, die nur 3,5 − 5,5 g wiegt. Ihr Fell ist nicht so kraus wie bei den anderen Bartfledermäusen. Die Oberseite ist rötlich-braun, die Unterseite etwas heller gefärbt, auch Gesicht, Ohren und Flughäute sind hellbraun.

Über diese Art wird erst jüngst berichtet und erste Nachweise liegen inzwischen auch aus Sachsen-Anhalt vor. Vermutlich erstreckt sich die Verbreitung vom gesamten Mittelmeerraum bis nach Mitteleuropa, ist dabei allerdings inselartig auf wenige Vorkommen beschränkt (DIETZ et al. 2007).

Das Vorkommen der Nymphenfledermaus in der Wittenberger Region muss gegenwärtig als selten bewertet werden. Auf Grund der Landschaftstrukturen wird vermutet (OHLENDORF 2008), daß diese Geschwisterart der Großen und Kleinen Bartfledermaus in der Dübener Heide zu erwarten ist. So wurde sie dann auch beim Netzfang am Wilhelmsgrubenquell in der Dübener Heide der Wittenberger Region erstmalig nachgewiesen. Eine weitere wurde am Lutherweg gefangen und telemetriert. Es ist der nordöstlichste Fund in Sachsen-Anhalt. Sie wurde auch im nahen Umfeld der Kreis- und Landesgrenze noch nicht nachgewiesen.

Die Nymphenfledermaus ist nach dem Bundesnaturschutzgesetz eine streng geschützte Tierart und wird in der FFH-Richtlinie EG 2013/17 [FFH] im Anhang IV geführt.

22. Bechsteinfledermaus - *Myotis bechsteinii* (Kuhl, 1817)

Die Bechsteinfledermaus ist eine mittelgroße Fledermausart mit einer Körperlänge von 5,0 cm, einer auffallend langen Ohrenlänge von 2,4 cm, einer Spannweite von 26,8 cm und einem Gewicht von 7 − 13,6 g. Ihr Fell ist relativ langhaarig. Die Haarbasis ist dunkel graubraun, die Oberseite fahlbraun bis rötlichbraun und die Unterseite hellgrau.

Die Verbreitung der Bechsteinfledermaus liegt innerhalb der gemäßigten Buchenwaldzone in ganz West-, Mittel- und Osteuropa (DIETZ et al. 2007). Deutschland ist weitgehend besiedelt, mit Ausnahme von Bereichen des Nordwestdeutschen Tieflands und nördlichen Landesteilen. In Ostdeutschland fehlte sie im Norden und teilweise auch in den mittleren Bereichen (STUBBE & STUBBE 1994). Sie zählt wie in Deutschland (PETERSEN et al. 2004) auch in Sachsen-Anhalt zu den seltenen Arten und kommt hier in größeren Laubwaldgebieten vor (HOFMANN 2001). Die Art ist nach bisherigem Kenntnisstand relativ standorttreu. Bisher wurden Ortswechsel bis 32 km publiziert (STEFFENS et al. 2004).

Die Bechsteinfledermaus muss in der Wittenberger Region als eine selten vorkommende Art angesehen werden. Hier lebt sie als waldbewohnende Art vorwiegend in feuchten Mischwäldern, aber auch in Kiefernwäldern und Parks. Bisher konnte zwar kein Sommernachweis erbracht werden, sie soll jedoch im Hammerbachtal bei Tornau vorkommen (MZ 2015c). Die Untersuchungen im Rahmen des FFH-Monitorings des LAU erbrachten einen Nachweis im Bereich um Göritz. Vier Winternachweise belegen aber ihr Vorkommen in der Region: im Erdkeller am Schloss in Annaburg (SIMON et al. 1994), in einem Keller nördlich von Coswig, im WASAG-Gelände bei Reinsdorf und im Bergkeller in Bad Schmiedeberg, der wieder artgerecht hergerichtet wurde (MEIßNER 2014).

Die Bechsteinfledermaus ist nach dem Bundesnaturschutzgesetz eine streng geschützte Tierart und wird in der FFH-Richtlinie EG 2013/17 [FFH] in den Anhängen II und IV geführt.

23. Großes Mausohr - *Myotis myotis* (Borkhausen, 1797)

Das Große Mausohr ist die größte und schwerste einheimische Fledermaus. Sie hat eine Körperlänge von 6,7 − 8,4 cm und eine Spannweite von 35,0 − 43,0 cm. Ihre Ohren sind 2,5 − 2,8 cm lang. Das Gewicht beträgt 28 − 40 g. Das Fell ist dicht und kurz, oberseits braun und unterseits weißlich gefärbt.

Die Verbreitung des Großen Mausohrs erstreckt sich von der europäischen Mittelmeerküste durch ganz Europa (DIETZ et al. 2007). Es ist in Deutschland weit verbreitet, auch Ostdeutschland ist nach STUBBE & STUBBE (1994) flächendeckend besiedelt. Da es ein europäischer Endemit ist, von dem etwa 16 % der nachgewiesenen Vorkommensraster in Deutschland liegen, trägt die Bundesrepublik eine besondere Verantwortung für die Erhaltung dieser Art (PETERSEN et al. 2004). In Sachsen-Anhalt konzentrieren sich die bekannten Reproduktionsquartiere in der strukturierten Hügellandschaft im südlichen Teil des Landes (HOFMANN 2001). Es ist in Mitteleuropa die Fledermausart, die seit Anbeginn der Fledermausmarkierung im Mittelpunkt vieler Untersuchungen stand. So wurden Distanzen für saisonale Ortswechsel von wenigen Dutzend bis etwa 100 km, maximal 269 bis 390 km nachgewiesen (STEFFENS et al. 2004).

Das Große Mausohr ist in der Region um Wittenberg eine im Übergangsraum zwischen Fläming und Elbaue konzentriert vorkommende Fledermausart. Im Gebiet um Wittenberg wurde es mehrfach nachgewiesen. Es gilt als gebäudebewohnende Art und bevorzugt exponierte, großräumige Dachräume, so die Wochenstube in der Wittenberger Innenstadt im ehemaligen Mädchengymnasium, wo sich in Distanz zur Wochenstubengesellschaft im gleichen Dachraum auch einzelne adulte Männchen aufhielten. Weitere Wochenstuben befinden sich in Coswig in einem Mehrfamilienhaus, in Oranienbaum in der Schule sowie in Kemberg im Rathaus. Für die Kemberger Wochenstube konnten Zuflüge markierter Tiere aus dem Dresdener Raum und aus dem Harz festgestellt werden. Durch Netzfang konnte ein Jungtier der Art am Grieboer Bach nachgewiesen werden. Dieses stammt vermutlich aus dem Quartier in Coswig (SCHNABEL 2008). Auffällig ist, dass sich diese Wochenstuben überwiegend im Landschaftsraum des

Übergangs vom Fläming zur Elbaue befinden. In der Kindertagesstätte „Am Tierpark" in Wittenberg haben Große Mausohren ein neues Paarungsquartier bzw. eine neue Wochenstube begründet (MZ 2015b). Für die Jagd bevorzugt die Art frei zugängliche Bodenflächen in Wäldern, Parks und auch Grün- und Weideland, wie sie in der Aue vorgefunden werden. Es wurde aber auch eine Wochenstube bei Nudersdorf im Fläming bekannt, wo die Tiere den niedrigen, ca. 2 m hohen Dachboden eines Einfamilienhauses besiedelten. Bis Mitte der 1980er-Jahre existierte auf dem Dachboden eines mehrgeschossigen Wohnhauses in der Innenstadt von Wittenberg (jetzt: Jüdenstraße) eine Wochenstube mit 40 bis 50 Tieren, die nach der Dachsanierung wohl nicht mehr geduldet wurde. Die Kastenkontrollen (Schwegler Fledermaushöhle 2FN) in der Dübener Heide erbrachten den Nachweis von Paarungsquartieren. Auch bei den Erfassungen im Rahmen des FFH-Monitorings des LAU wurde das Große Mausohr an mehreren Örtlichkeiten der Region nachgewiesen.

Im Bergkellerkomplex in Bad Schmiedeberg sind im Winter regelmäßig Einzeltiere anzutreffen. Weitere Winternachweise bestehen im Bunker am Gabelberg mitten in der Dübener Heide und in den Betongängen im WASAG-Gelände nördlich von Wittenberg. Zwischen dem WASAG-Quartier und der Wochenstube in Coswig konnte 2008 auch ein Überflug registriert werden. Manchmal versuchen diese Tiere auch in ungeeigneten Höhlen zu überwintern, wie 2010/11 in Mühlanger, wo im April etwa 10 tote Große Mausohren in einer Spechthöhle gefunden wurden (MZ 2011a).

Das Große Mausohr ist nach dem Bundesnaturschutzgesetz eine streng geschützte Tierart und wird in der FFH-Richtlinie EG 2013/17 [FFH] in den Anhängen II und IV geführt.

24. Teichfledermaus - *Myotis dasycneme* (Boie, 1825)

Die Teichfledermaus ist eine mittelgroße Fledermausart mit einer Körperlänge von 6,2 cm und einer Spannweite von 25,0 cm. Die Ohren sind 1,7 cm lang und das Gewicht beträgt 14 − 20 g. Ihr Fell ist dicht und die Haarbasis schwarzbraun. Oberseits bräunlich oder fahl graubraun gefärbt mit seidigem Glanz, ist die Unterseite weißgrau bis gelblichgrau und relativ scharf von der Oberseite abgegrenzt.

Das Verbreitungsgebiet der Teichfledermaus reicht von Mitteleuropa ostwärts bis in den asiatischen Teil Rußlands, wobei sie im europäischen Gebiet weitaus seltener vorkommt. In Deutschland kommt sie wohl erst nördlich der Donau vor. In Ostdeutschland sind nach STUBBE & STUBBE (1994) nur 11 UTM-Raster (= 17 %) von der Teichfledermaus besetzt, wobei sie in der hier betrachteten Region fehlt.

Nach gegenwärtigem Kenntnisstand ist die Teichfledermaus in der Wittenberger Region nur eine sehr selten und lokal vorkommende Art. In der Region gibt es nur eine Sichtbeobachtung von mehreren jagenden Wasserfledermäusen (25) über der Schwarzen Elster an der Premsendorfer Bahnbrücke, die plötzlich durch ein deutlich größeres Tier aus ihren regelmäßigen Flugbahnen getrieben wurden (Vermutung: Teichfledermaus). Die nächstgelegenen Nachweise stammen als Sicht- und Detek-torbeobachtung von F. MEISEL von der Alten Elbe bei Elsnig/Sachsen im August 2009.

Die Teichfledermaus ist nach dem Bundesnaturschutzgesetz eine streng geschützte Tierart und wird in der FFH-Richtlinie EG 2013/17 [FFH] in den Anhängen II und IV geführt.

25. Wasserfledermaus - *Myotis daubentonii* (Kuhl, 1817)

Die Wasserfledermaus ist eine mittelgroße bis kleine Fledermausart mit einer Körperlänge von 5,0 cm und einer Spannweite von 25,7 cm. Die Ohren sind 3,8 cm lang. Das Gewicht beträgt 7 − 17 g. Das Fell ist locker, die Haarbasis dunkel graubraun, die Haarspitzen oft glänzend. Während die Oberseite braungrau bis dunkel bronzefarben gefärbt ist, wirkt die Unterseite silbergrau, teilweise bräunlich überhaucht mit einer scharfen Grenze zwischen Oberseite und Unterseite.

Die Wasserfledermaus ist nahezu über ganz Europa bis 63° N verbreitet (DIETZ et al. 2007). Die Art ist in ganz Deutschland anzutreffen und zählt zu den nicht seltenen Arten (PETERSEN et al. 2004), wie sie auch in den östlichen Bundesländern verbreitet ist (STUBBE & STUBBE 1994). In Sachsen-Anhalt ist sie häufig, ihr Bestand wird aber überprägt durch die saisonalen Wanderungen (VOLLMER et al. 2004). Diese liegen meist unter 100 km (maximal 260 km). In Ostdeutschland scheint die Tendenz zu Ortswechseln mit größerer Distanz stärker ausgeprägt zu sein als andernorts (STEFFENS et al. 2004).

Die Wasserfledermaus ist für die Wittenberger Region als verbreitet, aber nicht häufig anzusehen. Diese Art ist durch eine enge Bindung an Gewässer charakterisiert. So wird sie auch in der Region Wittenberg regelmäßig über Stand- und Fließgewässern jagend angetroffen, wie es u. a. Flugbeobachtungen über den Altarmen der Schwarzen Elster bei Hemsendorf belegen. Sie läßt sich hier gut mittels Scheinwerfer und Detektor nachweisen und gehört bei Netzfängen zum regelmäßigen Fangergebnis. Insbesondere die Elbaue mit ihren zahlreichen Gewässern bietet ausgezeichnete Bedingungen für die Art zur Jagd. So gelangen 2011 zahlreiche Nachweise im Rahmen der Untersuchung zum Managementplan für das FFH-Gebiet Dessau-Wörlitzer Elbauen (LPR 2015), so am Wildeberg, am Kapenschlößchen, am Krägen-Riß, an der Straße Coswig-Wörlitz und an der Rosenwiesche. Im Umfeld dieser Nachweisorte stocken Laubwaldkomplexe mit einem hohen Quartierpotential (Alt- und Totholzbäume). Auch aus der Bachaue des Grieboer Baches und in der Nähe des Wörpener Bachlaufs gibt es Detektornachweise. Die Reproduktion der Art im dortigen Gebiet konnte durch den Netzfang von Jungtieren nachgewiesen werden (SCHNABEL 2008). Allerdings konnten trotz zielgerichteter Untersuchungen an ehemaligen Wassermühlen, unter Natursteinbrücken und mittels Fledermauskästen hier noch keine Sommerquartiere bzw. Wochenstuben gefunden werden. Die Erfassungen zum FFH-Monitoring des LAU erbrachten Nachweise an zahlreichen, über die Region verteilten Örtlichkeiten.

Hingegen ist die Art in den größeren Winterquartieren, wie im Bergkellerkomplex in Bad Schmiedeberg, in Reinharz, der Schlosskirche Wittenberg und im Schlosskeller Annaburg, regelmäßig anzutreffen, wobei allerdings in Bad Schmiedeberg in den letzten Jahren gegenüber den Untersuchungen Anfang der 1980er-Jahre ein leichter Rückgang zu verzeichnen ist.

Beeinträchtigungen für die Wasserfledermaus können durch forstliche Nutzung der Altholzbestände erfolgen.

Die Wasserfledermaus ist nach dem Bundesnaturschutzgesetz eine streng geschützte Tierart und wird in der FFH-Richtlinie EG 2013/17 [FFH] im Anhang IV geführt.

26. Fransenfledermaus - *Myotis nattereri* (Kuhl, 1817)

Die Fransenfledermaus ist eine schlanke, mittelgroße Art mit einer Körperlänge von 4,6 cm, einer Spannweite von 26,0 cm und einem Gewicht von 5 − 12 g. Sie hat ein lockeres, langhaariges Fell. Die Oberseite ist hell graubraun mit dunkelgrauer Basis und ist von der hellgrauen Unterseite mit leicht bräunlichem Anflug scharf abgesetzt. Das Gesicht ist spärlich behaart, wodurch die Haut deutlich fleischfarben durchscheint.

Die Fransenfledermaus lebt in weiten Teilen Europas von 60° N bis in den gesamten Mittelmeerraum (DIETZ et al. 2007). In Deutschland kommt sie in allen Bundesländern vor, aber Wochenstuben sind in den meisten Gebieten selten (PETERSEN et al. 2004).

STUBBE & STUBBE (1994) geben nur einzelne Raster als Verbreitungslücken in Ostdeutschland an. Die Art ist in Sachsen-Anhalt sowohl im Tiefland als auch in den mittleren Lagen des Harzes weit verbreitet. Der Bestand ist stabil (VOLLMER et al. 2004). Sie zählt zu den weniger wanderfreudigen Arten (STEFFENS et al. 2004). Dennoch wurden in Sachsen-Anhalt Wanderungen zwischen Sommer- und Winterquartier mit einer Distanz von 157 km nachgewiesen (OHLENDORF 2002).

Die Fransenfledermaus kann als eine in der Wittenberger Region verbreitete Art betrachtet werden. In der Region wird sie bevorzugt in wald- und gewässerreichen Gebieten, aber auch in menschlichen Siedlungsbereichen in Spaltenquartieren auf Dachböden angetroffen. Davon zeugt eine Wochenstube auf dem Dachboden im Schloss Hemsendorf. Im Kastenrevier am Auslauf der Lausiger Teiche befindet sich eine Wochenstube im Flachkasten mit ca. 25 Muttertieren, ebenso befindet sich im Kastenrevier Probstei bei Pratau eine Wochenstube. Sommernachweise von ca. fünf Tieren in der Kirche Schweinitz deuten eventuell auf eine dortige weitere Fortpflanzungsstätte hin. Bei Netzfängen wurde sie gemeinsam mit Wasserfledermäusen gefangen. In der Aue des Grieboer Baches wurde sie durch Netzfänge von Jungtieren als reproduzierend bestätigt. (SCHNABEL 2008). Gleichfalls nutzt sie nahezu die gleichen Winterquartiere wie die Wasserfledermaus. Besonders im Bergkellerkomplex in Bad Schmiedeberg zählt sie gegenwärtig zu den dominierenden Arten. Die Mehrzahl der Tiere befindet sich in Spalten nahe des Eingangs, während andere Arten sich weiter im Inneren der Keller aufhalten. Auch im Winterquartier des Turmkellers der Schlosskirche Wittenberg ist eine deutliche Zunahme der Individuen zu verzeichnen. 2004 wurde hier ein mumifiziertes Tier, mit dem rechten Handgelenk zwischen zwei Elektrokabeln eingeklemmt, aufgefunden (vermutlich ist sie beim Verlassen des Unterschlupfes, in den die beiden Kabel münden, beim Spreizen der Flughaut zwischen die Kabel gerutscht und konnte sich nicht mehr befreien.). Weitere Winterquartiere finden sich vor allem in Annaburg und im WASAG-Gelände bei Reinsdorf.

Die Fransenfledermaus ist nach dem Bundesnaturschutzgesetz eine streng geschützte Tierart und wird in der FFH-Richtlinie EG 2013/17 [FFH] im Anhang IV geführt.

Als gebäudebewohnende Fledermausart besiedelt das Große Mausohr oft kolonieartig große Dachböden, wie im Rathaus in Kemberg, wo sich eine Wochenstube aus >50 Weibchen gebildet hat, die hier ihre Jungen zur Welt bringen (Foto: J. Meißner).

Links: Die Zweifarbfledermaus, hier im Stadtwald, hat ein zweifarbiges Rückenfell, dessen Haare unten dunkelbraun und an der Spitze silberweiß gefärbt sind. Rechts: Ein Abendsegler ruft aus einer Baumhöhle im Schlosspark Pretzsch, bevor er abfliegt (Fotos: S. Hilgenhof).

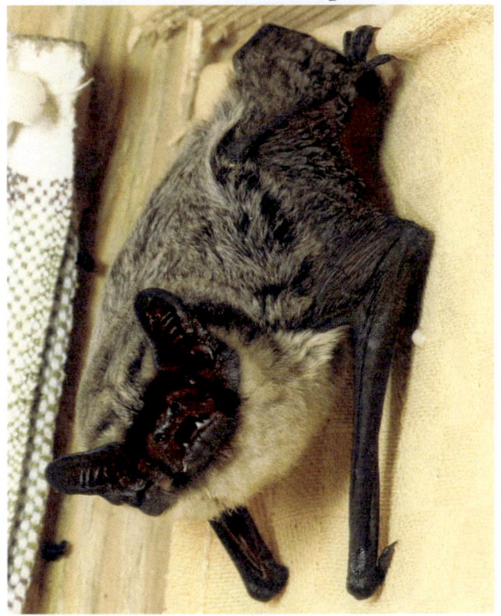

In einem Jalousiekasten einer Villa in Mühlanger wurde ein Sommerquartier der Breit-flügelfledermaus gefunden, das auch als Wochenstube genutzt wird (Foto: S. Hilgenhof).

Links unten: Obwohl die Rauhautfledermaus gern Spaltenquariere, wie Baumhöhlen oder Stammrisse bewohnt, wurde sie in einer Scheune in Melzwig angetroffen. Rechts unten: An der mopsartigen Schnauze und dem sehr dunklen Fell ist die Mopsfledermaus leicht zu erkennen, hier in einem Unterstand im WASAG-Gelände bei Reinsdorf (Foto rechts: S. Hilgenhof).

Links oben: Am 5.7.2012 wurde eine der seltenen Nymphenfledermäuse, die erst 2001 als Art beschrieben wurde, in der Nähe von Reinharz in der Dübener Heide gefangen (Foto links: S. Hilgenhof). Rechts oben: Graues Langohr im Abflug aus dem Sommerquartier auf dem Dachboden der Schule Zahna.

Unten: Ein Großes Mausohr aus dem Quartier im Rathaus Kemberg wird nach der Beringung vermessen (Foto: J. Meißner).

Die historisch entstandenen Bergkeller in Bad Schmiedeberg dienen mehreren Fledermausarten als Winterquartier. Sie wurden von der NABU-Stiftung Nationales Naturerbe übernommen, gesichert und gekennzeichnet.

Links oben: Die Bechsteinfledermaus hängt im Winterquartier meist einzeln frei an Decken oder Wänden. (Foto links: J. Meißner). Rechts oben: Das Braune Langohr verbirgt sich einzeln, aber auch zu mehreren in Spalten und Hohlräumen von Kellern, Höhlen oder Stollen.

Links u.: In den Kellern der Schlosskirche Wittenberg überwintert die Fransenfledermaus. Rechts u.: In den Unterständen im WASAG-Gelände bei Reinsdorf hängen manchmal Große Mausohren und Bechsteinfledermäuse zu mehreren Tieren übereinander (Fotos: S. Hilgenhof).

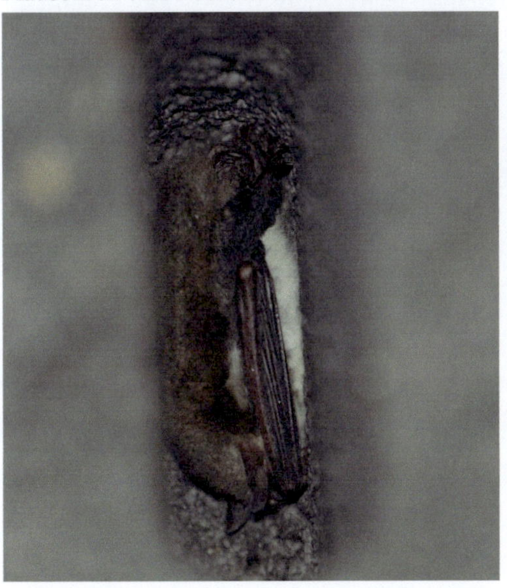

Ordnung Hasentiere, *Lagomorpha*

27. Feldhase - *Lepus europaeus* Pallas, 1778

Der allgemein bekannte und beliebte Hase fällt durch seine bis 12 cm lang werdenden Ohrmuscheln auf, die an der Spitze einen schwarzen Dreiecksfleck aufweisen. Er hat lange Hinterbeine und einen kurzen behaarten Schwanz, der im oberen Bereich schwarz und unten weiß ist. Sein langhaariges Fell ist auf dem Rücken grau-gelb und schwarz gesprenkelt und wirkt dadurch „erdfarben". An den Flanken geht die Fellfärbung ins Rotbraune über. Seine Körperlänge beträgt 55 − 65 cm. Wenn der Feldhase auf freiem Feld oder im trockenen Gras „sich drückt" (sich duckt), wird er kaum wahrgenommen.

Hasentiere gehören nicht zu den Nagetieren, denn sie haben hinter den Schneidezähnen noch ein weiteres Paar kleiner Schneidezähne. Sie scheiden neben dem bekannten, kugelförmigen Kot noch einen weichen, breiigen, bakterienreichen Kot aus dem Blinddarm aus, der oftmals sofort wieder aufgenommen wird. Der Feldhase ist primär ein Bewohner der steppenartigen Offenlandschaften, lebt aber als Kulturfolger im landwirtschaftlich genutzten Raum auf Ackerflächen, Wiesen, Weiden sowie Brachflächen und kommt auch in aufgelockerten Wäldern vor. Er ist fast über ganz Europa verbreitet, fehlt nur in Nordskandinavien, Nordrussland, Island und Irland und kommt in Deutschland überall bis in einer Höhe von etwa 2.000 m vor. Die ostdeutschen Bundesländer sind flächendeckend besiedelt (STUBBE & STUBBE 1994).

In der Wittenberger Region ist der Feldhase weit verbreitet und kommt in allen Landschaftsteilen vor. Nachweise fehlen nur aus dem Inneren der großen Wälder der Dübener Heide, während ihm der Fläming mit seinen lichten Wäldern als Wald-Offenlandschaft stellenweise zusagende Lebensräume bietet. Auf Grund der Lebensweise im Offenland weisen besonders die weiten Feldfluren der Elbaue eine hohe Hasendichte auf. Eine Herbstzählung des Hasen durch Jäger am 1.9.1963 brachte für den Kreis Wittenberg 1.805 und für den Kreis Gräfenhainichen 702 Feldhasen (BENDIX 2011). Seine Besatzdichte hat jedoch in den zurückliegenden 30 − 40 Jahren stark abgenommen. Als jagdbare Tierart ist der Feldhase eine begehrte Niederwildart. So wurden z .B. bei Treibjagden im Elbauen-Revier Pratau-Dabrun-Rackith (ca. 5.000 ha) ehemals folgende Hasenmengen erlegt:

10.12.67	92	07.11.71	42
07.12.68	70	16.12.72	85
08.12.68	62	17.12.72	26
09.12.68	90	20.10.73	42
22.12.68	17	16.12.73	101
15.12.70	58	17.12.73	30
19.12.70	32	04.01.75	31

Auf dem Gebiet des StFB Dübener Heide (damalige Kreise Wittenberg. Gräfenhainichen und Bitterfeld) wurden 1960 1.507 Hasen geschossen, 1970 sogar 2.044 (BENDIX 20011). Ab den 1980er-Jahren wurde die Hasenjagd im Kreis Wittenberg stark eingeschränkt, 1987 betrug die Hasenstrecke nur noch 68. Gegenwärtig sind bei der UNTEREN JAGDBEHÖRDE WITTENBERG für den gesamten Landkreis noch folgende Jahresstrecken gemeldet:

1999	26	2004	16
2000	34	2011	24
2001	22	2012	47
2002	22	2013	35
2003	25		

Demgegenüber wurden aber noch folgende Anzahlen an „Fallwild" registriert:

1999	89	2004	77
2000	96	2011	60
2001	73	2012	63
2002	73	2013	93
2003	78		

Trotz des erkennbaren Bestandsrückgangs ist der Feldhase auf den Feldfluren der Elbaue, des Vorflämings und des Südlichen Fläming-Hügellandes der Region Wittenberg immer noch weit verbreitet. Zumindest in Teilen der Ackeraue ist seit etwa 2013/15 eine schwache Bestandszunahme erkennbar. So wurden z. B. am 18. Februar 2015 in der Feldflur um Kemberg-Rackith auf einer Fläche von ca. 2.000 ha bei einer Begehung von den Feldwegen aus 28 Hasen gezählt, wobei sicherlich nur ein kleinerer Teil des wirklichen Bestandes sichtbar war. Der Jagdverband Sachsen-Anhalt ermittelte im Frühjahr 2015 in ausgewählten Zählgebieten (darunter 3 im Landkreis Wittenberg) im

Durchschnitt einen Besatz von 5,6 Hasen/100 ha, der von 0,5 bis 21 Hasen/100 ha schwankte. Zwei der Wittenberger Zählgebiete erbrachten >5 bis 10, eines >0 bis 5 Hasen/100 ha. Insgesamt wurde „eine erfreuliche Zunahme gegenüber dem Vorjahr" festgestellt (JAGDVERBAND LSA).

Häufigste Todesursache beim Fallwild ist der Straßenverkehr. Der Feldhase ist auch relativ anfällig gegenüber Krankheiten und wird von Raubsäugern und Greifvögeln verfolgt. Als Beutetier des Rotfuchses wurde er in sechs Losungsproben aus der Dübener Heide nachgewiesen (MEIßNER 2008). Weitere Faktoren für eine rückläufige Bestandsentwicklung sind die Monotonie der Feldbewirtschaftung und die Ausräumung der Offenlandschaft, die ihm Nahrung und Versteckmöglichkeiten nehmen.

Seine Bedeutung als wichtigste Niederwildart für die Jagd hat der Feldhase gegenwärtig in der Wittenberger Region eingebüßt. Dennoch ist er eine jagdbare Tierart und unterliegt gesetzmäßig dem Jagdrecht. In Sachsen-Anhalt hat er eine Schonzeit vom 16. Januar bis zum 30. September. In der Roten Liste Sachsen-Anhalts wird er in der Gefährdungskategorie 3 als gefährdet eingestuft.

28. Wildkaninchen - *Oryctolagus cuniculus* (Linnaeus, 1758)

Das hasenartige Wildkaninchen hat im Unterschied zum Feldhasen kürzere Ohren von 6 – 8 cm Länge, die nach vorn gelegt nicht die Schnauzenspitze erreichen. Sie werden im Unterschied zum Hasen stets aufgerichtet und niemals nach hinten angelegt und haben keinen schwarzen Fleck an der Spitze. Das dichte, wollige Fell ist oberseits hellbraun bis graubraun und unterseits weißlich, auch der kurze Schwanz ist zweifarbig. Vorder- und Hinterbeine sind im Unterschied zum Feldhasen nahezu gleich lang. Auch sonst ist das Wildkaninchen deutlich kleiner und „rundlicher". Die Körperlänge beträgt 35 – 45 cm.

Das Wildkaninchen hat von Spanien, wo es wohl ursprünglich vorkam, verstärkt durch Aussetzungen Europa nordwärts bis Südschweden und ostwärts bis Polen besiedelt. Auch in Deutschland hat es von der Küste bis zum Gebirge alle Landesbereiche mit Böden, in denen es seine tiefreichenden Baue anlegen kann, besiedelt. So sind auch bei STUBBE & STUBBE (1994) alle ostdeutschen UTM-Raster besiedelt. Es ist bevorzugt in offenen Landschaften mit niedriger oder teilweise fehlender Vegetation anzutreffen, in denen dennoch ausreichend Deckung durch Büsche, Hecken oder kleinere Feldgehölze zur Verfügung stehen muss. Auch Brachflächen in Industriegebieten, ausgedehnte

Grünflächen oder naturnahe Friedhofsanlagen bieten dem Wildkaninchen geeignete Lebensräume. Die Wildkaninchen nehmen auch Ortschaften und selbst die innerstädtischen Bereiche als Lebensraum an. Gegenwärtig ist es aber in Sachsen-Anhalt stark rückgängig (HOFMANN et al. 2016).

Das Wildkaninchen gehört zu den gegenwärtig nur spärlich in der Region um Wittenberg vorkommenden Arten. In der Region war es bis 1980 weit verbreitet. Es konnte in trockenen, sandigen Gebieten regelmäßig festgestellt werden. Es kam bis in den Randgebieten von Wittenberg (z. B. Stadtwald oder Hafendamm) vor. In den Kiefernforsten des Vorflämings war es ebenfalls weit verbreitet. Auch die Kieferndünen in der Elbaue (z. B. Kannabude bei Melzwig, Kienberge Pratau oder Wartenburger Wald) waren von dieser Art bewohnt, ebenso wie die trockenen Kiefernwälder der Dübener Heide (z. B. an den Lausiger Teichen bei Patzschwig). Seitdem nahm der Bestand rapide ab. Als jagdbare Niederwildart wurde das Wildkaninchen bejagt bzw. gebeizt (Jagd mit Beizvogel). In den Jagdstrecken des StFB Dübener Heide ist die Maximalzahl von 266 für 1975 angegeben (BENDIX 2011). In der aktuellen Abschussübersicht der UNTEREN JAGDBEHÖRDE WITTENBERG sind nur noch 1999 und 2000 mit sieben bzw. acht und 2012 und 2013 mit vier bzw. sechs erlegten Wildkaninchen angeführt. Von 1999 datiert auch der letzte erfasste bewohnte Kaninchenbau im Stadtwald Wittenberg. Gegrabene Baue und Losung zeigen noch ein mögliches Vorkommen im nördlichen Stadtrandbereich von Wittenberg an. Die Beobachtungsmeldungen aus dem Jessener Raum (SIMON, BIESELT, HENNIG, DOMRÖS) enden gegen 1995. Auch HAFERKORN (2001) erwähnt für das gesamte sachsen-anhaltische Elbe-Gebiet nur Meldungen von den Forstämtern Magdeburg und Dessau. In 6 von 210 Fuchslosungsproben aus der Dübener Heide konnten Reste des Wildkaninchens nachgewiesen werden (MEIßNER 2008), was ein Zeichen ist, dass diese Art auch in den Waldgebieten vorkommt (vorkam?).

Ursache des rapiden Rückgangs sind wohl nicht die natürlichen Feinde, wie Raubsäuger und Greifvögel, sondern Krankheiten, insbesondere die Myxomatose (genannt: Kaninchenpest), eine Viruserkrankung, die durch Stechmücken übertragen wird.

Das Wildkaninchen ist eine jagdbare Tierart. Nach wie vor untersteht das Wildkaninchen dem Jagdrecht und genießt in Sachsen-Anhalt, wie in den meisten anderen Bundesländern auch, keine Schonzeit.

Oben: Der sonst einzelgängerisch lebende Feldhase ist während der Paarungszeit, besonders aber im Frühjahr, auch in kleineren Gruppen zu sehen, wenn die Männchen um ein empfängnisbereites Weibchen kämpfen (Foto: J. Noack).

Unten: Der Feldhase ist eine begehrte Niederwildart, die früher in der Wittenberger Elbaue auf Treibjagden in großen Strecken erlegt wurde, wie hier 1968 in der Jagdgesellschaft Pratau.

Ordnung Nagetiere, *Rodentia*

29. Eichhörnchen - *Sciurus vulgaris* Linnaeus, 1758

Das baumbewohnende Eichhörnchen zählt zu den Nagetieren. Es hat ein rotbraunes, langhaariges Fell mit einer weißen Bauchseite und einem körperlangen Schwanz, der buschig und stark behaart ist. Seine Körperlänge beträgt 20 – 25 cm. Es besitzt kräftige Hinterbeine. Im Winter hat es deutliche Ohrbüschel und behaarte Fußsohlen. Die dunkle, fast schwarze Farbvariante wurde im hiesigen Gebiet noch nicht festgestellt.

Das Eichhörnchen kommt in ganz Eurasien mit Ausnahme der Mittelmeerinseln vor. Es ist auch in den Waldungen ganz Deutschlands bis zur Baumgrenze im Gebirge weit verbreitet. In Ostdeutschland fehlt es auf keinem UTM-Raster (STUBBE & STUBBE 1994).

Das Eichhörnchen ist eine weit verbreitete und regelmäßig vorkommende Tierart in der Wittenberger Region. In den Waldgebieten kann es in allen Landschaftseinheiten festgestellt werden, auch in den Auwäldern der ansonsten baumarmen Elbaue. In den Parkanlagen der Stadt Wittenberg und anderer Ortschaften, wie Wörlitz, Oranienbaum, Kropstädt, Mühlanger, Pretzsch u. a., ist es ebenso anzutreffen und kann sogar auf den Straßenbäumen einer verkehrsreichen Kreuzung der Innenstadt von Wittenberg beobachtet werden. Am 25. August 2014 lief ein Eichhörnchen hektisch über den Wittenberger Marktplatz, vergeblich an den neu gepflanzten Bäumen hinter dem Alten Rathaus Schutz suchend. In den Randlagen der Stadt kommt es im Herbst auch in die Hausgärten, um Nüsse zu suchen. Bei häufigem Kontakt mit Menschen werden Eichhörnchen zutraulich und nehmen Futter-Nüsse aus der Hand. Es nutzt wohl besonders die Ränder von Siedlungsbereichen im Übergang zu Wäldern, Parkanlagen, Friedhöfen und großen Gartenanlagen mit Baumbeständen. Lediglich in einigen waldfreien Agrar- und Bergbaufolgelandschaften der Region sind Fehlstellen vorhanden, welche auf Grund der gegenwärtigen Landnutzung und Naturraumausstattung Verbreitungslücken zu sein scheinen. Dies betrifft vor allem die ehemaligen Tagebaubereiche um Gräfenhainichen.

Als Verlustursache muss besonders der Straßenverkehr genannt werden. Er fordert oftmals Opfer an Straßen, die beiderseits mit Waldungen oder sonstigen Altgehölzen bestanden sind, da Eichhörnchen diese springend überqueren. Andere Verlustursachen bleiben wohl unentdeckt. Sein Hauptfeind - der Baummarder - ist selten geworden.

Früher und noch vor ca. 25 Jahren wurde es als Räuber von Singvogelbruten oder um den Pelz zu gewinnen, bejagt. So wurde z. B. auch über eine Treibjagd am 2. Dezember 1898 bei Sackwitz berichtet, auf der auch Eichhörnchen erlegt wurden (MZ 1998).

Das Eichhörnchen ist in Sachsen-Anhalt lt. Roter Liste nicht gefährdet, nach dem Bundesnaturschutzgesetz aber eine besonders geschützte Tierart.

30. Siebenschläfer - *Glis glis* (Linnaeus, 1766)

Der etwa rattengroße Siebenschläfer mit einer Körperlänge von 12,0 − 19,0 cm und einem buschigen Schwanz könnte an ein Eichhörnchen erinnern, hat aber ein graues Fell mit einem dunklen Bereich um die Augen, das dicht und weich und an der Bauchseite heller ist. Auch er ist ein gewandter Kletterer, der in Baumhöhlen seine Nester anlegt und ausgesprochen nachtaktiv lebt.

Der in Europa von Nordspanien bis etwa zur Wolga verbreitete Siebenschläfer fehlt in Nordeuropa und auch in Deutschland kommt er im Nordwesten nicht vor. STUBBE & STUBBE (1994) geben Verbreitungslücken in Ostdeutschland an, darunter auch im nördlichen Teil des hier betrachteten Gebietes. Der Schwerpunkt der Verbreitung liegt in den Hügel- und Berglandbereichen. Die Tiere bevorzugen alte Laubwälder (Buchen- und Eichenwälder) mit ausgeprägter Strauchschicht und einem hohen Nahrungsangebot. Neben den Laubwäldern werden auch waldnahe Gartengrundstücke, Obstwiesen und Häuser genutzt, wo sich die Siebenschläfer von reifem Obst, Nüssen oder anderen Nahrungsmitteln des Menschen ernähren.

Vom Siebenschläfer gibt es gegenwärtig keine sicheren Nachweise in der gesamten Wittenberger Region. Aus der Region gibt es weder Sichtbeobachtungen noch Nachweise aus Eulengewöllen, wie auch GÖRNER & HENKEL (1988) in ihren Verbreitungskarten für diese Art keine Fundpunkte aufführen. Ob die von diesen Autoren mit Gardelegen-Magdeburg-Dessau-Dresden angegebene nördliche Grenze des Verbreitungsareals des Siebenschläfers das Wittenberger Gebiet berührt, muss weiterhin ungeklärt bleiben. 1980 berichtete O. KÖRNER (†) von einem Siebenschläfer im Nistkasten in einem Garten in Pretzsch, der 1981 nicht mehr gesehen wurde. A. BERGMANN führte Anfang Juni 1988 im Quellbereich des Oßnitzbaches eine Nistkastenkontrolle durch, bei der er beim Öffnen eines Vogelnistkastens plötzlich von einem Tier auf der Flucht angesprungen wurde. Auf Grund der äußeren Erscheinung will er einen Schläfer erkannt haben. H. KINAST fand 2003 unter dem Dach seiner Veranda am Südostrand von Bad

Schmiedeberg ein besetztes Nest. Für die Mitteilung eines eventuellen Nachweises bei Jessen gibt es keinen Beleg. D. HEIDECKE und U. ZUPPKE versuchten 1984 eine Ansiedlung durch die Ausbürgerung von 7 ♂♂ und 5 ♀♀ aus der Nachzucht von C. & M. JECHE in Dixförda (JECHE, C. & M. 1986) in einem alten Rotbuchenbestand mit Unterwuchs und Verjüngung in der Dübener Heide nahe des Eisenhammers. Bereits das nächste Jahr zeigte, dass derartigen Einzelaktionen Misserfolg beschieden ist – alle Kästen, in denen die Siebenschläfer ausgesetzt wurden, blieben unbesetzt!

Neben Verlusten durch tierische Feinde, wie Baummarder und Eulen, führen Jahre mit fehlender Eichel- oder Bucheckernmast zu erheblichen Bestandsschwankungen. Der gegenwärtig in der Dübener Heide betriebene verstärkte Abtrieb von Altbaumbeständen führt zur starken Einschränkung des potentiellen Lebensraums in der Region.

Der Siebenschläfer genießt den Artenschutz nach der Bundesartenschutz-Verordnung, Anhang 1 und ist nach dem Bundesnaturschutzgesetz eine besonders geschützte Tierart. In der Roten Liste Sachsen-Anhalts wurde er in die Gefährdungskategorie 3 (Gefährdet) eingestuft.

31. Eurasischer Biber - *Castor fiber* Linnaeus, 1758

Der bis zu 1 m lang werdende Biber hat einen plumpen, dicht braun behaarten Körper und einen abgeplatteten, unbehaarten und mit Schuppen bedeckten Schwanz – die „Kelle". Die Zehen der Hinterfüße sind durch Schwimmhäute verbunden. Die Augen sind klein und die Ohren kurz. Durch seinen Körperbau, seine dichte Behaarung und die verschließbaren Ohren und Nase ist der Biber an ein Leben am und im Wasser angepasst und kann hervorragend schwimmen und tauchen. Seine großen orangegelben Schneidezähne künden davon, dass er Europas größtes Nagetier ist!

Der Biber kommt in Europa inselartig in den Flussauen Südfrankreichs, Mitteleuropas, Skandinaviens, Polens und Russlands vor. In Deutschland stand er Mitte des 20. Jahrhunderts kurz vor dem Aussterben, kommt aber jetzt durch intensiven Schutz und Wiederansiedlungen wieder in vielen Flusssystemen vor. Bei STUBBE & STUBBE (1994) waren 34 % der ostdeutschen Raster besetzt, inzwischen werden es wohl mehr sein.

Die Aue der mittleren Elbe in der Region Wittenberg gehört zum Stammsiedlungsgebiet des Bibers in seiner Unterart, dem Elbebiber (*Castor fiber albicus*), dessen klare genetische Abgrenzung gegenwärtig jedoch diskutiert wird (HORN et al 2014 in: NOWAK et al. 2014). Hier war er wohl ein regelmäßiges Element der heimischen Fauna, da er sogar auf Gemälden des bekannten Wittenberger Malers Lucas Cranach, also im 16. Jahrhundert, abgebildet ist (MZ 2008). Dann wurde er aber stark dezimiert und das „Wittenberger Tageblatt" vom 17. Mai 1913 schreibt aus Anlass eines Biber-Totfundes am Durchstich: „So ist nunmehr dieses eigenartige Tier gänzlich aus unserer engeren Heimat verschwunden.", während das „Wittenberger Kreisblatt" vom 3. April 1886 noch schreibt: „Der Gutsbesitzer M. in Seegrehna, Pächter des Jagdreviers Bodemar, hatte kürzlich das Glück, auf dem Überschwemmungsgebiet der Elbe an der „Stechbahn" fünf Biber zu schießen, von denen drei das respektable Gewicht von je 45-50 Pfund hatten.". Dennoch gehört das Gebiet um Wittenberg zum letzten Rückzugsgebiet des Bibers in Deutschland. Eine gründliche Erfassung des verdienstvollen Biberforschers Max BEHR im Jahr 1929 ergab Ansiedlungen bei Pretzsch, Wartenburg, Dabrun, Pratau, Prühlitz, Pratau und Seegrehna (Karte der Biberbaue an der mittleren Elbe 1929 in: HINZE 1959). In der Sammlung von JULIUS RIEMER (jetzt: von der Stadt Wittenberg archiviert) befindet sich ein Präparat eines Bibers, der 1933 an der Alten Elbe bei Gallin von Wilderern erlegt und von Dr. OTTO KLEINSCHMIDT präpariert wurde. Während des 2. Weltkrieges ging dieser Bestand weiter rapide zurück. Der Autor (U.Z.) fand 1953 nur noch besetzte Biberreviere am Crassensee in Heinrichswalde und am Großen Streng in Wartenburg. Nach dieser Bestandsdegression besiedelte der Biber dann wieder zunächst die Elbaue, ab 1977 auch die Fließgewässer des Flämings und ab 1982 die der Dübener Heide (ZUPPKE 1989).

Die durch die Erfassungstätigkeit des ARBEITSKREISES BIBERSCHUTZ SACHSEN-ANHALT (ehemals BAG ARTENSCHUTZ BEZIRK HALLE) erhobenen Bestandszahlen zeigen in der Wittenberger Region eine progressive Bestandsentwicklung bis etwa 1990. Danach schwankt der Bestand stets um diesen erreichten Stand, so dass gegenwärtig eine Besiedlung aller zusagenden Habitate angenommen werden kann (durch die geänderte Gebietsgröße infolge der Kreisreformen sind die offiziell erfassten Kreiszahlen nicht mit denen des vorherigen Zeitraums vergleichbar). Das FFH-Gebiet „Dessau-Wörlitzer Elbauen" wird als „eines der am dichtesten vom Biber besiedelten Gebiete in Deutschland" bezeichnet (LPR 2015). Auch die Dübener Heide ist dicht besiedelt. Für den Naturpark Dübener Heide wird ein Bestand von 260 Bibern (davon 90 auf der sächsischen Seite) in 78 Revieren geschätzt (NP DÜBENER HEIDE 2015). Man nimmt an, dass dieses Waldgebiet bereits „mit hoher Sicherheit in historischer Zeit" vom Biber besiedelt war, er dort aber „durch direkte Verfolgung" verschwand, obwohl es für diese Annahme keine Belege gibt. Im Winterhalbjahr 2011/12 wurden im Kreis Wittenberg 247 besetzte Biberansiedlungen mit 815 Bibern erfasst bzw. geschätzt (AK BIBERSCHUTZ 2015).

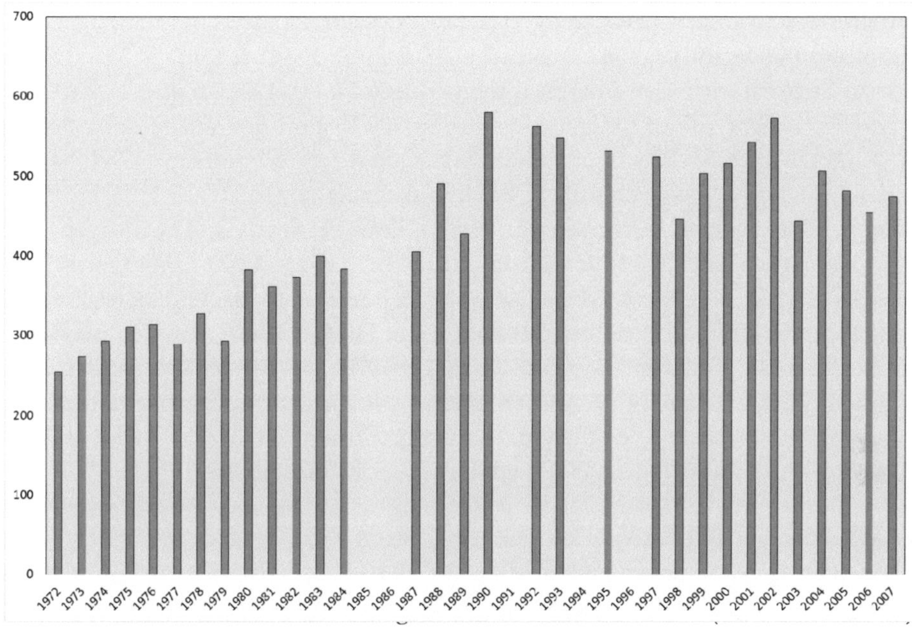

Gegenwärtig stagnieren die Reproduktionsergebnisse, so dass der Biberbestand wohl nur noch geringfügig ansteigen wird. Die positive Entwicklung der Weichholzaue an der Elbe ist wohl die Ursache für eine zunehmende Besiedlung der Stromelbe. 2006 existierten allein im Stadtgebiet Wittenberg sechs Biberansiedlungen direkt an der Elbe, stets auf der stromabgewandten Seite von Buhnen, die auch seitens des Wasser- und Schifffahrtsamtes toleriert werden. Dies zeigt, dass der Erhalt des Lebensraums im ursprünglichen Siedlungsgebiet des Bibers – der Elbaue – nach wie vor die wichtigste Aufgabe im Biberschutz bleibt! Aber auch kleinere Fließgewässer wurden durch den steigenden Populationsdruck zunehmend besiedelt. Die zunächst pessimalen Habitate werden durch den Biber mittels Dammbauten siedlungsfreundlicher gestaltet. Nach Dezimierung des oft nur begrenzt vorhandenen Weichholzbestandes werden diese Ansiedlungen jedoch oftmals wieder aufgegeben, um neue Gewässerabschnitte zu besiedeln. Dadurch wird eine höhere Bestandsdichte vorgetäuscht. So finden sich gegenwärtig an fast allen Bächen des Flämings und der Dübener Heide sowie den Grabensystemen der Elbe- und Elsteraue Biberansiedlungen. Auf der Suche nach geeigneten Lebensbedingungen geraten die Biber manchmal auch etwas abseits der Gewässer, wie es der „Besuch" eines Bibers auf der Collegienstraße in der Innerstadt von Wittenberg im Juni 2012 zeigte (MZ 2012b).

Die progressive Bestandsentwicklung erlaubte es, auch im Kreis Wittenberg Biber für Ansiedlungsprojekte im In- und Ausland zu fangen. So wurden am 3. Mai 1984 zwei Biber vom Strohmschen Gewässer Seegrehna durch D. HEIDECKE und U. ZUPPKE bei Reitwein/Kr. Seelow in der Oderaue ausgesetzt, als Beginn des Wiederansiedlungsprojektes „Odertal", mit 36 Bibern aus dem damaligen Kreis Wittenberg (1984: Seegrehna 2; Pratau 1; Dabrun 3; Wartenburg 1; Bleddin 6; Annaburger Heide 1; 1985: Pratau 1; Pretzsch 5; 1986: Sachau 4; Annaburg 3; 1987: Globig 1; Seyda 2; Annaburger Heide 2; 1988: Annaburger Heide 2; 1989: Gentha 2) (DOLCH et al. 2002). 1984 wurde bei Oppin in der Dübener Heide vom damaligen Staatlichen Forstwirtschaftsbetrieb eine Hälterungsanlage für 20 Biber errichtet (HEIDECKE & HÖRIG 1986), von der aus Biber u.a. an die Niederlande „verkauft" wurden. Auch 18 Biber, die 1987/88 in Hessen angesiedelt wurden (HARTHUN 2014), stammen ebenso wie die acht Gründertiere des 1990 im Emsland (Niedersachsen) erfolgreich durchgeführten Wiederansiedlungsprojektes (RAMME & KLENNER-FRINGES 2014) aus der Region Wittenberg.

In der Wittenberger Region wurden von 1967 bis 2014 insgesamt 188 Biber-Totfunde geborgen und in der überwiegenden Mehrzahl dem Zoologischen Institut der Martin-Luther-Universität Halle-Wittenberg zur Todesursachenforschung zugeführt. Von 122 Tieren (64,9 %) konnte die Todesursache ermittelt werden:

- Verkehrsopfer	41	33,6 %
dav. Straßenverkehr	37	30,3 %
Eisenbahn	4	3,3 %
- sonstige anthropogene Ursachen	25	20,5 %
dav. erschlagen, Fallenfang	12	9,9 %
Gifteinwirkung	7	5,7 %
geschossen	6	4,9 %
- Krankheiten	34	27,9 %
- sonstige natürliche Ursachen	22	18,0 %
dav. Winterverlust, Hochwasser	9	7,4 %
Bissverletzungen	9	7,4 %
Alterstod	3	2,4 %
vom Baum erschlagen	1	0,8 %

Damit dominieren eindeutig die Verkehrsverluste vor allen anderen Todesursachen, wie es auch STEFEN (2015) von allen 1.282 auswertbaren Totfunden des Zoologischen Instituts Halle ermittelte. Da Biber enge Durchleitungen von Wasserläufen unter den Straßen überwiegend meiden, überqueren sie an diesen Stellen die Straße und werden vom ständig steigenden Straßenverkehr erfasst. 1974 wurde der seltene Fall eines Unfalltodes durch einen vom Biber gefällten Baum bei Wartenburg festgestellt (ZUPPKE 1976). Über Verluste während des „Jahrhunderthochwassers" 2002 gibt es keine gesicherten Angaben. Die sich auf den Deichen rettenden Biber wurden jedoch auch hier zu den Verursachern von Deichbrüchen abgestempelt und verfolgt.

Bei Pratau, Mühlanger und Dabrun wurden in den Jahren 1976 und 1984 frischtote Biber geborgen, an denen in der Ohr- und Schwanzgegend Biberkäfer (*Platypsyllus castoris*) abgelesen werden konnten, ein etwa 3 mm großer Fellkäfer, der im Fell von Bibern lebt und sich dort von Hornschuppen ernährt, also kein eigentlicher Parasit ist. Am 24. Mai 1984 fanden sich auf einen überfahrenen Biber auf der Straße bei Dabrun-Boos gleich 29 Biberkäfer.

Die Stau- und Nagetätigkeit des Bibers führte im Kreis Wittenberg häufig zu Konflikten mit Landwirten sowie Garten- und Waldbesitzern. In der Vergangenheit erfolgten vereinzelt illegale Verfolgungen, wie es mehrere Fallenfunde zeigten, sowie zahlreiche unkontrollierte Öffnungen bzw. Entfernungen von Biberdämmen durch Privatpersonen, Landwirte oder Gewässerbeauftragte, wenn die Wasserstände landwirtschaftliche Kulturen, Waldbereiche, Gartengrundstücke oder Keller beeinträchtigten. Entlang der Fließgewässer in der Dübener Heide erzeugten die überstauten ufernahen Waldbereiche heftige Reaktionen der Waldbesitzer. In der Gartenanlage „Am Volkspark" in Wittenberg war 2006 eine Biberburg sogar unmittelbar neben einer Laube errichtet worden. Von der Kreisverwaltung Wittenberg wurde ein „Modellprojekt zum Schutz und Management des Elbebibers im Landkreis Wittenberg" beauftragt, das eine standardisierte Aufnahme der Biberschäden umfasst, auf deren Grundlage Maßnahmen zur Abwendung getroffen werden (siehe gesondertes Kapitel). Im Naturpark Dübener Heide existiert eine „Biber-Kontaktstelle" (MITZKA & MEIßNER 2013), die persönliche Beratung und Information von Bürgern, Kommunen und Landnutzern durchführt und eine intensive Presse- und Öffentlichkeitsarbeit betreibt. Die Referenzstelle für Biberschutz des Landes Sachsen-Anhalt befindet sich in der Verwaltung des Biosphärenreservates „Mittlere Elbe" in der Kapenmühle bei Oranienbaum.

In unterschiedlichen Habitaten des Kreises Wittenberg durchgeführte Untersuchungen zur oftmals übertrieben bewerteten Schadwirkung des Holzfällens durch den Biber ergaben 1,8 − 12,6 fm Holz/Jahr je Biberansiedlung (H. ZUPPKE 1995), wobei Weichhölzer und Stammstärken <10 cm bevorzugt werden. Wenn Weichhölzer fehlen, werden auch Stiel-Eiche, Rot-Buche und Kiefer genommen (GÄRTNER et al. 2000). Andererseits werden bei der Besiedlung der sommerkühlen Tieflandbäche (z. B. in der Dübener Heide und im Fläming) negative Auswirkungen der Stautätigkeit auf das Vorkommen kaltstenothermer Fischarten vermutet (ZUPPKE 2004), die ebenso auf die Libellen-, Köcher- und Steinfliegenfauna wirken (HOHMANN/LHW, mdl.).

Gegenwärtig wird eine zunehmende Besiedlung gehölzferner Bereiche in der Agrarlandschaft (und damit einhergehend eine Zunahme von Fraßschäden in landwirtschaftlichen Kulturen) festgestellt. Zu den Ursachen gibt es (noch) keine ökologischen Untersuchungsergebnisse. HOFMANN & SCHUMACHER (2015) führen dies auf Populationsdruck und eine „Änderung der Rahmenbedingungen" (Änderung von Art und Umfang des Rapsanbaus, verstärkter Anbau von Futter- und Energiepflanzen) zurück. Sie belegen diese These mit der Habitatbewertung der Biberreviere (nach HEIDECKE 1989) im Landkreis Wittenberg, wonach nur die Reviere in der Elbe- und Elsteraue überwiegend mit gut bis sehr gut zu bewerten sind, die Reviere in den Wald- und Agrargebieten dagegen mit mäßig bis schlecht, so dass bei den Familienauflösungen die erwachsenen Jungbiber in diese pessimalen Habitate abwandern müssen. Allerdings ist zu berücksichtigen, dass deratige Habitate in der Agrarlandschaft oftmals nur temporär besiedelbar sind, da zum einen die Winternahrung (Weichholz-Gehölze) fehlt und zum anderen diese wenig Wasser führenden Gräben in den Sommermonaten austrocknen. Eingehende Kartierungen der Biberaktivitäten von L. REICHHOFF im Horstdorf-Kakauer-Gebiet zeigen, dass dort das gesamte Grabensystem zwischen Gohrau, Riesigk, Horstdorf und Kakau von Bibern zeitweilig genutzt wird, wo die angrenzenden Rapsschläge bis zur Blüte des Rapses zur Nahrungsaufnahme aufgesucht werden. Danach und bei Anbau einer anderen Feldfrucht werden diese Bereiche wieder verlassen. Bisher untersuchten HEIDECKE & KLENNER-FRINGES (1992) die Habitatnutzung des Bibers in der Kulturlandschaft. WEBER & WEBER (2016) versuchten, die Auswirkungen einiger Habitatqualitätsfaktoren (Gewässerrandstreifenbreite, Gewässertyp und Naturnähe der Ufer) auf das Konfliktrisiko (Überstauung von Flächen und Fraß von Kulturpflanzen) zu analysieren. Weiterer Forschungsbedarf ist hier dringend vonnöten!

Gefährdungen des Biberbestandes erfolgen durch Hochwasserereignisse und anthropogene Einwirkungen, wie Regulierungen des Wasserhaushaltes oder Entfernen von Ufergehölzen sowie illegale Verfolgung. Leider wird dieses geschützte Tier auch heute noch hin und wieder getötet, wie es 2011 bei Jüdenberg bekannt wurde (MZ 2011b). Auch bei zwei weiteren Totfunden bei Kakau wurde als Todesursache „erschlagen" festgestellt, da sie zahlreiche Knochenfrakturen aufwiesen (K. MATTIGIT: schriftl. Mitt.). Im „Modellprojekt zum Schutz und Management des Elbebibers im Landkreis Wittenberg" (RANA 2011) wurden 80 Totfunde von Bibern nach dem Jahr 2000 an Verkehrswegen analysiert. Dabei wurden folgende aktuellen Unfallschwerpunkte deutlich: Bundesstraße 2 im Bereich des Brückenkopfes bei Wittenberg, Bundesstraße 2 im Bereich Jahmo−Kropstädt, Straße zwischen dem Abzweig von der Bundestraße 187 und Gorsdorf, Durchlass des Ruhlsdorfer Grabens unter der Bundesstraße 187, Straße zwischen Purzien und Schweinitz, Straße Gorsdorf−Schützberg, Straße Schweinitz−Dixförda. Die Schwermetallbelastungen der Gewässer bzw. angereicherte Sedimente durch die industriellen Abwässer in früheren Jahren sollen zur hohen Cadmium-Belastung und damit zu Beeinträchtigungen bei den Bibern im Elbe-Mulde-Gebiet führen (TATARUCH et al. 2005). Nachdem der Biber bisher in der heimischen Natur keine natürlichen Feinde mehr hatte, kann sich diese Situation durch das Auftauchen des Wolfes ändern, sofern sich Biberansiedlungen in den Wolfsrevieren befinden.

Der Biber ist in Deutschland eine streng geschützte Tierart nach dem Bundesnaturschutzgesetz und ist in der Roten Liste Sachsen-Anhalts als „stark gefährdet" in die Gefährdungskategorie 2 eingestuft. Damit wird besonders der Umstand berücksichtigt, dass der Elbebiber eine eigene, nur lokal verbreitete Unterart ist, die durch gravierende Beeinträchtigungen erlöschen könnte. In der FFH-Richtlinie der EU wird der Biber als streng zu schützende Art in den Anhängen II und IV geführt.

Oben: Das im Sommer rotbraune Eichhörnchen (links: beim Verzehr einer Walnuss) wird im Winter dunkler und nimmt eine graue Fellfärbung an/Garten in Apollensdorf (Fotos: I.Elz).

Unten: Ein Auswilderungsversuch mit 12 Siebenschläfern aus der Nachzucht von M. JECHE in der Dübener Heide durch D. HEIDECKE und U. ZUPPKE im Jahr 1984 schlug fehl.

Links oben: Zum Erwerb von Baumaterial (Zweige) und Nahrung im Winter (Rinde, Triebe) werden selbst starke Altbäume gefällt. Rechts oben: 1974 wurde der seltene Fall eines Unfalltodes durch einen vom Biber gefällten Baum bei Wartenburg festgestellt (20.5.1974).

Unten: Zur Regulierung des Wasserstandes an Fließgewässern, damit der Eingang zum Bau stets unter Wasser liegt, errichten Biber aus Zweigen und Schlamm Staudämme, die oberhalb größere Stauseen erzeugen und zu Konflikten mit den Anrainern (Landwirte, Forstwirte, Garten- und Grundstückseigentümer) führen können/Apollensdorf 8.3.2006.

Oben: Der Biber verlässt als dämmerungsaktives Tier meistens erst in den Abendstunden schwimmend seinen Bau zur Nahrungssuche, wie hier am Stadtgraben von Wittenberg.

Unten: Im zeitigen Frühjahr nutzt ein Biber die wärmenden Sonnenstrahlen zu einem „Sonnenbad" in einer offenen Sasse am Elbeufer bei Apollensdorf (Foto: I.Elz).

Links o.: Das Fell des Bibers ist mit 23.000 Haaren pro cm^2 (Mensch: bis zu 600 Haare pro cm^2) sehr dicht und schützt vor Nässe und Auskühlung. Daher wird das Fell regelmäßig gereinigt und mit einem fetthaltigen Sekret gepflegt (Foto: J.Noack). Rechts o.: Beim Fressen hält er mit seinen Vorderfüßen dünne Zweige, um die Rinde vollständig abzunagen (Foto: K. Mattigit). Unten: Die Jungbiber verlassen erstmals im Alter von 4 bis 6 Wochen mit dem Muttertier den Bau, werden aber noch bis zum Alter von 2 Monaten gesäugt (Foto: K. Mattigit).

Links oben: Seit den 1970er Jahren werden im Gebiet Biber für Wiederansiedlungsprojekte im In- und Ausland gefangen: Die Bisamfänger VOLKMAR ZEISLER und GÜNTER WIEMANN 1984 mit gefangenen Biber am Strohmschen Gewässer bei Pratau. Rechts oben: Transportkiste für lebende Biber des Staatlichen Forstwirtschaftsbetriebs Dübener Heide (Foto rechts: I. Elz).

Unten: Dr. DIETRICH HEIDECKE beim Aussetzen eines bei Pratau gefangnen Bibers am 3.5.1984 an der Oder bei Reitwein als Start des Wiederansiedlungsprojektes in der Oderaue.

32. Schermaus - *Arvicola terrestris*

32a. Bergschermaus - *Arvicola scherman* (Shaw, 1801)
32b. Wasserschermaus - *Arvicola amphibius* (Linnaeus, 1758)

WILSON & REEDER (2005) erhoben die bisherigen beiden Unterarten Terrestrische Schermaus oder Bergschermaus (*Arvicola scherman*) und Aquatische Schermaus oder Wasserschermaus (*Arvicola amphibius*) in den Artstatus. Allerdings gibt es zwischen diesen beiden, von AULAGNIER et al. (2008) als Morpho- oder Ökotypen bezeichneten Formen nur geringe morphologische Unterschiede. Auch die genetische Differenzierung der beiden Formen ist nur schwach und sie pflanzen sich untereinander erfolgreich fort. Daher werden sie hier bis zur endgültigen Klärung des Artstatus als *Arvicola terrestris* betrachtet.

Die Schermaus ist eine Wühlmausart, die doppelt so groß wie die sonstigen Wühlmäuse ist. Sie besitzt eine Körperlänge von 14 − 20 cm und ein Gewicht von 100 − 230 g. Sie hat einen walzenförmigen Körper, einen längeren Schwanz (etwa halbe Körperlänge) und eine hell- bis dunkelbraune Färbung, sie kann aber in der Färbung stark variieren. Die aquatischen Populationen bewohnen die Uferbereiche langsam fließender oder stehender Gewässer (volkstümlich „Wasserratte" genannt), die terrestrischen dagegen tiefgründige, steinlose Böden in Wiesen, Feldern, Gärten und auch Wäldern. Intensiv genutzte Felder werden gemieden, hingegen ist sie auf Flächen mit Gemüseanbau und in Obstgärten häufig zu finden. Eine dichte Vegetation ist für eine dauerhafte Besiedlung entscheidend, da nur diese Deckung und Nahrung bietet. Im Kulturland neigt sie alle 5 − 8 Jahre zu zyklischen Massenvermehrungen. Die Schermaus gräbt ein unterirdisches Gangsystem mit rundem Querschnitt und schiebt ähnlich dem Maulwurf kleine Erdhügel auf, die einen seitlich liegenden Ausgang haben.

Die Schermaus ist in Europa weit verbreitet und fehlt nur im äußersten Norden, auf Island und Irland sowie in Teilen Spaniens. Sie kommt in ganz Deutschland bis zum Gebirge in 2.400 m Höhe vor. In Ostdeutschland ist sie flächendeckend verbreitet (STUBBE & STUBBE 1994).

Sie ist auch in der Wittenberger Region verbreitet und regelmäßig in allen Landschaftsteilen anzutreffen. Überwiegend wurde sie in Eulen-, aber auch Turmfalkengewöllen gefunden (ERFURT & STUBBE 1986). Diese Nachweise als Beutetierreste lassen sich lokal nicht zuordnen, so dass daraus auch nicht geschlossen werden kann, welchem Ökotyp sie angehören. Die Reste von 20 Schermäusen in Schleiereulengewöllen 1995 in Heinrichswalde und von 13 im Jahr 2008 in Jessen zeigen ein dortiges häufiges Vorkommen an. Die vorliegenden Sichtnachweise aus Lebendfallen und Beifängen in Amphibienschutzanlagen konzentrieren sich auf Gewässernähe, besonders natürlich in der Elbe- und Elsteraue, was auch durch die Nachweise von EBERSBACH et al. (1999) bei Eutzsch, Dabrun, Sachau, Rettig und Labrun bestätigt wird. Die Schermaus wird aber auch vereinzelt an Bächen und Kleingewässern im Fläming (Nachweise bei Reinsdorf, Raßdorf, Gadegast) und in der Dübener Heide (Nachweise bei Reinharz, Rotta und im Grenzbach) nachgewiesen. 19 Nachweise in Fuchslosungsproben aus der Dübener Heide (MEIßNER 2008) deuten auf ein regelmäßiges Vorkommen in dieser waldreichen Gegend. Es finden sich aber auch zahlreiche Vorkommen in gewässerfernen Landhabitaten, so im lockeren Mischwaldgebiet des Wittenberger Stadtwaldes oder in der Ackeraue bei Kemberg und Rackith, wo besonders an den Füßen der Windenergieanlagen die umfangreichen Gangsysteme und -öffnungen sichtbar sind. Auch in Siedlungsbereichen wird die Schermaus angetroffen, wo sie sich durch ihre Wühltätigkeit besonders bei Gartenbesitzern unbeliebt macht. Sie ist in der gesamten Region anzutreffen und besiedelt gegenwärtig zunehmend gewässerferne Offenlandschaften. Lediglich aus den Lagen des Flämings mit den sandigsten Böden fehlen ähnlich wie beim Maulwurf Nachweise.

Die Schermaus wird von Eulenarten, aber auch von Greifvögeln, insbesondere vom Mäuse- und Raufußbussard erbeutet. Am 1. September 2016 gelang der Nachweis, dass auch die aus Südosteuropa mitunter in die Region einfliegenden Rotfußfalken (*Falco vespertinus*) diese Wühlmausart erbeuten, obwohl diese fast so schwer wie die Falken sind (M. JORDAN). Sie wird auch von Raubsäugern, besonders dem Rotfuchs gefangen.

Die Schermaus genießt keinen gesetzlichen Schutz und gilt als ungefährdet.

33. Erdmaus - *Microtus agrestis* (Linnaeus, 1761)

Die Erdmaus besitzt eine Körperlänge von 9 − 13 cm. Der Schwanz entspricht mit 2,6 − 4,5 cm etwa 30 − 35 % der Körperlänge. Ihr langes, rau wirkendes Rückenfell ist meist dunkelgrau bis dunkelgraubraun gefärbt und wird bauchseitig hellgrau. Die Ohren werden weitgehend vom Fell verdeckt.

Die Art kommt in weiten Teilen Europas und Asiens vor. Das europäische Verbreitungsgebiet erstreckt sich weit in den Norden bis in die Finnmark und reicht im Süden bis zu den Südausläufern der Pyrenäen sowie den Nordalpen. Ganz Deutschland gehört zum geschlossenen Verbreitungsgebiet dieser Art, so auch ganz Ostdeutschland (STUBBE & STUBBE 1994). Die Bevorzugung von nassen und kühlen Lebensräume mit gut ausgebildeten Kraut- und Strauchschichten, wie ungemähte, bodenfeuchte Wiesen, Moorflächen, Auwälder und Grabenränder, hängt vom hohen Wasserbedarf ihres Körpers ab. Bei 25° C benötigt sie fast doppelt so viel Wasser wie die Feldmaus. Deshalb meidet sie trockene Standorte. Erd- und Feldmäuse können in unmittelbarer Nachbarschaft leben, wobei die Erdmaus-Standorte sich durch hohe Grasbestände auszeichnen, während die Feldmaus Bereiche mit niedriger Vegetation besiedelt.

In der Wittenberger Region ist die Erdmaus eine in der Offenlandschaft verbreitete und häufige Art. Hier kommt sie in den gleichen Offenlandhabitaten wie die Feldmaus, aber in wesentlich geringerer Anzahl vor. In den untersuchten Eulengewöllen aus der Region kamen nur 258 = 8,5 % Erdmäuse vor. In der Wittenberger Region wird sie besonders auf dem Grünland der Überflutungsauen an Elbe und Schwarzer Elster gefunden. Nachweise aus Schleieulengewöllen in Assau oder Gadegast zeigen, dass die Erdmaus aber auch im Fläming vorkommt. Jedoch kommt sie auch in den Waldungen vor, wo sie an den jungen Eichen und Buchen der Pflanzungen enorme Fraßschäden an der Rinde erzeugt. Am 29. April 2015 fand sich eine melanistische (völlig schwarze) Erdmaus am Fuße einer Windenergieanlage in der Ackeraue bei Kemberg.

DÖHLE & STUBBE (1979) haben biometrische Maße von 30 Erdmäusen in der Dübener Heide bei Söllichau ermittelt (Durchschnittswerte):

Masse	32,57	g
Kopf-Rumpf-Länge	111,39	mm
Schwanzlänge	33,59	mm
Hinterfußlänge	17,43	mm
Ohrlänge	13,05	mm

Sie ist ein Beutetier der vorkommenden Eulenarten, aber auch der Greifvögel, insbesondere des Mäuse- und Raufußbussards sowie des Turmfalken. Daneben wird sie auch von einigen Raubsäugern gefangen. Hier ist neben den beiden Wieselarten besonders der Rotfuchs der Hauptprädator.

Die Erdmaus ist keine gesetzlich geschützte Tierart und ist auch nicht gefährdet.

34. Feldmaus - *Microtus arvalis* (Pallas, 1778)

Die Feldmaus hat eine Körperlänge von 8 – 12 cm. Ihr Fell ist relativ kurz und glatt anliegend. Die Rückenfärbung variiert von grau, graubraun bis gelbbraun und geht fließend zum weißgrauen bis gelbgrauen Bauch über. Sie ähnelt der Erdmaus, ist aber etwas kleiner und hat ein glatteres Fell, das mehr gelblichgrau getönt ist, gegenüber dem dunkelgrauen Fell der Erdmaus. Eine sichere Unterscheidung beider Arten ist nach Zahn- und Schädelmerkmalen möglich.

Die Verbreitung der Feldmaus in Europa erstreckt sich, abgesehen von den isolierten Vorkommen auf den Orkney-Inseln und in Spanien, durchgängig von der Westküste Frankreichs über Mitteleuropa bis nach Nordwest-Russland und zur Ukraine. Sie kommt wie in ganz Deutschland auch in den ostdeutschen Bundesländern flächendeckend vor (STUBBE & STUBBE 1994).

Die Feldmaus besiedelt bevorzugt Flächen mit tiefgründigen Böden, niedrigen Gräsern und tief liegendem Grundwasserstand. Sie ist auf landwirtschaftlichen Flächen häufig anzutreffen. Für eine dauerhafte Besiedlung sind die Lebensbedingungen und die vorhandene Strukturvielfalt entscheidend. Grasige Feldraine, Böschungen, Brachflächen, Heckenstreifen und bewachsene Feldwege sind bedeutende Ausbreitungskorridore zwischen den landwirtschaftlich genutzten Feldern und zudem entscheidende Rückzugsräume. Moore, Sümpfe, Wälder und Wiesen mit Hochgras meidet sie gänzlich. Diese Habitatansprüche unterscheiden die Feldmaus von der Erdmaus. In strukturreichen Gebieten können dennoch beide Arten häufig in unmittelbarer Nachbarschaft beobachtet werden. Bezeichnend für das Vorkommen der Feldmaus sind ihre zyklischen Bestandsschwankungen, die belegen, dass die Art „freie Umweltkapazitäten jeweils rasch und zeitweise sogar weitgehend vollständig [nutzen kann], so daß dichteabhängige Selbstregulationsprinzipien erforderlich sind" (GÖRNER & KNEIS 1981). In Auswertung der vom damaligen Pflanzenschutzdienst erhobenen Feldmaus-Dichtewerte weisen sie für den 30-jährigen Zeitraum von 1950-1979 für die Jahre 1961 (2. Halbjahr), 1966 (2. Halbjahr), 1974 (2. Halbjahr) und 1978 sehr hohe und für die Jahre 1951 (2. Halbjahr), 1955, 1956, 1959 (2. Halbjahr), 1966 (1. Halbjahr), 1967, 1971, 1975 und 1979 (1. Halbjahr) hohe Feldmaus-Dichten, also für 5 Halbjahre sehr hohe und für 14 Halbjahre hohe Dichten aus. HEISE & STUBBE (1987) haben mit mathematischen Verfahren im Massenwechsel der Feldmaus im damaligen Bezirk Halle einen zwei- bis vierjährigen Zyklus nachgewiesen, wobei dreijährige Perioden dominierten.

Die Feldmaus ist in der Wittenberger Region eine weit verbreitete Art mit episodisch sehr hohen Vorkommensdichten. Sie ist in den Offenlandschaften aller Landschaftsteile der Region, besonders aber den Grünländern und Feldfluren, als häufigste Wühlmausart weit verbreitet. Von 4562 Beutetieren in Eulengewöllen aus dem Gebiet Jessen waren 3034 = 66,5 % Feldmäuse, ein deutlicher Beweis ihrer Häufigkeit (RASCHIG 1986). Die wahre Größe der Feldmauspopulationen lässt sich nicht erfassen. HINSCHE (1980) hat versucht, über die Anwesenheit der Greifvögel als Hauptprädatoren Näherungsangaben zu errechnen und kommt auf einer 700 ha großen Wiesenfläche bei Bösewig auf einen monatlichen Gesamtverzehr von 21.042 Feldmäusen (sicherlich waren auch Erdmäuse darunter). Für den winterlichen Aufenthalt der Greifvögel (Mäuse- und Raufußbussarde, Turmfalken und Kornweihen) von 45 Tagen errechnete er den Verzehr von 31.563 Mäusen. Funde von Nestern mit noch unbehaarten Jungtieren im Oktober und November zeugen von der großen Reproduktionsfähigkeit dieser Art bis in den Vorwinter. In der Überflutungsaue der Elbe (Grünland) schwankt der Feldmausbestand zusätzlich zu den zyklischen Dichteperioden zwischen den Jahren sehr beträchtlich: In Hochwasserjahren kommt es immer wieder zum Zusammenbruch der Feldmauspopulation, die sich in den Folgejahren stets wieder aufbaut. Bei Hochwassersituationen versuchen die Feldmäuse sich auf Treibgut oder auf Bäumen zu retten. Dann hocken oftmals bis zu 100 Mäuse dicht beieinander auf niedrigen Ästen oder in Baumhöhlungen. In derartigen Stresssituationen kommt es zu Kannibalismus unter diesen Pflanzenfressern, wie es U. ZUPPKE am 11. August 1978 im NSG Alte Elbe Bösewig beobachten konnte. Aber auch auf den landwirtschaftlich genutzten Feldern ist die Feldmaus bei zusagenden Lebensbedingungen eine häufige Art, so dass in manchen Jahren die Landwirte größere Schäden, besonders im Getreide, beklagen und Bekämpfungsmaßnahmen fordern. Aber auch die Waldgebiete des Flämings und der Dübener Heide werden besiedelt. Bei Nahrungsanalysen in Fuchslosungen aus der waldreichen Dübener Heide war die Feldmaus das am häufigsten auftretende Nahrungsobjekt des Rotfuchses (MEIßNER 2008). Hier lebt diese Art auf Lichtungen und Waldwiesen, überwiegend aber auf eingeschlossenen Ackerschlägen. Fallennachweise im Gebiet Golpa-Nord zeigen, dass auch die Bergbaufolgelandschaften von der Feldmaus wieder besiedelt werden. 2014 wurden besonders im Gebiet um Zahna und Cobbelsdorf, also in Flämingwäldern, enorme Fraßschäden an jungen Laubbäumen festgestellt.

Feldmäuse sind beliebte Beutetiere für Eulen- und Greifvogelarten, Störche, Reiher, Krähenvögel sowie Raubsäuger (Rotfuchs, Mauswiesel, Hermelin, Steinmarder) und Hauskatzen. Besonders in den Winterhalbjahren finden sich auch vom Raubwürger (*Lanius excubitor*) auf Dornensträuchern aufgespießte Feldmäuse als seine Beute. Nicht nur das Tiefpflügen, sondern auch andere Feldarbeiten, insbesondere aber die Getreide-

oder Grünlandmahd bringt die Feldmäuse an die Erdoberfläche, wo sie von den angeführten Prädatoren, die sich bei derartigen Feldarbeiten sofort in größerer Anzahl einfinden, aufgelesen und verzehrt werden. Sie haben daher im Freiland nur eine geringe Lebenserwartung. Hochwasser in den Überflutungsauen dezimiert die Bestände gravierend. Bei großen Mäuse-Kalamitäten setzt das Land Sachsen-Anhalt auf Antrag das per EU-Beschluss verordnete Verbot des Einsatzes von Chlorphacinon-Mäuseködern zeitlich befristet aus. Derartige Bekämpfungsaktionen, wie vom Land Sachsen-Anhalt, zwar nur befristet, 2013 genehmigt (MZ 2013a), vernichten die Mäusebestände großflächig.

Die Feldmaus ist keine geschützte Tierart und gilt auch nicht als gefährdet.

35. Rötelmaus - *Clethrionomys glareolus* (Schreber, 1780)

Die Rötelmaus, die zeitweilig auch *Myodes glareolus* hieß, hat eine Körperlänge von 6,9 – 11,5 cm. Die Schwanzlänge misst die Hälfte der Körperlänge und ist deutlich zweifarbig. Das Rückenfell ist rötlich gefärbt: von rötlichgelb bis dunkelrotbraun. Der Bauch ist hellgrau gefärbt. Ihre Ohren sind besser als bei anderen heimischen Wühlmäusen sichtbar. Obwohl die Rötelmaus eine Wühlmaus ist, legt sie ihre Nester nicht immer unter der Erde an, sondern auch gut versteckt über dem Boden. Zudem ist sie eine gute Kletterin und kann auf diese Weise auch größere Distanzen zurücklegen.

Die Rötelmaus besiedelt weite Gebiete zwischen der europäischen Atlantikküste und dem Baikalsee. Sie ist in ganz Deutschland anzutreffen. Auch in den ostdeutschen Bundesländern fehlt sie nirgends (STUBBE & STUBBE 1994). In Europa können häufig Populationsschwankungen beobachtet werden, wobei mildes Wetter und Mastjahre zur Wintervermehrung führen und die Individuendichte erhöhen. Sie bewohnt bevorzugt Laub- und Mischwälder mit gut entwickelter Kraut- und Strauchschicht. Auch Waldränder und Lichtungen, welche durch dichte, niedrige und geschlossene Vegetation oder hohes Gras gekennzeichnet sind, werden besiedelt. In offenen Gebieten werden Heckenstrukturen aufgesucht, welche bei waldfreien Flächen einen bedeutenden Ersatzlebensraum darstellen. Landwirtschaftlich intensiv genutzte und strukturarme Feldregionen besiedelt sie nicht oder nur in sehr geringen Dichten.

Die Rötelmaus ist in der Wittenberger Region eine verbreitete und häufige Tierart. Nachweise in Eulengewöllen und in Bodenfallen aus allen Teilen der Region zeigen, dass die Rötelmaus hier ziemlich häufig in den Waldungen sowohl des Flämings als auch der Dübener Heide ebenso wie in den Auwäldern vorkommt. In der Dübener Heide konnte sie in elf Fuchslosungsproben als wohl regelmäßiges Beutetier des Rotfuchses nachgewiesen werden (MEIßNER 2008) und somit auch als in diesem Landschaftsteil regelmäßig vorkommend. Auch isolierte Feldgehölze oder Kieferndünen (z. B. Kannabude bei Melzwig) werden bewohnt. Bodenfallen-Beifänge bei Gorsdorf und Hemsendorf belegen, dass die Rötelmaus auch in der unmittelbaren Überflutungsaue vorkommt, allerdings müssen Gebüsche und Hochstauden vorhanden sein. Inzwischen wurde sie auch in der gehölzarmen Ackeraue, z. B. bei Kemberg und Rackith, sowie von EBERSBACH et al. (1999) bei Klieken, Eutzsch, Sachau, Rettig und Labrun, nachgewiesen, wo sie Randstreifen an Wegen oder Gräben bewohnt.

DÖHLE & STUBBE (1979) haben biometrische Maße von 35 Rötelmäusen in der Dübener Heide bei Söllichau und von 59 am Forsthaus Jösigk ermittelt (Durchschnittswerte):

	Söllichau		Jösigk	
Masse	24,10	g	23,39	g
Kopf-Rumpf-Länge	101,97	mm	98,84	mm
Schwanzlänge	44,46	mm	43,76	mm
Hinterfußlänge	17,17	mm	17,03	mm
Ohrlänge	12,87	mm	13,19	mm

Die Rötelmaus ist nicht gefährdet und genießt keinen Schutzstatus.

36. Bisam - *Ondatra zibethicus* (Linnaeus, 1766)

Der geläufigere Name „Bisamratte" ist irreführend, da der Bisam nicht wie die Ratten zu den Echten Mäusen gehört, sondern einer eigenen Gattung angehört. Der Bisam ist mit einer Körperlänge von 30 − 36 cm die größte Wühlmausart. Der nackt erscheinende 20 − 28 cm lange Schwanz ist seitlich abgeflacht. Der Bisam besitzt ein dichtes braunschwarzes bis kastanienbraunes, zum Teil mit rostrotem Anflug erscheinendes Fell. Die Rückenmitte ist dunkler gefärbt als die Flanken und der Bauch ist braun- bis weißgrau. Mit seinem dichten Fell, das früher zur Pelzgewinnung genutzt wurde, ist er hervorragend an ein Wasserleben angepasst, ebenso durch kleine Ohren, die beim Schwimmen wie die Nase verschlossen werden können. Beim Schwimmen ist der ganze Rücken sichtbar (beim Biber nur Kopf und Nacken!).

Der Bisam ist in Nordamerika beheimatet. In Europa wurden im Jahr 1905 zwei ♂♂ und drei ♀♀ zur Pelzgewinnung eingeführt und südwestlich von Prag ausgesetzt. Von diesem Bestand wurde ganz Europa innerhalb von nur 50 Jahren erfolgreich besiedelt. Die mittlere Elbe wurde nach HOFFMANN (1958) in den 1920er Jahren erreicht und

„als stark benutzte Einwanderungsstraße" genutzt. Der Bisam kommt inzwischen in Mittel- und Westeuropa sowie im Nordosten des Kontinents, mit Ausnahmen von Teilen Skandinaviens, vor, so auch flächendeckend im gesamten östlichen Deutschland (STUBBE & STUBBE 1994). Die Art ist an Wasserflächen mit erdigen Ufern gebunden, wo er seine Bauten anlegt und auch gute Deckung bzw. Nahrung findet. Er bevorzugt stehende bis mäßig schnell fließende Gewässer. Daneben gelten als typische Lebensräume nährstoffreiche Teiche, Flussauen, Kanäle und Verlandungszonen. Inzwischen wird der Bisam wegen seiner die Ufer zerwühlenden Tätigkeit als lästiges Faunenelement angesehen und verfolgt.

1924 erfolgte die erste Erlegung eines Bisams in der Wittenberger Region bei Nudersdorf (HOFFMANN 1958). 1925 erfolgte dann die Beobachtung eines Tieres in Seegrehna und 1926 die Erlegung eines Tieres in der „Alten Elbe bei Wartenburg". 1929 erfolgten dann Meldungen aus Coswig und Vockerode. Gegenwärtig kommt der Bisam an den Gewässern der Wittenberger Region weit verbreitet vor und ist nicht nur in der gewässerreichen Elbaue anzutreffen, sondern vereinzelt auch an Kleingewässern und Gräben des Flämings oder an den Bächen und Mühlteichen in der Dübener Heide. Im Dezember 1963 wurde ein Bisam im Abwasser des Schweinestalls in Melzwig bemerkt. In der Überflutungsaue retten sich die Bisams in Hochwassersituationen schwimmend auf die Deiche. Auch an den großen Tagebauseen, wie dem Bergwitzsee, kommen Bisams vor, so dass sie für die Gesamtregion als regelmäßig vorkommende Art betrachtet werden kann.

Die typische Anlage von Burgen aus Pflanzenmaterial wurde erstmalig 1925 bei Seegrehna erwähnt. Sie kann aber nicht in jedem Jahr festgestellt werden, so z. B. an der Alten Elbe Melzwig 1975 und dann erst 1991 wieder, dann waren es jedoch gleich 30 Burgen. 1977 befanden sich an einem temporären Gewässer nahe dem Durchstich bei Pratau 13 Bisamburgen! 1987 befand sich eine Bisamburg im Staugewässer oberhalb eines Biberdammes am Grieboer Bach bei Möllensdorf. Mehrfach wurden Bisams auch an Biberburgen angetroffen, die wohl mitunter gemeinsam bewohnt werden, wie 1973 am Flutgraben bei Rötzsch oder 1978 bis 1982 am Zahnabach bei Zahna. 1984 wurde ein Bisam im Biberbau am Zehn-Ruten-Kolk bei Dabrun beim Biberfang mit gefangen. In der Elbaue tritt der Bisam als ein starker Prädator der Teichmuschel (*Anodonta anatina, A. cygnea*) auf, wie es HOCHWALD (1990) beschrieben hat und durch große Ansammlungen von leeren Muschelschalen vor den Bisamröhren bezeugt wird. Zum Jahreswechsel 2005/2006 führte starke wühlende Tätigkeit der Bisams am Fliethbach bei Kemberg zur massiven Forderung nach seiner Reduzierung.

In früheren Jahren wurde der Bisam von staatlich angestellten Bisamfängern mit Fallen gefangen, so z. B. 160 Tiere allein im Jahr 1980 von O. KÖRNER (†). HOFFMANN (1958) führt in seiner Übersicht für Sachsen-Anhalt für den Kreis Wittenberg in der Zeit von 1924 bis 1952 insgesamt 8.643 gefangene Bisams an (= 11 % des Landes). Dieser Fang ist heutzutage infolge der geringen Vorkommensdichte nicht mehr erforderlich. Besonders in der Elbaue werden heutzutage Bisams oftmals Opfer des Straßenverkehrs. Der Bestandsrückgang wird auch auf die Zunahme des Minks (*Neovison vison*) als Prädator zurückgeführt.

Der Bisam genießt als Neozoon keinen Schutzstatus und wird auch nicht in den Roten Listen geführt. Trotz erkennbarer Bestandsschwankungen ist der Bisam wohl nicht gefährdet.

37. Feldhamster - *Cricetus cricetus* (Linnaeus, 1758)

Der „bunt wirkende" Feldhamster besitzt eine Körperlänge von bis zu 30 cm. Der Schwanz ist sehr kurz und die nackten Ohren sind gut sichtbar. Das Rückenfell ist gelblichbraun bis mittelbraun oder rötlichbraun. Sein Bauch ist schwarz und die Füße sind an den Oberseiten weiß. Bei aus Haltungen entwichenen Goldhamstern fehlt die schwarze Bauchfärbung, auch sind sie kleiner als der Feldhamster.

Der Hamster bevorzugt Waldsteppen, so dass der Schwerpunkt seiner Verbreitung in Osteuropa und in den Steppen Zentralasiens liegt. In Deutschland ist er auf Grund seiner Habitatansprüche nur inselartig beheimatet. In diesem, für ihn klimatisch ungünstigen, Lebensraum ist es ihm dennoch gelungen, Flächen der offenen Kulturlandschaft als Ersatzlebensraum zu nutzen. Er hat in den letzten 50 Jahren eine starke Bestandsabnahme erfahren. Bereits 1978 wies PIECHOCKI auf den dramatischen Rückgang „von 1½ Millionen auf weniger als 100.000 gefangene Hamster „auf den Fluren der Bezirke Halle und Magdeburg" hin. STUBBE & STUBBE (1994) wiesen ihn noch auf 26 % der ostdeutschen Raster nach, inzwischen dürfte diese Zahl weiter gesunken sein.

Der Feldhamster war einstmals auch im Gebiet Wittenberg verbreitet. SELUGA (1998) führt an, dass „in den 50er Jahren noch in geringer Anzahl" Hamsterfelle auch aus dem Kreis Wittenberg zur Ablieferung kamen, danach nicht mehr. Die von WENDT (1983) verglichenen Verbreitungskarten des Hamsters im Gebiet der damaligen DDR zeigen für 1936 ein großes geschlossenes Vorkommensgebiet von der Altmark bis nach Sachsen, in dem die Region um Wittenberg völlig eingeschlossen ist. Für 1960 ist dieses Gebiet stark geschrumpft und im Bereich von Wittenberg in kleinere Verbreitungsinseln aufgesplittert. Danach wurden keine Bestandsaufnahmen mehr durchgeführt. Das Fellaufkommen zeigt aber seitdem eine drastische Bestandsabnahme des Hamsters an. SELUGA & STUBBE (1997) führen an: „Die rechtselbischen Gebiete Sachsen-Anhalts um Dessau, Roßlau, Zerbst und Wittenberg sind offenbar nicht mehr besiedelt, über lokale Restbestände ist gegenwärtig nichts bekannt". Über das Verschwinden des einstmals auch im Gebiet Wittenberg verbreiteten Hamsters gibt es keine gesicherten Angaben. Im August 1949 wurde der Hamster noch bei Plossig in der ostelbischen Ackeraue festgestellt (SIMON mdl.). Ein undatierter Totfund aus den 1980er-Jahren bei Rackith in der Elbaue ist der letzte Hinweis auf das Vorkommen dieser Art. Später folgten lediglich Hinweise von Anwohnern, wonach auch eine Katze mit einem toten Hamster gesehen worden sein soll. Ende April 2002 wurden auf einem Feld am nördlichen Stadtrand von Wittenberg zwei bis drei frisch geöffnete Röhren gefunden, die vom Hamster stammten. Leider wurde das Feld mit intensiv bearbeitetem Gemüse bestellt, so dass in den Folgejahren keine Nachweise mehr erfolgten. Eine Meldung aus Gadegast im Südlichen Fläming-Hügelland bei Jessen im Jahr 2010 konnte bei der Nachsuche nicht bestätigt werden. Somit ist wohl davon auszugehen, dass der Feldhamster aus der Region um Wittenberg verschwunden ist.

Der Feldhamster war nicht immer ein gern gesehener Bewohner der Feldfluren. Er galt lange Zeit als landwirtschaftlicher Schädling und wurde großflächig bekämpft. Zudem wurde sein buntes, qualitativ hochwertiges Fell als Innenfutter für Mäntel und Jacken verarbeitet. Veränderungen der landwirtschaftlichen Nutzung seiner Lebensräume mit immer früheren Erntezeitpunkten, großflächiger Einsatz von Herbiziden und zunehmend schwereren Landmaschinen sowie gewerblicher Fang setzten dem Feldhamster in der zurück liegenden Zeit stark zu. Als Ursachen für den drastischen Rückgang des Hamsterbestandes gelten heute die Intensivierung der Landwirtschaft mit dem tiefen Pflügen, der Bodenverdichtung durch schwere Maschinen, dem monotonen Anbau weniger Feldfrüchte, dem frühen Ernten, der Zusammenlegung von Kleinflächen und dem Einsatz von Pestiziden. Daneben spielen der Lebensraumverlust sowie der Straßenverkehr eine direkte Rolle. Entgegen dieser etablierten Meinung ermittelte MONECKE (2015) eine dramatisch gesunkene Reproduktivität aus bisher noch unbekannten Ursachen seit Mitte der 1950er-Jahre. So sank im gesamten Verbreitungsgebiet des Hamsters die durchschnittliche Wurfgröße von 10,2 Jungen im Jahr 1925 auf 5,8 im Jahr 1996 bei gleichzeitiger Abnahme der Anzahl der Würfe von 2,5 auf 1,6. Damit halten sich Reproduktivität und Mortalität nicht mehr die Waage und der Bestand nimmt unweigerlich (trotz Schutzmaßnahmen) ab. Intensive und sofortige Forschungsarbeit ist hier vonnöten.

Darüber hinaus ist er das Beutetier vieler Prädatoren unter den Greifvögeln und Raubsäugern.

Heute ist der Feldhamster eine streng geschützte Art, die auch durch den Anhang IV der FFH-Richtlinie innerhalb der EU Schutz genießt.

38. Gelbhalsmaus - *Apodemus flavicollis* (Melchior, 1834)

Namensgebend für die Gelbhalsmaus ist die Ausprägung einer ockergelben Fellzeichnung, die meist (aber nicht immer!) als Kehlband auftritt und zum Bauch hin verlängert sein kann. Sie hat eine Körperlänge von 8 − 12 cm und einen langen Schwanz, der bis zu 130 % der Körperlänge entsprechen kann. Das Rückenfell variiert in der Färbung von rotbraun, gelblichbraun bis tiefbraun und der Bauch ist rein weiß mit einer deutlichen Trennung an den Flanken. Die Gelbhalsmaus besitzt auffallend große Ohren.

Die Gelbhalsmaus ist in Ost- und Mitteleuropa flächendeckend verbreitet. STUBBE & STUBBE (1994) führen ihre Verbreitung, wie auch die der beiden folgenden *Apodemus*-Arten, für ganz Ostdeutschland an. Sie bewohnt vorwiegend Wälder mit einer deckungsreichen Baumschicht, einer hohen Anzahl an früchtetragenden Bäumen, wenig Laubstreuauflage und einer gering entwickelten Krautschicht. Als sehr gute Kletterin bewohnt sie auch die höheren Schichten des Waldes. Baumhöhlen dienen ihr zur Nestanlage und als Vorratslager, weshalb zahlreiche Nachweise auch aus Nistkästen stammen.

Die Gelbhalsmaus ist eine verbreitete und häufige Tiertart der Wittenberger Region. Sie kommt in allen Landschaftsteilen der Region vor. ERFURT & STUBBE (1986) wiesen sie in Eulengewöllen auf 11 MTB-Q der Wittenberger Region nach. In der Stadt Wittenberg erreicht sie auch die Gärten der Randgebiete und die Parks. In den Schleiereulengewöllen im Jessener Gebiet (RASCHIG 1986) ist sie mit 2 % vertreten. Von ihr favorisierte Lebensräume sind fruchttragende Baumbestände. Nach HAFERKORN (2001) kommt sie „vermutlich in jedem geschlossenen Waldbestand im Landschaftsraum Elbe vor". Insbesondere Auwälder erfüllen die Lebensraumansprüche der Gelbhalsmaus. Die hier vorkommenden Hochwasserereignisse soll sie von allen Waldkleinsäugerarten am besten überstehen, da sie auf Gehölzen überleben kann. Demgegenüber stammt aber die überwiegende Anzahl der Gelbhalsmaus-Nachweise in der Wittenberger Region aus den Offenlandschaften der Elbe- und Elsteraue, wo sie in schmalen Gehölzstreifen der Ackeraue nachgewiesen wurde, wie es auch DRIECHCIARZ (2015) aus der Colbitz-Letzlinger Heide bestätigt.

Die Gelbhalsmaus ist eine nach Bundesnaturschutzgesetz besonders geschützte Säugetierart und steht im Anhang 1 der Bundesartenschutz-Verordnung. Ihr Bestand ist aber nicht gefährdet.

39. Waldmaus - *Apodemus sylvaticus* (Linnaeus, 1758)

Entgegen ihres Namens ist die Waldmaus keine reine Waldart. Auf Grund ihrer hohen Anpassungsfähigkeit gilt sie als Pionierart. So zählt sie zu den ersten Einwanderern auf Waldsukzessionsflächen. Ihre Körperlänge beträgt 7 – 11 cm und der Schwanz erreicht etwa 85 – 95 % der Körperlänge. Das Rückenfell variiert von hell-graubraun bis dunkelbraun. Der Bauch ist weiß-grau, nicht reinweiß, gefärbt. Die Brust kann einen gelben, ovalen Kehlfleck aufweisen, der jedoch niemals ein geschlossenes Band ist.

Die Waldmaus besiedelt fast ganz Europa, Vorder- und Mittelasien und Nordafrika. In Deutschland ist sie im Nordosten wesentlich seltener als die Gelbhalsmaus und etwa ab der Mitte Deutschlands bis Süddeutschland gehört sie zu den sehr häufigen Arten. In der agrarisch geprägten Kulturlandschaft besiedelt sie bevorzugt Saumbiotope, wie Waldränder, Hecken, Feldraine, Grabenböschungen und Brachflächen. Oft sucht sie zum Überwintern auch menschliche Behausungen auf. Geschlossene Waldflächen besiedelt sie meist nur, wenn die dominante Gelbhalsmaus fehlt oder in einer geringen Populationsdichte auftritt.

Ebenso wie die Gelbhalsmaus ist die Waldmaus in der Wittenberger Region weit verbreitet und häufig. Sie wird oftmals in Bodenfallen oder den Fangeimern der Amphibienschutzanlagen mit gefangen. Sie wurde im Fläming, in der Elbaue, der Dübener Heide, dem Fläming-Hügelland und der Elsteraue nachgewiesen, so dass sie wohl alle Landschaftsteile der Wittenberger Region besiedelt. Etliche Nachweise gelangen in der Ackeraue der Elbe und Schwarzen Elster, da sie nach DRIECHCIARZ (2015) "als einzige Art der Langschwanzmäuse imstande (ist), sich in der Agrarsteppe dauerhaft (zu) etablieren". In Eulengewöllen ließ sie sich auf 17 MTB-Q der Wittenberger Region nachweisen (ERFURT & STUBBE 1986). Auch EBERSBACH et al. (1999) wiesen sie an vielen Stellen der Elbe- und Elsteraue nach. Das Überleben in der überflutungsbeeinflussten Hartholzaue ist für diese klettergewandte Art durch das Vorhandensein der vielen vertikalen Strukturen kein Problem. HAFERKORN & STUBBE (1994) fanden heraus, dass die Kleinsäugergemeinschaften im Auwald durch Überschwemmungen nur kurzfristig beeinflusst werden, langfristig verschiebt sich das Arten- und Dominanzspektrum mit der Änderung der Waldstruktur und der Verfügbarkeit der pflanzlichen Bodenpflanzenmasse. In der Wittenberger Region fehlen, wie bei fast allen Kleinsäugern, Nachweise aus der militärisch genutzten Annaburger Heide, die bisher nicht betreten werden durfte und daher keine gezielten Erfassungen durchgeführt werden konnten. In den untersuchten Eulengewöllen aus dem Jessener Gebiet (RASCHIG 1986) war die Waldmaus mit 3,5 % zahlenmäßig stärker vertreten als die Gelbhalsmaus.

DÖHLE & STUBBE (1979) haben biometrische Maße von 37 Waldmäusen in der Dübener Heide am Forsthaus Jösigk ermittelt (Durchschnittswerte):

Masse	21,32	g
Kopf-Rumpf-Länge	90,19	mm
Schwanzlänge	80,71	mm
Hinterfußlänge	20,66	mm
Ohrlänge	16,18	mm

Die Waldmaus ist eine nach Bundesnaturschutzgesetz besonders geschützte Säugetierart und steht im Anhang 1 der Bundesartenschutz-Verordnung.

40. Brandmaus - *Apodemus agrarius* (Pallas, 1771)

Die Brandmaus hat eine Körperlänge von 7 – 11 cm. Die Schwanzlänge beträgt 60 – 80 % der Körperlänge. Die Farbe des Rückenfells variiert von rotbraun über hellbraun bis dunkelgraubraun. Auffällig ist der 2 – 3 mm breite schwarze Strich, der am Kopf beginnt und bis zur Schwanzwurzel reicht. Der Bauch und die Oberseite der Füße sind grauweiß.

Brandmäuse sind wahrscheinlich erst vor etwa 10.000 Jahren aus dem Osten kommend nach Mitteleuropa eingewandert (GRIMMBERGER 2014). Ihr aktuelles Verbreitungsareal erstreckt sich von der Osthälfte Europas bis nach Zentralsibirien sowie über Teile Ostasiens. Sie erreicht in Deutschland ihre westliche Verbreitungsgrenze und kommt besonders in Nord- und Ostdeutschland vor. Sie ist in der Lage, sehr unterschiedliche Lebensräume zu besiedeln. So bevorzugt sie feuchte Lebensräume, besonders in Flussauen und in Teichgebieten. Aber auch auf landwirtschaftlich genutzten Flächen, in Feldgehölzen und Hecken oder Obstplantagen wird sie angetroffen. Nicht selten werden auch Ortschaften, Gärten, Parks und Friedhöfe besiedelt.

Die Verteilung der Nachweise der Brandmaus deutet auf eine weite Verbreitung in der Wittenberger Region, wohingegen die Anzahl der Nachweise keine Rückschlüsse auf ihre Häufigkeit erlaubt. In Schleiereulengewöllen fanden sich Brandmaus-Nachweise auf 15 MTB-Q der Region (ERFURT & STUBBE 1986), so dass eine großflächige Verbreitung angenommen werden kann. In der Wittenberger Region konzentrieren sich die Nachweise auf die Feldfluren der Elbe- und Elsteraue. Viele Nachweise der Brandmaus stammen aus den Randgebieten von Wittenberg, einschließlich der Parks und Friedhöfe, ebenso in den städtischen Bereichen von Jessen und Prettin (RASCHIG 1986). Hier kommt sie bis in die Gärten, wo sie auch in den Komposthaufen reichlich Nahrung findet. Aber auch in den freien Feldfluren kommt sie vor, wo sie besonders in Randstrukturen gefangen wurde, als Beweis ihrer hohen ökologischen Anpassungsfähigkeit. Ob sie aber in den Waldungen fehlt, kann aus Mangel an Untersuchungen nicht belegt werden. Nur je ein Nachweis stammt aus Waldgebieten im Fläming (bei Grabo) und der Dübener Heide (bei Kleinkorgau). In den 1960-er und 1970-er Jahren, als oftmals noch Getreide oder Stroh in Feldscheunen gelagert wurde, waren dort im Herbst und Winter regelmäßig größere Anzahlen zu beobachten.

Die Brandmaus ist eine nach dem Bundesnaturschutzgesetz besonders geschützte Säugetierart und steht im Anhang 1 der Bundesartenschutz-Verordnung.

41. Zwergmaus - *Micromys minutus* (Pallas, 1771)

Die Zwergmaus ist das kleinste Nagetier Europas. Ihre Körperlänge beträgt 5 − 8 cm. Der Schwanz ist meist kleiner als die Körperlänge. Er ist gleichmäßig kurz behaart und wird als Greifschwanz genutzt, der sich um Halme und Äste schlingen kann. Im Sommer ist der Rücken gleichmäßig ockerfarben und der Bauch weiß. Im Winter wird das Fell vom Kopf bis Mittelrücken graubraun und vom Hinterrücken auffällig rotbraun bis rostbraun, der Bauch weißgrau. Die Zwergmaus lebt über dem Boden innerhalb der Vegetation. Da ihre Lebensräume häufig überflutet werden, muss sie mitunter weitere Strecken schwimmend zurücklegen. Dazu bewegt sie ausschließlich ihre Hinterfüße, während sie ihre Vorderfüße eng an den Hals anlegt und mithilfe einer Hautklappe ihre Ohren verschließt. Allerdings kann sie weder tauchen noch ihren Schwanz beim Schwimmen nutzen.

Ihr großes Verbreitungsareal erstreckt sich von Nordspanien und Südengland im Westen über Mittel- und Osteuropa bis zu den japanischen Inseln im Osten. In geeigneten Habitaten ist sie in ganz Deutschland anzutreffen, so wie es auch von STUBBE & STUBBE (1994) mit wenigen Lücken für Ostdeutschland dargelegt wird. Geeignete Lebensräume bilden Flussufer, Hochstaudenfluren, Feuchtwiesen mit Hochgrasbeständen, Au- und Laubbruchwaldbereiche. Wälder mit dichtem Kronenschluss werden auf Grund des fehlenden Bodenbewuchses nicht besiedelt.

In der Wittenberger Region ist die Zwergmaus eine selten nachgewiesene Art. Ihre Nachweise konzentrieren sich in den Auen der Elbe und Schwarzen Elster, während die anderen Bereiche anscheinend in geringerer Dichte besiedelt sind. Als Halmkletterin bewohnt die Zwergmaus in der Wittenberger Region überwiegend die Randbereiche von Feuchtgebieten, wo sie an den hohen Stielen der Seggen oder des Rohr-Glanzgrases ihre Nester anlegen kann. U. ZUPPKE registrierte folgende Nestfunde:

24.01.1954: Heinrichswalde bei Seegrehna, Nest in Seggen auf Nasswiese am Crassensee.

09.11.1975: Dabrun-Rötzsch, Nest im Schilfröhricht eines Entwässerungsgrabens in der Feldflur.

19.05.1978: Reinsdorf-Tonmark, Nest im Seggenbestand am Ufer eines Kleingewässers. 20.05.1980: Sichtbeobachtung an gleicher Stelle.

24.10.1987: Durchstich bei Pratau-Kienberge, Nest im schmalen RohrglanzgrasStreifen zwischen Gewässer und Grünland (gleicher Standort wie Totfund 1973).

HENNIG (1994) wies sie im Wittenberger Luch nach. In der Elbaue wurde sie 1973 auch als aufgespießte Raubwürgerbeute nachgewiesen (ZUPPKE 1975). In Schleiereulengewöllen wurde sie in der Ackeraue südlich von Jessen gefunden (RASCHIG 1986) sowie im westlich der Elbe angrenzenden Teil der Elbaue bei Wartenburg-Bleddin-Bösewig-Merschwitz, stets jedoch nur vereinzelt. Aus der Ackeraue südlich von Wittenberg liegt nur je ein Nachweis 1999 und 2007 in Gewöllfunden vom Kirchturm Dorna vor. Lediglich im Gebiet am Crassensee wurden 1995 in Schleiereulengewöllen Reste von zehn Zwergmäusen nachgewiesen, so dass dort ein zahlenmäßig stärkeres Vorkommen vermutet wird. Insgesamt spiegelt sich aber ein nur seltenes Vorkommen dieser Art im untersuchten Gebiet wider. Ein Gewöllnachweis 2004 in Assau und ein Totfund 1985 bei Körbien zeigen, dass auch der Fläming und die Dübener Heide, zumindest vereinzelt, von der Zwergmaus bewohnt werden. Aber auch die Bergbaufolgelandschaften scheinen der Art gute Bedingungen zu bieten, wie es Nachweise am Bergwitzsee und am ehemaligen Tagebau Golpa-Nord bei Gräfenhainichen zeigen.

Die Zwergmaus ist eine nach Bundesnaturschutzgesetz besonders geschützte Säugetierart und steht im Anhang 1 der Bundesartenschutz-Verordnung.

42. Hausmaus - *Mus musculus*

42a. Östliche Hausmaus - *Mus musculus* Linnaeus, 1758
42b. Westliche Hausmaus - *Mus domesticus* Schwarz & Schwarz, 1943

Während NIETHAMMER & KRAPP (1987) die beiden in Deutschland lebenden Formen der Hausmaus noch als Unterarten einstufen, woran sich auch GÖRNER & HACKETHAL (1987) orientieren, werden sie bei GRIMMBERGER (2014) als eigenständige Arten klassifiziert.

Die Körperlänge der Östlichen Hausmaus beträgt 6,0 − 9,3 cm. Der relativ dicke, einfarbige Schwanz entspricht in seiner Länge etwa 85 − 90 % der Körperlänge. Das Rückenfell ist grau bis graubraun und der Bauch weißgrau, der Übergang ist deutlich sichtbar. Oftmals besitzt sie einen blassgelben Kehlfleck oder ein Halsband. Die Körperlänge der Westlichen Hausmaus liegt bei 6,4 − 10,6 cm, ist also geringfügig größer als die Östliche Hausmaus. Der einfarbig graue Schwanz entspricht 100 % der Körperlänge. Das Fell ist graubraun bis „mausgrau" oder schwärzlich und der Bauch wird etwas heller.

Das ausgedehnte Areal der Östlichen Hausmaus reicht von Island, Skandinavien, Zentraleuropa und dem Balkan bis nach Nordchina. In Deutschland konzentriert sich das Vorkommen dieser Art auf die Gebiete östlich der Elbe. Ihr Lebensraum und ihre Lebensweise sind ausschließlich an Häuser gebunden. Dabei kommt sie sowohl im menschlichen Siedlungsraum als auch im angrenzenden Freiland (Gärten) vor. Das ursprüngliche Verbreitungsgebiet der Westlichen Hausmaus liegt im Vorderen Orient, wo sie Steppen und Halbwüsten besiedelt. Im Gefolge des Menschen ist sie inzwischen weltweit verbreitet. In Europa besitzt sie ein weites Verbreitungsgebiet in der atlantisch geprägten Westhälfte und im Mittelmeergebiet. West- und Mitteldeutschland weisen etwa im Osten bis zur Elbe eine einheitliche Besiedlung durch diese Art auf. STUBBE & STUBBE (1994), die den Zeitraum von 1980 bis 1993 darstellen, weisen die Östliche Hausmaus mit Ausnahme vom westlichen Thüringen für ganz Ostdeutschland aus, die Westliche Hausmaus dagegen nicht für den nördlichen und östlichen Bereich. Auf den Rastern der hier betrachteten Region an der Mittelelbe wurden von ihnen beide Arten nachgewiesen.Von beiden Hausmausarten zeigt die Westliche Hausmaus die stärkere Bindung an den Menschen. In Europa ist die Hausmaus nur im klimagünstigen Süden ganzjährig im Freiland zu finden. Ansonsten lebt sie überwiegend in Gebäuden.

Die Hausmaus kommt in der gesamten Wittenberger Region überall und häufig vor, eine differenzierte Betrachtung nach *Mus musculus* und *M. domesticus* ist aber gegenwärtig nicht möglich. Wenn auch die Wittenberger Region in der durch Deutschland entlang der Elbe (südwärts zumindest bis Torgau [DIETZE et al. 2005]) verlaufenden Mischzone liegt, in der sich die Vorkommen der beiden Hausmausarten überschneiden, gibt es keine gesicherten Angaben über das gemeinsame Auftreten beider Spezies im Gebiet, da bisher nie auf die unterschiedlichen Merkmale geachtet wurde. Erst ab 2001 lenkten die Fänge von Hausmäusen mit braunem oder grauem Habitus im nördlichen Randbereich von Wittenberg das Interesse auf diese Problematik. Auch der Fang von Hausmäusen mit körperlangen Schwänzen deutet in diese Richtung. Da jedoch keine morphometrischen und craniometrischen Werte erfasst wurden, kann das Vorkommen von *Mus musculus* bisher nur angenommen werden. DIETZE et al. (2005) ordneten im etwa 40 km entfernten Gniebitz (Sachsen) die von ihnen untersuchten Tiere als Hybride ein, so dass in Bezug auf die Fellfärbung diese Möglichkeit für die Wittenberger Nachweise zumindest auch angenommen werden kann. Die determinierten Schädelfragmente in Schleiereulengewöllen der Wittenberger Region deuten jedoch sämtlich auf die Westliche Hausmaus (det.: M. JENTZSCH, S. HAUER).

Die Hausmausnachweise stammen aus Gebäuden bzw. gebäudenahem Freiland (Gärten). Beutereste in Schleiereulengewöllen aus dem Forsthaus Heinrichswalde zeigen, dass selbst in Waldgebieten isoliert gelegene Einzelgebäude besiedelt werden. Novembernachweise von Jungtieren mit noch geschlossenen Augen belegen eine lang andauernde Reproduktionsperiode im Jahr.

Die Östliche und Westliche Hausmaus sind keine geschützten Säugetierarten. Sie wurden aber in der Roten Liste Sachsen-Anhalts in die Gefährdungskategorie D eingruppiert, da die Datenlage über ihre wirkliche Verbreitung unzureichend ist.

43. Hausratte - *Rattus rattus* (Linnaeus, 1758)

Die Körperlänge der Hausratte beträgt 16 − 23 cm und der etwa 120 % der Körperlänge entsprechende Schwanz ist einfarbig, rund, nackt und besitzt Schuppenringe. Die Fellfarbe ist schwarz bis dunkel-schiefergrau oder graubraun mit hell- bis mittelgrauem Bauch, wobei der schwarze Typ am häufigsten vorkommt. Das dichte Rückenfell wird von langen Grannenhaaren überragt. Augen und Ohren sind groß, die Schnauze läuft nach vorn spitz aus.

Als Kulturfolger ist die Hausratte, welche bereits im 12. Jahrhundert aus dem Orient eingeschleppt wurde, weltweit verbreitet. In Europa haben die Vorkommen oft inselartigen Charakter und konzentrieren sich auf Mittel-, Süd- und Westeuropa während sie als Wärme liebende Art in Nordeuropa nur stellenweise anzutreffen ist. In Deutschland kommt die Hausratte ebenfalls nur inselartig vor, wobei die Kenntnis über ihre Verbreitung darunter leidet, dass bei vielen Meldungen über „Ratten"vorkommen nicht zwischen den beiden möglichen Arten unterschieden wird. Auch STUBBE & STUBBE (1994) zeigen bei dieser Art große Verbreitungslücken auf, wobei die hier betrachtete Region jedoch zumindest teilweise besiedelt ist. Einige Autoren sprechen von „der in Mitteleuropa seltenen bzw. ausgerotteten Art" (ERFURT et al. 1986). Diese Autoren vermuten, dass die Hausratte „in der DDR weit verbreitet" war. Die meisten Nachweise gibt es aus Brandenburg, Sachsen und Sachsen-Anhalt. Sie besiedelt fast ausschließlich Gebäude, in früherer Zeit waren dies Markthallen, Mühlen, Speicher und Stätten der Tierhaltung, wo sie reichlich Nahrung fand. Neuerdings sind dies, besonders in Ostdeutschland, nur noch die großen Anlagen der Tierhaltung. DIETZE & ANSORGE (2009) erwähnen „besonders wenige" Nachweise aus der unmittelbar an die Wittenberger Region angrenzende Düben-Dahlener Heide.

Eine Beurteilung des Status des Hausrattenvorkommens in der Wittenberger Region ist gegenwärtig infolge einer unzulänglichen Datenlage nicht möglich. Obwohl in früheren Jahren Rattenbekämpfungen durch spezielle Betriebe, besonders in den teilweise aus dem Mittelalter stammenden Gebäuden der Innenstadt von Wittenberg und den großen Speichern des Getreidewirtschaftsbetriebes, durchgeführt wurden, konnten keine Unterlagen ausfindig gemacht werden, aus denen möglicherweise Informationen über Arten und Anzahlen der gefangenen Ratten in der Region erhältlich würden. So gibt es nur zufallsbehaftete Beobachtungen und Nachweise aus Eulengewöllen bzw. Totfunde, die bereits von ERFURT et al. (1986) berücksichtigt worden sind. Nach ERFURT & STUBBE (1986) gab es auf 13 MTB-Q der Region Nachweise, so dass der Kreis Wittenberg zum Vorkommensgebiet der Hausratte gehörte. Von den Nachweisen aus Schleiereulengewöllen auf Kirchtürmen liegt die Vermutung nahe, dass sie aus der Umgebung der Kirchen stammen, also aus den Dörfern, wie 1984 vom Kirchturm Dobien. 1981 will P. BRAUN zwei Hausratten auf seinem Grundstück in Wittenberg-Trajuhn gefangen haben. HENNIG (1994) gibt nur „länger zurückliegende Totfunde an der B 187" an. ERFURT et al. (1986) geben fünf Fundstellen (nach eigenen Ermittlungen und Meldungen aus den Bezirks-Hygieneinspektionen) im ehemaligen Kreis Wittenberg und drei Fundstellen im ehemaligen Kreis Gräfenhainichen an, alle in „Tierproduktionsanlagen".

Die Hausratte ist keine geschützte Säugetierart. Sie wurde aber in der Roten Liste Sachsen-Anhalts in die Gefährdungskategorie D eingruppiert, da die Datenlage über ihre gegenwärtige Verbreitung defizitär ist.

44. Wanderratte - *Rattus norvegicus* (Berkenhout, 1769)

Die etwas größere Wanderratte mit einer Körperlänge von 18 – 28 cm hat einen kürzeren nackten, einfarbigen Schwanz, mit Schuppenringen, der nicht die Körperlänge erreicht. Die Fellfärbung ist oberseits grau bis grau- oder rotbraun, unterseits hellgrau bis fast weiß. Die Unterseite ist von der Oberseite abgesetzt, in der Regel jedoch nicht so deutlich, wie von MATERNOWSKI (2016) aus Baden-Württemberg beschrieben. Die Färbung allein reicht nicht als Unterscheidungsmerkmal zur Hausratte. Diese hat einen längeren Schwanz, eine spitzere Schnauze, einen schlankeren Kopf und längere Ohren.

Die Wanderratte stammt ursprünglich aus dem ostasiatischen Raum und wurde erst zu Beginn des 18. Jahrhunderts durch passive Verbreitung z.B. durch Schiff- oder Bahntransporte in Europa dauerhaft heimisch. Dabei wurde sie zum Konkurrenten der Hausratte und verdrängte diese, indem sie sich erfolgreich in beinahe allen Lebensräumen etablierte. Die Wanderratte besiedelt heute annähernd flächendeckend den gesamten Kontinent und kommt flächendeckend auch in Deutschland vor. Sie ist überaus häufig. GRIMMBERGER (2014) schätzt, dass in Deutschland mehr Ratten leben als Menschen. Sie ist nahezu in allen Siedlungsgebieten anzutreffen, wobei sie bevorzugt gewässernahe Lebensräume, meist in unmittelbarer Nähe des Menschen, besiedelt. In Wohnhäusern, Industrieanlagen, Tierhaltungen, Gehöften und selbst in Neubaugebieten nahe den Abfallcontainern etc. bewohnt die Wanderratte besonders die unteren Räume wie Keller, Abwasser- und Kanalisationsanlagen. Aber auch in Zwischenböden und Kohlehaufen, unter Gerümpel, auf Müllabladeplätzen und Abflussgräben, letztlich immer dort, wo ein reichliches Nahrungsangebot besteht, wird sie vorgefunden.

In der Region um Wittenberg ist die Wanderratte weit verbreitet und häufig, auch als sich nach 1990 die Bedingungen für ihr Vorkommen mit der Schließung der vielen ortsnahen und oftmals ungeordneten Deponien reduzierten. Oft wurde sie am Wittenberger Schwanenteich beobachtet, wo sie die Futterplätze der futterzahmen Wasservögel aufsuchte. Auch die offenen Bachläufe in der Lutherstadt boten den Ratten optimalen Lebensraum. In der historischen Innenstadt von Wittenberg werden mehrfach, wie 2007 in einem leer stehenden Haus in der Collegienstraße (MZ 2007), Wanderratten bemerkt. Am 15. Dezember 1963 hockte in der Schlossvorstadt von Wittenberg bei Temperaturen um -15° C eine Wanderratte neben Hauskaninchen im wärmeren Stall.

Oftmals unbemerkt leben sie auch in Gärten, wo sie gern Komposthaufen bewohnen und dort auch Erdbaue anlegen. Feststellungen in der freien Landschaft erfolgten oftmals in Gewässernähe sowohl in der Elbaue als auch im Fläming. Mehrfach wurde sie als Beute der Schleiereule in Gewöllen nachgewiesen, z. B. in Jessen, Hemsendorf und Gerbisbach. Angekröpft gefundene Wanderratten zeugen davon, dass diese Art auch Beute von Greifvögeln, besonders Rotmilanen, wird. Die Knochenreste, Fell, Kiefer und Zähne einer Wanderratte, die in einer Fuchslosungsprobe aus der Dübener Heide nachgewiesen wurden (MEIßNER 2008), zeigen, dass diese Art auch die Ortschaften innerhalb der großen Waldgebiete als Lebensraum erobert hat.

Die Wanderratte ist keine geschützte Säugetierart. Durch ihre Anpassungsfähigkeit und Anspruchslosigkeit sowie Wehrhaftigkeit und Sozialverhalten hat sie bisher alle Verfolgungs- und Bekämpfungsaktionen überstanden und keine Bestandseinbußen erlitten.

45. Nutria - *Myocastor coypus* (Molina, 1782)

Die auch gebräuchlichen Namen „Biberratte" oder „Sumpfbiber" sind falsch, da die Nutria weder mit dem Biber noch mit den Ratten näher verwandt ist. Die Körperlänge der Nutria beträgt 45 − 65 cm. Der 30 − 45 cm lange Schwanz ist einfarbig, rund, dick und nur sehr spärlich behaart. Es gibt eine Vielzahl verschiedener Fellfärbungen von gelb, gelbbraun bis dunkelbraun, silberfarben, weiß und schwarz. Der Bauch erscheint heller als der Rücken. Auffallend sind die deutlich sichtbaren orangefarbenen Nagezähne und die langen hellen Vibrissen (Tasthaare) im Gesicht. Die Zehen der Hinterfüße sind durch Schwimmhäute verbunden, wodurch die Nutria an ein Leben im und am Wasser angepasst ist.

Das Verbreitungsgebiet der Nutria befindet sich in den subtropischen und gemäßigten Regionen Südamerikas, wo sie am häufigsten in Flussdeltas und an großen Seen vorkommt. Die europäischen Vorkommen, die sich von Frankreich im Westen und Italien im Süden partiell bis nach Ost- und Südosteuropa erstrecken, entwickelten sich aus entflohenen und ausgesetzten Farmtieren. In Deutschland sind aus allen Bundesländern zumindest lokale Vorkommen bekannt. HEIDECKE (2009) gibt ein Bild der aktuellen Verbreitungssituation der expandierenden Nutriapopulation in Deutschland, wonach die deutliche Ausbreitung sichtbar wird. Danach kommt sie „in weiten Teilen der nördlichen und mittleren Bundesländer sowie in der Oberrhein-Neckar-Ebene großflächig" vor.

Auf Grund geringer Ansprüche bevorzugt sie keinen bestimmten Gewässertyp. Nach 1990 wurden die meisten Nutriafarmen und privaten Haltungen in Ostdeutschland infolge des Verfalls der Aufkaufpreise für Fleisch und Fell aufgegeben. Tiere aus kleinen Privatanlagen wurden oftmals illegal freigelassen. Die halbzahmen Tiere siedelten meist in der Nähe der jeweiligen Aussetzungsorte, sofern sie ausreichend Pflanzennahrung finden und die Ufer zur Anlage von Bauen geeignet sind. Sie bewohnen aber selbst die verbauten bzw. ausgebauten Gewässer in Ortschaften, wenn sie dort von Anwohnern gefüttert werden. Erst die in der Natur geborenen Nutriagenerationen verwildern und besiedeln dann auch Habitate abseits menschlicher Siedlungen. Harte Winter dezimieren oftmals die entstandenen kleinen Populationen, allerdings scheinen sich die im Freiland geborenen Nutrias zu akklimatisieren.

Das Vorkommen der Nutria in der Wittenberger Region konzentriert sich in den Auen der Elbe und Schwarzen Elster, wo sich kleine lokale Bestände gebildet haben. Wie bereits STUBBE (1978) erwähnt, wird die Nutria als Gefangenschaftsflüchtling vereinzelt an den Gewässern der Elbaue bei Wittenberg angetroffen. Als ersten Nachweis in der Region fing der Bisamfänger ZEISSLER 1988 ein ♀ bei Wartenburg, im nächsten Jahr 1989 gleich 8 ♀♀, darunter 4 mit walnussgroßen bis wurfreifen Embryonen (STUBBE 1992). Bei Kleinzerbst wurden 1990 sieben Nutrias ausgesetzt. 1991/92 gelangen Nutriabeobachtungen am Sarenbruch bei Klieken, in der Alten Elbe bei Klieken, am Abfluss des Parkgewässers Wörlitz, am Großen Streng bei Wartenburg, an der Neugrabenmündung bei Grabo/Elster und in der Landlache bei Schöneicho. Danach gelangen in der Region ständig weitere einzelne Nutria-Nachweise als Totfunde oder Lebendsichtungen. A. WEBER wies 2012 immer noch Nutrias im Wartenburger Bereich (Elbe, Großer Streng) nach. Dies deutet darauf hin, dass sich dort inzwischen bestandsbildende Populationen gebildet haben könnten. Auch an der Schwarzen Elster bei Arnsnesta, am Schweinitzer Fließ bei Zwuschen und am Neugraben bei Grabo wurden Nutrias nachgewiesen, sogar am Mistlingsgraben bei Reicho. Die Beobachtung von gleich 4 Nutrias im Schweinitzer Fließ zwischen Dixförda und Steinsdorf am 29.10.2016 (H. & U.ZUPPKE, B.SIMON) zeigt das dortige Vorkommen eines stärkeren Bestandes an. Auch an der Elbe in den Buhnenfeldern halten sich gegenwärtig Nutrias auf. Der Vergleich der Jagdstrecken dieser jagdbaren Tierart deutet ebenfalls eine deutliche Zunahme des Bestandes an: 2010 − 1; 2011 − 32; 2012 − 19, 2013 − 63 (UNTERE JAGDBEHÖRDE WITTENBERG). Die Beobachtung einer Nutria am 24. Dezember 2009 auf dem Eis der zugefrorenen Wendel bei Wittenberg, einem Altarm der Elbe, zeigt, dass diese aus Südamerika stammenden Tiere auch mitteleuropäische Winter überstehen können.

Die Nutria ist eine jagdbare Tierart und genießt als eingebürgerte fremdländische Art keine Schonzeit.

Oben: Die an Gewässern lebenden Schermäuse wurden früher „Wasserratten" genannt, sind aber nicht mit den Ratten verwandt.

Unten: Ein Rotfußfalke mit erbeuteter Schermaus in der Elbaue bei Bösewig. Der Falke wiegt ca. 230 g, die Schermaus ist mit ca. 200 g fast ebenso schwer (Foto: M. JORDAN).

Oben: Da Rötelmäuse gern feuchte Biotope bewohnen, werden sie oftmals an Amphibien-Schutzzäunen in den Fangeimern mit gefangen (Foto: I. Elz).

Unten: Unter Stressbedingungen, wie hier beim Hochwasser 1978 in Bösewig, bei dem die Tiere dicht gedrängt auf den aus dem Wasser ragenden Bäumen hockten, können Feldmäuse als pflanzenfressende Nagetiere auch kannibalisch werden.

Links oben: Bei schwimmenden Bisams sind im Gegensatz zum Biber der ganze Rücken und der lange Schwanz sichtbar. Rechts oben: Die Burgen aus Pflanzenmaterial, aber ohne Äste, sind gegenwärtig nur selten zu finden/Alte Elbe Melzwig, 22.11.1975.

Unten: Der schwarze Aalstrich auf dem Rücken, der von der Stirn bis zur Schwanzwurzel reicht, kennzeichnet die Brandmaus, die auch tagaktiv lebt und in Gärten vorkommt/Wittenberg, 24.5.2008.

Oben: Hausmäuse leben fast immer in der Nähe menschlicher Siedlungen, im Sommer jedoch überwiegend im Freiland, so besonders in Hausgärten, wo sie ihre Nester auch in Kompostern anlegen/Wittenberg, 14.8.2014.

Unten: Neben den typisch „mausgrauen" Hausmäusen kommen in der Region auch bräunlich gefärbte Tiere mit über körperlangen Schwänzen vor, die Östliche Hausmäuse sein könnten/Wittenberg, 20.6.2008.

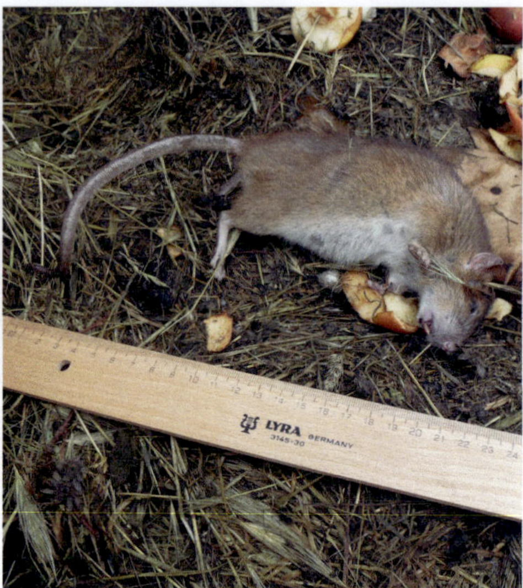

Links oben: Die Wanderratte lebt oftmals unbemerkt in Gärten, wo sie sich auch unterirdische Gänge gräbt und die reichen Nahrungsressourcen, z. B. in Komposthaufen nutzt. Rechts oben: Eine in Apollensdorf gefangene Wanderratte zeigt eine deutliche Trennung der Färbung zwischen Ober- und Unterseite (Foto r.: I. Elz).

Links unten: Von den urspünglich kälteempfindlichen Nutrias übersteht der im Freiland geborene Nachwuchs auch härtere Winter, wie dieses Tier auf dem Eis der Wendel bei Wittenberg im Dezember 2009. Rechts unten: Die Nutria zeigt beim Schwimmen zwar auch den gesamten Rücken, im Unterschied zum Bisam jedoch keinen Schwanz, wie hier in der Elbe am Durchstich Pratau/7.2.2015.

46. Luchs - *Lynx lynx* (Linnaeus, 1758)

Die Körperlänge des Luchses als größte europäische Katzenart beträgt 80 − 120 cm. Der 16 − 23 cm lange Stummelschwanz besitzt eine stumpfe, schwarze Spitze. Die Grundfarbe des Fells kann gelbbraun, rotbraun oder hell-silbergrau sein. Die Fleckenzeichnung reicht von fast einfarbiger, teils undeutlicher schwarzer Tüpfelung bis zu deutlich abgegrenzten schwarzen Flecken.

Das Verbreitungsgebiet des Luchses umfasst die großen Waldkomplexe Eurasiens. In vielen Gebieten wurde er aber durch den Menschen ausgerottet, so dass die natürlichen Vorkommen in Europa heute auf Skandinavien und das östliche Europa beschränkt sind. Die Vorkommen in Mitteleuropa einschließlich der Alpen gehen überwiegend auf Wiederansiedlungen in der zweiten Hälfte des 20. Jahrhunderts zurück. In Deutschland leben die Tiere wieder im Bayerischen Wald (etwa 15 Tiere) und im Harz (etwa 20 Tiere) (REINHARDT et al. 2015). Wie kaum eine andere Säugetierart ist der Luchs auf große zusammenhängende Waldgebiete angewiesen. Die Jungtiere unternehmen große Wanderungen. Beobachtungen verdeutlichen, dass dabei selbst waldarme und bevölkerungsreiche Gebiete durchquert werden.

Der Luchs kommt gegenwärtig in der Wittenberger Region nicht vor, trat aber bereits sehr selten als Irrgast auf. In der Wittenberger Region gab es ein zeitweiliges Vorkommen dieser Großkatze in der Dübener Heide ab 1966, das von BEER (1970) detailliert beschrieben wurde, von BOBACK (1971) aufgegriffen und von BUTZECK et al. (1988) für eine Zeitspanne bis 1983 als Einwanderungsversuch aus den tschechischen Sudeten dargestellt worden ist, wonach damals sogar Jungluchse nachgewiesen worden sein sollen. F. NEIMANN beobachtete am 15. März 1969 im Gebiet am Jösigk (bei Gräfenhainichen) einen Luchs an einem frisch gerissenen Bockkitz. In einer Pressemitteilung von 1971 wird von „etwa einem Dutzend Luchse" in der Heide gesprochen (SCHULZ 1971). Dies führte zur Bildung einer Bezirksarbeitsgruppe „Luchse in der Dübener Heide" und zum Erlass der Richtlinie 4/71 vom 1.12.1971 über die „Bewirtschaftung des Luchsbestandes in der Dübener Heide" des Staatlichen Komitees für Forstwirtschaft beim Rat für landwirtschaftliche Produktion und Nahrungsgüterwirtschaft der DDR (BENDIX 2011). Über das Verschwinden dieser Luchse gibt es keine Mitteilungen. Totfunde wurden nicht bekannt. Ein heimlicher Abschuss ist nicht auszuschließen, obwohl offiziell „von einer Bejagung Abstand genommen" wurde (NEIMANN, 1969). Es kann angenommen werden, dass der Luchs (oder die Luchse?) weitergezogen sind, da ab

Mitte der 1970er Jahre Luchse im Ostharz gespürt wurden und derartig weite Wanderungen für den Luchs durchaus normal sind. Am 12. Oktober 2012 sah K. JAUER, jun. nachts um 3.00 Uhr auf der Straße von Söllichau nach Bad Schmiedeberg im Scheinwerferlicht des Autos eine Großkatze und will auf Grund der geringen Entfernung deutlich die Pinselohren und den Stummelschwanz als typische Luchsmerkmale erkannt haben.

Der Luchs ist nach dem Bundesnaturschutzgesetz streng geschützt. Er ist in der FFH-Richtlinie der EG in den Anhängen II und IV gelistet, ebenso im Anhang A der EG-Verordnung 750/2013 sowie im Washingtoner Artenschutzübereinkommen (Anhang II). Allerdings unterliegt der Luchs auch dem Jagdrecht, ist aber auch durch dieses Gesetz ganzjährig geschont. In der Roten Liste Sachsen-Anhalts ist er wegen der defizitären Datenlage in die Gefährdungskategorie D eingestuft.

47. Wildkatze - *Felis silvestris* Schreber, 1777

Die Wildkatze war ein in Mitteleuropa verbreiteter Vertreter der Familie der Katzenartigen. Ihre Körperlänge beträgt 45 − 67 cm. Der 29 − 40 cm lange Schwanz ist buschig behaart, die Schwanzspitze dick, stumpf und schwarz. Bis zu 5 dunkle Ringe werden zur Schwanzwurzel schwächer und unvollständiger. Das Fell ist grau, manchmal mit blasser, leicht gelblicher Tönung und die Haare sind länger als bei der Hauskatze. Vom Scheitel bis zum Nacken treten 4 − 6 dunkle Streifen auf, die nicht den schmalen, schwarzbraunen Aalstrich auf dem Rücken erreichen. Eine Verwechslung mit grau gestreiften Hauskatzen ist leicht möglich! Der spitz auslaufende Schwanz der Hauskatzen ist nicht immer deutlich erkennbar. Da sich Wild- und Hauskatzen miteinander fruchtbar fortpflanzen, können auch Mischlinge mit Merkmalen beider Arten auftreten.

Die Wildkatze lebt in großen Teilen Europas und Vorderasiens bis Zentralasien. In Europa kommt sie gegenwärtig nur in stark zersplitterten Restarealen vor, die in der Regel in den bewaldeten Mittelgebirgen liegen. In Deutschland gibt es eine westliche, linksrheinische Population in der Eifel, dem Pfälzer Wald und Hunsrück sowie eine östliche im Harz, in Nordthüringen und Nordhessen. STUBBE & STUBBE (1994) geben für den Zeitraum von 1980 bis 1993 neun besetzte Raster im Südwesten Ostdeutschlands an. Als Lebensraum der Wildkatze gelten strukturreiche Wälder, die reich an Lichtungen und Waldwiesen sind. Darüber hinaus nutzen die Wildkatzen ebenso Waldränder und die von Wiesen, Hecken und Baumgruppen aufgelockerte offene Landschaft zur Nahrungssuche.

Aus der Wittenberger Region gab es bisher keine belegbaren Nachweise der Wildkatze. Nach W.-D. BEER soll sich 1967 eine Wildkatze in der Dübener Heide aufgehalten haben, von der allerdings keine Belege existieren (SCHIEMENZ 1969). Ein verdächtiger Totfund am 3. April 2012 in der Ackeraue südlich von Wittenberg konnte zur sicheren Artdiagnose nicht geborgen werden. In der von GÖTZ (2015) dargestellten aktuellen Verbreitung sind keine Vorkommen außerhalb des „definierten Verbreitungsgebietes" dargestellt. Bei einer Stabilisierung des Wildkatzenbestandes in Deutschland könnte bei der Wanderfreudigkeit dieser Art mit ihrem Auftauchen in den geschlossenen Waldgebieten der Region gerechnet werden, wie es auch bereits Hinweise aus der unweit entfernten Gohrischheide bei Mühlberg (KNEIS 1995) und dem unmittelbar südlich angrenzenden Bereich der Dübener Heide gibt (MZ 2016a). In einem laufenden DBU-Projekt wurde mittels Fotofalle am 18. September 2015 eine Wildkatze in der Glücksburger Heide dokumentiert (DBU/HNEE 2015), als erstem Beleg dieser Art im Gebiet. Eine Aussage zum Status (ob Irrgast oder ansässig) kann daraus (noch) nicht abgeleitet werden. Auch in der Dübener Heide wird mit dieser Methode nach Wildkatzen gesucht.

Die Wildkatze ist streng geschützt nach dem Bundesnaturschutzgesetz. Sie ist in der FFH-Richtlinie der EG im Anhang IV gelistet, ebenso im Anhang A der EG-Verordnung 750/2013 sowie im Washingtoner Artenschutzübereinkommen (Anhang II). Allerdings unterliegt sie auch dem Jagdrecht, ist aber auch durch dieses Gesetz ganzjährig geschont. Wegen ihrer Seltenheit ist die Wildkatze in der Roten Liste Sachsen-Anhalts als vom Aussterben bedroht in die Gefährdungskategorie 1 eingestuft.

48. Marderhund - *Nyctereutes procyonoides* (Gray, 1834)

Der Marderhund hat eine Körperlänge von 50 – 85 cm. Der 15 – 25 cm lange Schwanz ist stark buschig und dessen Oberseite und Spitze sind schwarz. Das lange Fell ist dunkelgrau bis gelbbraun meliert. In der Rückenmitte wird es durch schwarze Haarspitzen meist dunkler. Kehle, Brust und Bauch sowie Beine und Füße sind schwarz. Er besitzt kurze, abgerundete Ohren und eine vom Hals ausgehende schwarze Gesichtsmaske mit weißgrauer Schnauzenspitze und schwarzer Nase.

Das Verbreitungsgebiet des Marderhunds war ursprünglich auf den Fernen Osten Russlands, die Mongolei, China und Japan beschränkt. Durch massives Aussetzen als Pelztier in den 1920er-Jahren wurde er erfolgreich in Sibirien und in Osteuropa eingebürgert, von wo er sich rasch westwärts ausbreitete. Anfang der 1970er-Jahre erreichte er Deutschland. Heute besiedelt er fast das gesamte östliche Europa und Teile Mitteleuropas. Er hat sich westwärts bis nach Mitteldeutschland fest angesiedelt (STUBBE 1989). Der Marderhund besiedelt bevorzugt gewässerreiche und reich strukturierte Lebensräume. Er kommt auch in unterholzreichen Laub- und Mischwäldern sowie in feuchten Wiesen- und Gebüschlandschaften vor. Er lebt dabei auch in Gebieten mit landwirtschaftlicher Nutzung, die mit kleineren Waldkomplexen oder Waldinseln durchsetzt sind.

Als Neubürger hat der Marderhund inzwischen die gesamte Wittenberger Region besiedelt, wo er jetzt in geeigneten Habitaten überall vorkommt. Der erste gesicherte Nachweis des Marderhunds im Kreis Wittenberg erfolgte am 14. September 1978 durch ein Verkehrsopfer bei Wartenburg. Dieses befindet sich, von ALTNER (Zoologisches Institut Halle) präpariert, im Riemer-Museum Wittenberg (ZUPPKE 1978), nachdem nur ein Jahr zuvor die ersten 3 Marderhunde im Gebiet der DDR geschossen wurden (STUBBE 1989). Seitdem ist der Einwanderer aus Ostasien ein stetes, reproduzierendes Glied der Fauna des Kreises, wie es die Streckenzahlen der letzten Jahre zeigen (UNTERE JAGDBEHÖRDE WITTENBERG):

1999/2000	5	2005/2006	51
2000/2001	4	2010	141
2001/2002	5	2011	148
2002/2003	5	2012	225
2003/2004	32	2013	157
2004/2005	28		

Er wird in allen Landschaftsteilen der Region nachgewiesen, wie es auch die Nachweise von A. WEBER (Jeggau) zeigen, die den Marderhund im Rahmen ihrer Fischottererfassung an vielen Fließgewässern spuren konnte. Auch die großräumigen ehemaligen Truppenübungsplätze werden besiedelt, wie es Fotofallennachweise aus der Glücksburger Heide belegen (DBU/HNEE 2015). Sogar an den Feldsöllen bei Klebitz und Rahnsdorf im Fläming wurde er 2011 nachgewiesen. Er hat aber wohl in den Flussauen seine höchste Dichte.

Als eingebürgerte fremdländische Tierart ist der Marderhund nicht geschützt. Er untersteht dem Jagdrecht und genießt in Sachsen-Anhalt keine Schonzeit.

49. Rotfuchs - *Vulpes vulpes* (Linnaeus, 1758)

Der Rotfuchs ist der einzige mitteleuropäische Vertreter der Gattung Füchse und wird daher meist als „der Fuchs" bezeichnet. Er hat eine Körperlänge von 50 − 82 cm. Sein Rückenfell ist rostrot und der Bauch weißgrau. Der buschige Schwanz hat eine Länge von 30 − 49 cm und besitzt meistens eine weiße Spitze. Die Rückseiten der Ohren sind schwarz, Brust, Kinn und die Schnauze (bis zur Oberlippe) dagegen weiß.

Der Fuchs ist in ganz Europa und in Asien verbreitet. So ist er auch in ganz Deutschland anzutreffen. STUBBE & STUBBE (1994) weisen auch für Ostdeutschland eine flächendeckende Verbreitung aus. Als Nahrungsopportunist stellt er an seinen Lebensraum keine besonderen Anforderungen und ist extrem anpassungsfähig. So trifft man ihn in Wäldern, auf Wiesen, Ackerflächen und in Siedlungsbereichen sowie an Bahn- und Straßendämmen, wo er seinen Bau in die Böschungen gräbt.

Der Rotfuchs ist in der Wittenberger Region flächenhaft verbreitet und auch häufig. Dieser anpassungsfähige Raubsäuger hat alle Zeiten seiner stärksten Verfolgung durch Bejagung, Fallenfang und Baubegasungen überstanden und kommt im Gebiet um Wittenberg in allen Lebensräumen, selbst in der deckungsarmen Feldflur, vor. Sogar im Stadtgebiet von Wittenberg wurden Füchse gesichtet, wie am 5. April 2002 auf dem Arsenalplatz oder 2008 im Freigelände der viel besuchten Gärtnerei Möbius in der Rothemark, an der Elbe-Druckerei in der Eichstraße und an der Straßenböschung der neu gebauten Bahnhofsbrücke am Hauptbahnhof. Seit mindestens 2007 wurden in den Windparks bei Elster und Kemberg-Rackith-Schnellin oftmals Füchse nahrungsuchend unter den Windenergieanlagen beobachtet, die offensichtlich Schlagopfer suchten. In unmittelbarer Nähe zu diesen Anlagen hatten sie auch ihre Baue in der freien Feldflur angelegt, vermutlich durch ein entstandenes Nahrungsangebot durch Schlagopfer animiert. Auch das direkte Überflutungsgebiet an der Elbe südlich von Wittenberg wird besiedelt. Bei Hochwassersituationen werden oftmals Füchse auf verbliebenen Grünlandinseln gesehen, die sich bei weiter steigendem Wasserstand schwimmend retten. Ein Totfund auf der dünnen Eisdecke eines Gewässers am südlichen Stadtrand von Wittenberg am 1. Januar 2004 könnte auf Schreckreaktion deuten, da ringsherum Silvesterraketen lagen. Viele Füchse sterben, bevor sie ein Jahr alt werden, durch den Straßenverkehr. So wurden im Jahr 2010 - 155, 2011 - 150, 2012 - 170 und 2013 - 128 Füchse als Verkehrsopfer erfasst. Als Jagdbeute durch Jäger wird der Rotfuchs recht zahlreich erlegt. STUBBE (1981) ermittelte für den Zeitraum 1976 bis 1980 noch einen durchschnittlichen Abschuss von 227 Rotfüchsen. Im Bereich des StFB Dübener Heide (damalige Kreis Wittenberg, Gräfenhainichen und Bitterfeld) stieg der Abschuss von

Rotfüchsen von 76 im Jahr 1960 auf 1.152 im Jahr 1987, gefordert auch durch das Kreis-Veterinärwesen zur Reduzierung der Tollwutgefahr. Aus der Streckenstatistik der Jägerschaft des jetzigen Landkreises Wittenberg (UNTERE JAGDBEHÖRDE WITTENBERG) konnten folgende aktuelle Erlegungszahlen entnommen werden:

1999/2000	2323	2004/2005	1946
2000/2001	1832	2010	1775
2001/2002	1980	2011	1854
2002/2003	1980	2012	2293
2003/2004	1901	2013	1439

Diese Zahlen zeigen einen gleichbleibend hohen Fuchsbestand in der Region, wohl bedingt durch die Anpassungsfähigkeit und Reproduktivität dieser Art.

Erkenntnisse über die Beutetiere des Rotfuchses in der Region brachten die Nahrungsreste-Analysen in 210 Proben von Fuchslosung aus der Dübener Heide (MEIßNER 2008). So stellten Kleinsäuger mit 39,9 % den größten Anteil an der Gesamt-Biomasse der Beutetiere vor Paarhufern mit 31,3 %, Hasenartigen mit 21,4 % und Haustieren mit 5,4 %. Auch Früchte und Insekten waren häufig in der Fuchslosung nachzuweisen, brachten aber nur geringe Biomasseanteile. Anthropogener Abfall, Vögel, Fische, Reptilien, Schnecken und Spinnen waren weitere Nahrungsbestandteile, die aber keine bedeutenden Anteile an der gesamten aufgenommenen Biomasse hatten.

Der Rotfuchs ist eine jagdbare Tierart und genießt in Sachsen-Anhalt keine Schonzeit, darf also ganzjährig geschossen und gefangen werden.

50. Wolf - *Canis lupus* Linnaeus, 1758

Der Wolf ist etwa schäferhundgroß, also 100 − 160 cm lang. Er besitzt einen 35 − 50 cm langen, buschigen Schwanz, der eine schwarze Spitze hat und nie eingerollt wird. Die Fellfärbung kann stark variieren – in der Regel ist der Rücken graubraun oder gelblichgrau meliert. Die Haarspitzen sind in der Mitte des Rückens meist schwarz. An den Flanken hellt sich das Fell auf. Bauch, Beine, Kehle, Kinn und Wangen sind weißgrau. Über den Augen befinden sich helle Flecke. Die Ohren sind kurz und stets aufrecht stehend. Er könnte mit einem Hund ab Schäferhundgröße verwechselt werden, ist aber an seiner Färbung, den längeren Beinen und den kürzeren Ohren zu unterscheiden. Beim Laufen hängt der Schwanz stets herab, eingerollte Schwänze und herabhängende Ohren sind beim Wolf nie zu sehen.

Er ist weit verbreitet und besiedelt das östliche Europa westwärts bis einschließlich Finnlands, Teilen Skandinaviens, der baltischen Staaten, Ostpolens, der Slowakei, Rumäniens und der Balkanhalbinsel sowie inselartig Italien und die Iberische Halbinsel. In Deutschland wurde der Wolf im 18. Jahrhundert ausgerottet, ist aber derzeit im Begriff, die östlichen Bereiche wieder zu besiedeln. 2013/2014 waren nach REINHARDT et al. (2015) 25 Wolfsrudel, acht Wolfspaare und mehrere Einzelwölfe wieder in Deutschland resident. Die ausreichende Verfügbarkeit von Nahrung, die in der Regel aus Rehen, Rot- und Damhirschen, Wildschweinen und Mufflons besteht, ist das wesentliche Kriterium bei der Besiedlung von Lebensräumen. Großräumiger Wechsel von geschlossenen Waldgebieten und Offenland kommt dem Jagdverhalten des Wolfes entgegen. Vor allem für die Jungenaufzucht benötigt er Rückzugs- und Ruhezonen, die sich besonders auf ehemaligen oder noch genutzten militärischen Truppenübungsplätzen und in den Tagebaufolgelandschaften finden.

Vom Vorkommen des Wolfes bis zum 16. Jahrhundert in der Gegend um Wittenberg künden die von BUTZECK et al. (1988) recherchierten Fundpunkte, wie auch JAKOBS, V. (2002) aus alten Chroniken erfuhr, dass zwischen Griebo und der Elbe, dem „Grieboer Luch", 1566 die Grieboer Bauern im Auwald noch Wolfsjagden abhielten. Nach LANG (in: MZ 2016b) wurden 1446/47 bei Pratau junge Schweine, die zur Mast im Wald gehalten wurden, von Wölfen gerissen, ebenso 1509/10 junge Pferde bei Bleesern. Alte Siedlungsnamen in der Region künden vom ehemaligen Wolfsvorkommen. Nachdem BUTZECK et al. (1988) für den Zeitraum von 1801 – 1850 nochmals Wolfsnachweise fanden, gibt es seitdem keine Hinweise mehr. Lediglich im unweit östlich angrenzenden Gebiet wurde am 24. März 1961 im Mehlsdorfer Busch ein junges Wolfs-♂ geschossen und am 20. September 1982 bei Herzberg ein verendeter Wolf gefunden, vermutlich aus östlicher Richtung eingewanderte Tiere.

Inzwischen ist der Wolf in der Wittenberger Region wieder eine ansässige Tierart geworden, die in vereinzelten Rudeln die geschlossenen Waldgebiete bewohnt. Seit 2010 gab es Hinweise, dass nach der Wiederbesiedlung der sächsischen Lausitz auch in der Annaburger Heide Wölfe erschienen sind. Mittels Fotofallen wurden diese Hinweise dann bestätigt und in der Zeit danach tauchten Wölfe auch im Fläming auf. Seitdem sind sie in der Wittenberger Region ansässig, wie es in letzter Zeit immer wieder die Regionalzeitung über gesichtete oder überfahrene Wölfe bzw. gerissene Nutztiere meldete, z. B.:

21.01.13   Foto eines Wolfes in der Oranienbaumer Heide (MZ 2013b)

13.09.13   Riss von 3 Schafen in Goltewitz, zuvor Riss von 10 Schafen in Kakau
           (MZ 2013c)

12.02.14   Verkehrstod auf der A9 bei Köselitz (MZ 2014a)

14.02.14   Verkehrstod bei Gentha (MZ 2014b)

23.07.14   Riss eines Hirsches bei Gentha (MZ 2014c)

20.12.14   Riss von 5 Schafen in Zwuschen (MZ 2014d).

Die Entwicklung des Wolfsbestandes wird landesweit durch ein Monitoring verfolgt. Die in diesem Bericht dargestellte Rastergrafik zeigt die territoriale Verteilung der Wolfsvorkommen im Land. Nach dem Bericht dieses Monitorings 2014/15 wurden in Sachsen-Anhalt aktuell 10 „territoriale Ansiedlungen" mit sieben Wolfsrudeln, zwei Paaren und einem Einzelwolf festgestellt, so dass insgesamt im Bundesland 64 Wölfe leben.

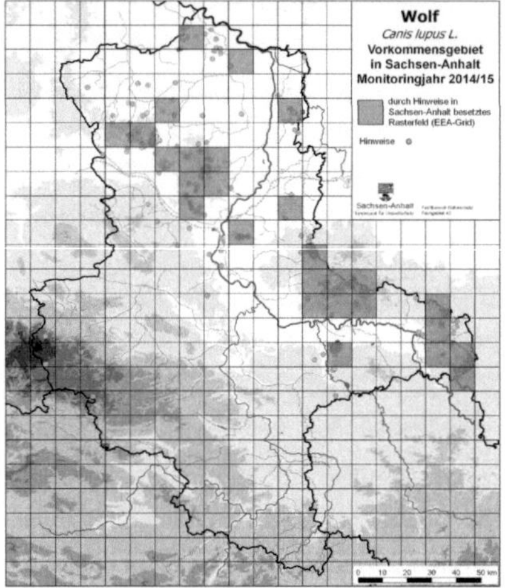

Davon befinden sich folgende Ansiedlungen ganz oder teilweise in der Wittenberger Region (LAU 2015):

- Rudel Göritz - Klepzig (2 adulte, 5 juvenile, 1 subadulter = 8 Wölfe)
- Rudel Hoher Fläming (2 adulte, 3 juvenile = 5 Wölfe)
- Rudel Glücksburger Heide (2 adulte, 1 juveniler - 1 Abgang = 2 Wölfe)
- Rudel Annaburger Heide (3 adulte, 4 juvenile, 4 subadulte - 1 Abgang = 10 Wölfe)
- territoriales Paar Coswig (2 adulte = 2 Wölfe)
- territorialer Einzelwolf Oranienbaumer Heide (1 adulter = 1 Wolf)

Im Auftrag des LAU wurden genetische Analysen durch die Wildtiergenetik Gelnhausen des Senckenberg-Instituts durchgeführt. Dadurch werden die Tiere individuell nachgewiesen. Den Hauptteil stellen die Tiere des Altengrabower Rudels, gefolgt von denen des Rudels der Annaburger Heide. Es gibt bisher keine Hinweise auf Hybridisierung mit Haushunden. Alle Tiere gehören zur zentraleuropäischen Flachlandpopulation.

In der Glücksburger Heide zeigten neueste Untersuchungen die Anwesenheit von sechs Wölfen, darunter drei Jungtiere aus einem Wurf von 2015 (DBU/HNEE 2015; MZ 2015f). Weitere territoriale Ansiedlungen werden erwartet. Aus der Dübener Heide

156

gibt es Einzelmeldungen von Jägern und im Winter 2016/17 den ersten gesicherten Nachweis bei Schköna. Folgende Verluste wurden aus der Region bekannt:

14.01.2014	Köselitz (A9 Richtung Berlin)	Verkehrsopfer
14.02.2014	Gentha (L37 südlich Gentha)	Verkehrsopfer
29.10.2014	Mügeln (L112 Mügeln - Oehna)	Verkehrsopfer
04.03.2015	Klossa (Ackerfläche unweit K 2430)	Verkehrsopfer
13.04.2015	Glücksburger Heide (Heidefläche)	Knochenfund
21.03.2017	Löben (Straße Schweinitz-Annaburg)	Verkehrsunfall

Der Wolf ist keine jagdbare Tierart, sondern nach dem Bundesnaturschutzgesetz streng geschützt. Er ist in der FFH-Richtlinie der EG 2013/17 in den Anhängen II und IV gelistet, ebenso in den Anhängen A und B der EG-Verordnung 750/2013 über den Schutz von Exemplaren wildlebender Tier- und Pflanzenarten durch Überwachung des Handels sowie im Washingtoner Artenschutzübereinkommen (Anhang: I und II). In der Roten Liste Sachsen-Anhalts steht der Wolf noch als ausgestorbene Tierart in der Gefährdungskategorie 0.

51. Fischotter - *Lutra lutra* (Linnaeus, 1758)

Der Fischotter ist eine mittelgroße Raubsäugerart mit einer semiaquatischen Lebensweise. Mit einem stromlinienförmigen und sehr beweglichen Körper sowie einem sehr dichten, fest anliegenden, kurzhaarigen Fell ist er ausgezeichnet an ein Leben im Wasser angepasst. Seine Körperlänge erreicht 60 − 95 cm. Der 36 − 55 cm lange Schwanz ist an der Wurzel dick und spitzt sich dann gleichmäßig zur Spitze hin zu. Sein Fell ist auf dem Rücken und den Flanken nuss- bis hellbraun gefärbt. Seine Kehle, Wangen und Lippen sowie der Bauch sind weißgrau bis grau.

Das Verbreitungsgebiet des Fischotters erstreckt sich über ganz Eurasien, von Portugal im Westen bis Kamtschatka im Osten, wobei Europa jedoch nicht durchgehend besiedelt ist. BINNER et al. (2003) sprechen von einem „fischotterleeren" Raum von den Niederlanden bis Mittelitalien. Größere zusammenhängende Vorkommen bestehen noch im Westen zwischen Spanien und den britischen Inseln bis zu den Shetlandinseln sowie vor allem im Osten Europas von Griechenland bis zum Nordkap. In Deutschland ist die Verbreitung des Fischotters im Wesentlichen auf das Gebiet östlich der Elbe beschränkt. In den westlich der Elbe gelegenen Bundesländern gibt es nur kleine inselartige Vorkommen (Schleswig-Holstein, Niedersachsen, Bayern). Der Fischotter ist an saubere, fischreiche Fließ- und Standgewässer mit Flachwasserbereichen sowie mit natürlichen, vegetationsreichen Uferzonen gebunden. Auf seinen Wanderungen können seine Streifgebiete bis zu 20 km betragen und dabei gelangt er sogar bis in die Siedlungsbereiche des Menschen.

Das Gebiet um Wittenberg gehörte wohl in früherer Zeit zum Siedlungsgebiet des Fischotters, wie es alte Zeitungsberichte zeigen: So soll sich am 13. Februar 1898 ein Fischotter im Stellnetz des damaligen Fischers nahe der Elbebrücke bei Wittenberg gefangen haben (MZ 1998). Im Wittenberger Tageblatt vom 15. April 1899 war zu lesen: „Seltenes Jagdglück hatte der Gutsbesitzer Müller aus Dabrun, in dem er gestern vormittag an der alten Elbe unweit des Fleischerwerder zwei prächtige Fischottern im Gewicht von 10 und 15 Pfd. und einer Länge von 111 b.z.w. 83 cm erlegte." oder vom 18. April 1900: „Im blinden Eifer suchte am Charfreitag in der Piesteritz, in der Nähe von Neupiesteritz, sich eine Fischotter, an im Wasser spielende Fische anzuschleichen, gerieth aber dabei in einen Dornenstrauch, aus welchem sie sich nicht wieder zu befreien vermochte und von dem Zimmermann E. er-

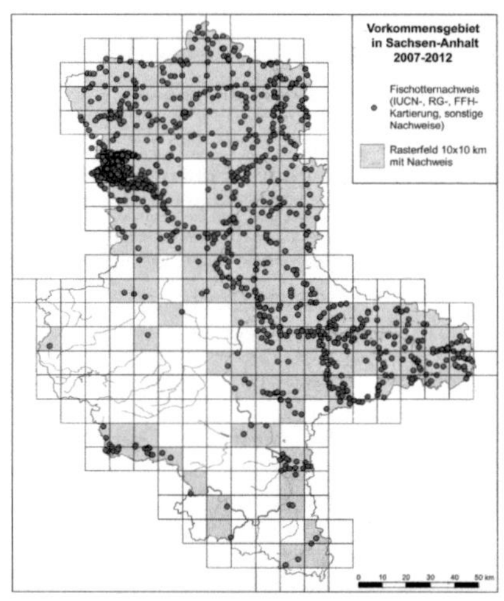

legt werden konnte". Noch am 18. November 1916 war in der Wittenberger Allgemeine von Fraßresten, Losung und Spuren des Fischotters bei Nudersdorf, Schmilkendorf, Kropstädt und Zahna zu lesen mit dem Hinweis: „Da der Fischotter äußerst gefräßig ist, haben Fischerei- und Jagdberechtigte alle Ursache zu Aufmerksamkeit, zumal sein vorzügliches, hoch im Preise stehendes Pelzwerk seine Erlegung lohnend macht." (MZ 2016e). Zu Beginn des 20. Jahrhunderts nahm dann der Bestand jedoch rapide ab und aus der Folgezeit fanden sich keine Hinweise auf sein Vorkommen im Gebiet.

Nachdem Stubbe (1978) bis 1974 für den Einzugsbereich der Schwarzen Elster im Jessener Gebiet nur vereinzelte und für den Raum westlich der Elbe nur einen Nachweis des Fischotters von 1969 aufführen konnte und Stubbe (1980) ihn nur für den damaligen Kreis Jessen als selten vorkommend angibt, erbrachten Hauer & Heidecke (1999) mit der von der IUCN empfohlenen Stichprobenmethode für den Zeitraum 1993 bis 1995 den Nachweis, dass der Elbe-Elster-Winkel „flächig vom Fischotter genutzt wird" und „die Elbe selbst als Fischotterlebensraum unterschätzt" wird. In den Jahren 2000 bis 2002 erfolgte eine weitere landesweite Erfassung (BINNER et al. 2003), die als Hauptverbreitungsgebiet „den gesamten Verlauf der Elbe mit ihren Nebengewässern" erbrachte. Bei der nach der IUCN-Methode durchgeführten Erfassung im Zeitraum

2009 – 2012 (WEBER & TROST 2015) stellt sich eine Verdichtung der flächigen Verbreitung im bekannten Vorkommensgebiet und in einer voranschreitenden Ausbreitung insbesondere im mittleren und südlichen Sachsen-Anhalt dar (vgl. Grafik aus: WEBER & TROST 2015).

Der Fischotter ist somit wieder ein ständiges Faunenelement der Wittenberger Region geworden, wo er geeignete Habitate in den Fluss- und Bachauen bewohnt. Aus dem Wittenberger Raum liegen zwar nur wenige Sichtbeobachtungen (z. B. aus den Jahren 1996 und 2005 von den Gewässern bei Bösewig) vor, die zudem eine Verwechslung mit dem Mink nicht ausschließen lassen. Erst die Erfassungen von EBERSBACH et al. (1998) erbrachten für den Zeitraum 1994 – 1998 Fischotter-Nachweise an der Schwarzen Elster (Wehr/Straße nach Schützberg), am Neugraben, an der Landlache, am Schweinitzer Fließ, am Wiesenbach und an der Kremitz, womit die Besiedlung der Schwarzen Elster mit ihren Zuflüssen angezeigt wird. Eine aktuelle Erfassung der Fischotter-Vorkommen nach der IUCN-Methode in den FFH-Gebieten (WEBER & TROST 2015) erbrachte Nachweise in folgenden Gebieten der Region:

Rossel (4-7 Nachweise)
Olbitzbach (1-5 Nachweise)
Grieboer Bach (2-5 Nachweise)
Dessau-Wörlitzer Elbaue (15 Nachweise)
Korgscher Busch (1-3 Nachweise)
Kuhlache bei Jessen (0-2 Nachweise)
Untere Schwarze Elster (2-5 Nachweise)
Klödener Riß (3-4 Nachweise)
Elbaue zwischen Griebo und Prettin (8-12 Nachweise)
Küchenholzgraben (0-2 Nachweise)

Gewässersystem Annaburger Heide (7-11 Nachweise)
Alte Elster bei Premsendorf (2-4 Nachweise)
Fliethbach-System (5-8 Nachweise)
Lausiger Teiche (1-4 Nachweise)
Hammerbachtal (1-3 Nachweise)
Oranienbaumer Heide (1-2 Nachweise)
Schweinitzer Fließ (2-4 Nachweise)
Friedenthaler Grund (2-3 Nachweise)

Da die IUCN-Methode insbesondere indirekte Nachweise anhand von Spuren oder Losung erbringt, stellen diese Nachweise nur eine „Momentaufnahme" des vorübergehenden Aufenthalts von Fischottern und nicht die permanente Besiedlung dar. „Diese Daten erlauben zwar keine Angaben zum Bestand des Fischotters im Gebiet, zeigen aber, dass das gesamte Gebiet mehr oder weniger regelmäßig frequentiert wird" (LPR 2015). Sie belegen, dass Fischotter sehr wanderfreudig sind und auf der Suche nach ergiebigen Nahrungsgründen und geeigneten Reproduktionsstätten sehr weit umher streifen. Diese Streifgebiete entlang von Fluss- oder Bachläufen oder auch über Land können bis zu 20 km betragen.

Die Elbe selbst wird vom Fischotter wohl eher für Migrationen genutzt, da die Uferstruktur und Hochwasserdynamik des Flusses kaum die Anlage von langzeitlich bewohnbaren Erdbauen zulassen. Dagegen bietet die untere Schwarze Elster mit ihren Nebengewässern dem Fischotter geeigneten Lebensraum und Nahrung für dauerhafte Ansiedlungen. Totfunde zeugen davon, dass auch das Grabensystem der Feldfluren in der Elbaue vom Fischotter auf seinen weiten Wanderungen ebenso genutzt wird, wie die Fließgewässer in der Dübener Heide, Oranienbaumer Heide (K. FRANKE) und im Fläming. Die schmalen und flachen Gräben der Ackeraue sowie die sommerkühlen Bäche der Dübener Heide und des Flämings mit ihrer ausschließlichen Kleinfischfauna bieten jedoch keine ausreichende Nahrungsgrundlage für permanente und reproduktive Ansiedlungen.

21 Totfundmeldungen aus der Region lagen der Unteren Naturschutzbehörde Wittenberg vor:

08.08.1989	Klieken	B 187 Einfahrt Deponie
15.08.2003	Holzdorf	B 187 Abzweig Holzdorf-Ost
16.10.2003	Löben	Landstraße vor dem Abzweig nach Annaburg
21.10.2004	Kemberg	B 2 Ortsausgang Richtung Eutzsch
02.03.2006	Listerfehrda	B 187 Abzweig Gorsdorf
02.11.2008	Mühlanger	B 187 Richtung Iserbegka
05.06.2009	Klieken	B 187 Olbitzbachbrücke
21.10.2011	Gertrudshof	Straße an der Neugrabenbrücke
18.03.2012	Plossig	Straße nach Groß-Naundorf
26.04.2012	Reinsdorf	Belziger Chaussee
02.08.2012	Nudersdorf	Belziger Chaussee
27.10.2012	Seyda	L 37 Ortsausgang nach Lüttgenseyda
01.11.2012	Dorna	B 182
09.11.2012	Bad Schmiedeberg	L 128 Straße nach Söllichau
21.04.2013	Bethau	Straße nach Groß Naundorf
25.10.2013	Jessen	Stadtrand nach Grabo
10.06.2015	Kemberg	Feldweg zwischen Kemberg und Dorna
04.11.2015	Bad Schmiedeberg	L 128 Straße nach Söllichau
28.02.2016	Prettin	
04.04.2016	Gorsdorf	Straßenbrücke über die Schwarze Elster
01.10.2016	Oranienbaum	

Durch die Erfassungen zum Momitoring von A. WEBER (Jeggau) wurden 2011 noch Totfunde bei Griebo an der B 187 und bei Naundorf (Kapengraben) an der L 133 bekannt.

Fast alle Totfunde erfolgten als Verkehrsopfer an Straßendurchlässen von Fließgewässern, die unzureichend für den Otterwechsel geeignet sind (keine oder zu schmale Bankette). Lediglich der Fund vom 10.06.2015 erfolgte auf einem wenig befahrenen Feldweg ca. 300 m vom nächsten Gewässer, dem Landwehrgraben, entfernt.

Der Fischotter ist nach dem Bundesnaturschutzgesetz streng geschützt, unterliegt aber gleichzeitig dem Jagdrecht, nach dem er aber ganzjährig geschont ist. Außerdem ist er in der FFH-Richtlinie EG 2013/17 in den Anhängen II und IV gelistet sowie in der EG-Verordnung 750/2013 (Anhang A) und dem Washingtoner Artenschutzübereinkommen (Anhang I). In der Roten Liste Sachsen-Anhalts ist er in die Kategorie 1 (vom Aussterben bedroht) eingestuft.

52. Dachs - *Meles meles* (Linnaeus, 1758)

Der plump wirkende Dachs hat eine Körperlänge von 70 − 90 cm. Der lang gestreckte Kopf endet in einer schmalen Schnauze mit schwarzbrauner Nase. Seitlich der Nase verlaufen beidseitig zwei schwarze Streifen, welche Augen und Ohren mit einschließen. Zwischen den Streifen und seitlich von ihnen ist der Kopf weiß. Der breite Rücken ist silbergrau meliert und seine Haare an der Basis gelbbraun. Bauch, Beine und Hals sind schwarz. Der kurze, buschige, weißgraue Schwanz ist 11 − 17 cm lang.

Der Dachs kommt in den gemäßigten Breiten Eurasiens von den Britischen Inseln und Portugal ostwärts bis nach Japan vor. In Deutschland ist der Dachs flächendeckend verbreitet, wie ihn auch STUBBE & STUBBE (1994) für die östlichen Bundesländer ausweisen. Er bevorzugt abwechslungsreiche Strukturen im Wald und am Waldrand mit einer reichhaltigen Bodenfauna sowie ein umfangreiches Angebot an früchtetragenden Sträuchern und Bäumen.

Der Dachs ist eine in den Waldungen und auch in kleineren Gehölzen der Wittenberger Region regelmäßig vorkommende Tierart. Der Dachs kommt in der Region in fast allen größeren Laub- und Mischwäldern mit kleinräumigem Wechsel von Wald- und Grünlandbereichen vor, insbesondere in den Waldungen des Flämings und der Dübener und Annaburger Heide. Auch in der überflutungsbeeinflussten Elbaue finden sich seine Baue im Auwald, vereinzelt aber auch in Feldgehölzen oder Gehölzstreifen in der Feld-

flur. Diese Baue werden manchmal jahrzehntelang bewohnt, wie z. B. ein 1953 im Auwald Heinrichswalde gefundener und 2005 immer noch besetzter oder ein im Kiefern-
wald westlich von Rahnsdorf befindlicher Bau. Bei hohen Hochwassern gibt es immer
wieder Ausweichbewegungen, die stets Verkehrsopfer fordern. Auch im Stadtwald von
Wittenberg kommen Dachse vor, HENNIG (1994) erwähnt einen dortigen Bestand von
ca. zehn Dachsen und eine Umsetzung gefangener Dachse in das WASAG-Gebiet
nordwestlich von Wittenberg. Dachse werden immer noch als „Raubwild" geschossen.
Eine noch größere Zahl als „Fallwild" verendet gefunden und gemeldeter Dachse sig-
nalisiert erhebliche Verluste. Seine Bestandsentwicklung wird von der Jägerschaft als
konstant eingeschätzt. Folgende Abschuss- und „Fallwild"zahlen sind der Unteren
Jagdbehörde Wittenberg gemeldet worden:

	Erlegt	Fallwild		Erlegt	Fallwild
1999/2000	32	69	2004/2005	32	49
2000/2001	22	32	2010	95	66
2001/2002	18	49	2011	93	53
2002/2003	18	49	2012	149	68
2003/2004	35	48	2013	108	57

Der Dachs ist nicht durch das Bundesnaturschutzgesetz geschützt, sondern unterliegt
dem Jagdrecht. Er hat in Sachsen-Anhalt eine Schonzeit vom 1. Februar bis zum
31. Juli.

53. Baummarder - *Martes martes* (Linnaeus, 1758)

Der Baummarder, auch Edelmarder genannt, hat eine Körperlänge von 36 − 56 cm
und einen 23 − 28 cm langen, buschigen Schwanz. Das glänzende, seidige Fell ist kastanienbraun. Typisch ist ein hellgelber bis orangefarbener Kehlfleck, der sich nicht nach
unten gabelt. Die Sohlenhaare verdecken fast völlig die Sohlenschwielen. Die Nase ist
schwarzbraun. Verwechselt kann er mit dem Steinmarder werden, der jedoch heller und
kurzbeiniger wirkt und einen weißen Kehlfleck besitzt.

Er ist über das gesamte nördliche Europa ostwärts bis nach Westsibirien weit verbreitet. In Südeuropa reicht sein Areal lückenhaft vom Kaukasus bis Sizilien und zum Nor-
drand der Iberischen Halbinsel. Der Baummarder ist in allen Regionen Deutschlands
bis zur Baumgrenze anzutreffen. Beide Marderarten kommen auch in Ostdeutschland
ganzflächig vor (STUBBE & STUBBE 1994). Allerdings fehlen in der Bundesrepublik
Deutschland und insbesondere in Sachsen-Anhalt fundierte Kenntnisse zum Vorkom-

men und zur Biologie des Baummarders (WEBER 2012). Er bewohnt vor allem größere zusammenhängende Waldgebiete mit größeren Laubwaldbeständen, besonders mit Buchen- oder Eichen-Althölzern. Auch Bruchwälder und feuchte Auwälder bilden für ihn besonders geeignete Lebensräume. Er kommt aber ebenso auch in den ausgedehnten Kiefernforsten vor. Nach STUBBE (1993) besiedelt der Baummarder überwiegend mehrschichtig strukturierte altholzreiche Waldhabitate (Laub-, Nadel- und Mischwald).

Der Baummarder kommt in den Waldungen der Wittenberger Region regelmäßig vor, sein Bestand kann jedoch nicht real eingeschätzt werden, wie es auch WEBER (2012) feststellte: „Für den Baummarder ist aufgrund einer zu geringen Nachweisanzahl keine fehlerfreie Darstellung der tatsächlichen Verbreitung ... möglich, da es sich um nicht systematisch erhobene Nachweise handelt, die zufallsbedingt und personenabhängig erarbeitet wurden." Einige Sichtbeobachtungen und Totfunde belegen das Vorkommen des Baummarders in den Auwäldern der Elbaue bei Wittenberg und Wörlitz. Fotofallennachweise gibt es aus der Oranienbaumer und Glücksburger Heide (DBU/HNEE 2015). R. DOMRÖS gibt ihn für „alle größeren, geschlossenen Waldbestände mit Altholz" in der Annaburger Heide, südlich von Arnsnesta, bei Linda, Seyda und im Stadtwald Jessen an. Er kommt in den Wäldern der Dübener Heide und des Flämings regelmäßig vor, ist hier jedoch viel seltener als der Steinmarder. HAFERKORN (2001) ermittelte im Elbe-Gebiet aus Abschusszahlen eine Dichte von 0,5 Baummardern/100 ha gegenüber von 3 Steinmardern/100 ha. Der Baummarder ist wie der Steinmarder eine jagdbare Tierart. Die Abschusszahlen des StFB Dübener Heide zeigten eine jährliche Strecke von 300 bis 500 Mardern beider Arten an (BENDIX 2011). Die der Jagdbehörde vorliegenden Meldungen über Erlegungen und Fallwild zeigen für den Zeitraum von 1999 bis 2005 36 Baummarder und 359 Steinmarder, womit ein Verhältnis von 1:10 angedeutet wird. 2012 und 2013 wurden 13 bzw. 16 Baummarder geschossen (UNTERE JAGDBEHÖRDE WITTENBERG).

Der Baummarder ist nicht durch das Bundesnaturschutzgesetz geschützt, sondern unterliegt dem Jagdrecht. Er hat in Sachsen-Anhalt eine Schonzeit vom 1. März bis zum 15. Oktober. In der Roten Liste Sachsen-Anhalts wird er als stark gefährdet in der Gefährdungskategorie 2 geführt.

54. Steinmarder - *Martes foina* (Erxleben, 1777)

Der Stein- oder Hausmarder besitzt eine Körperlänge von 40 − 54 cm und der buschige Schwanz ist 20 − 30 cm lang. Bei seinem graubraunen bis braunen Fell scheint die helle Unterwolle durch, so dass er insgesamt heller als der Baummarder wirkt. Der Kehlfleck ist weiß, selten leicht gelblich und gabelt sich nach unten, so dass er sich bis auf die Vorderbeine erstreckt. Die Nase ist hellbraun, die Ohren hellrandig und die Sohlenschwielen werden nicht durch Haare verdeckt, so dass sie gut sichtbar sind.

Das Areal des Steinmarders umfasst große Bereiche des südlichen und mittleren Eurasiens. Er ist im gesamten Deutschland weit verbreitet und bewohnt vor allem die Städte und Dörfer und ihre unmittelbare Umgebung. Die Peripherie der Städte und die Stadtteile in der Nähe von größeren Friedhöfen, Parks und Waldgebieten werden aber stärker besiedelt als zentrale Lagen (MEYER 2002a). Er bewohnt hier auch die Bahnanlagen, Plattenbausiedlungen, Gewerbegebiete und Industrieanlagen. Neben den dörflichen Siedlungen zählen auch die offenen, landwirtschaftlich geprägten Bereiche zum Lebensraum des Steinmarders, insbesondere wenn Gehölzgruppen und Waldinseln eingestreut sind. Darüber hinaus werden auch die Wälder selbst vom Steinmarder besiedelt bzw. sind Teil seiner Streifgebiete.

In der Region um Wittenberg ist der Steinmarder eine verbreitete und regelmäßig vorkommende Tierart. Er ist der häufigere der beiden Echten Marderarten, der nicht nur in den Wäldern aller Landschaftsteile der Region, sondern auch im deckungsreichen Offenland und im Siedlungsbereich, sogar im Stadtgebiet von Wittenberg, vorkommt. Totfunde und Sichtbeobachtungen liegen nicht nur aus den locker bebauten Randbereichen der Stadt vor, sondern auch aus der Innenstadt, so von der Dessauer Straße in Piesteritz, der Puschkinstraße, Berliner Straße, Dresdner Straße, Eichstraße und Dobschützstraße. Aber auch innerhalb der anderen Städte und Dörfer der Region werden immer wieder Steinmarder als Verkehrsopfer gefunden, auch in der Feldflur, wie z. B. 2011 nördlich von Lebien (A. WEBER). In den vier Jahren 2010 − 2013 wurden 107 Steinmarder als Fallwild (überwiegend durch Verkehr) der Jagdbehörde gemeldet. Natürlich kommt er auch in den geschlossenen Waldgebieten der Region vor, wie es überfahrene Steinmarder auf den Straßen durch die Dübener Heide oder den Fläming belegen. Der Steinmarder wird als Beutegreifer des „Niederwilds" nach wie vor erlegt, jedoch in deutlich geringerer Zahl als vor 1990. Folgende Anzahl an Steinmardern wurde aktuell von der Jägerschaft der Region erlegt (UNTERE JAGDBEHÖRDE WITTENBERG):

2010	92	2012	77
2011	77	2013	62

In den Kfz-Werkstätten der Region werden Kabelschäden an Autos durch Marderbisse in steigender Anzahl vorgestellt, die wohl von im urbanen Bereich lebenden Steinmardern verursacht werden.

Der Steinmarder ist nicht durch das Bundesnaturschutzgesetz geschützt, sondern unterliegt dem Jagdrecht. Er hat in Sachsen-Anhalt eine Schonzeit vom 1. März bis zum 15. Oktober.

55. Waldiltis - *Mustela putorius* Linnaeus, 1758

Die Körperlänge des Waldiltisses, meist nur Iltis genannt, beträgt 30 − 48 cm und der buschige, schwarz bis schwarzbraune Schwanz hat eine Länge von 11 − 19 cm. Das Fell ist auf dem Rücken und an den Flanken schwarzbraun mit durchscheinender heller, gelblicher Unterwolle. Bauch und Beine sind dunkelbraun bis schwarz gefärbt. Typisch sind fast weiße Ohrränder und ein Gesicht mit heller Ober- und Unterlippe sowie großem, weißem Fleck zwischen Augen und Ohren. Die Augen und der Nasenrücken besitzen eine dunkel- bis schwarzbraune Maske.

Der Waldiltis bewohnt das gesamte Europa mit Ausnahme von Teilen Skandinaviens, der Britischen Inseln und Südeuropas. Er kommt von der Nord- und Ostseeküste bis zum Bodensee in ganz Deutschland vor und fehlt auch im östlichen Teil nirgends (STUBBE & STUBBE 1994). Der Waldiltis ist ein Bewohner der aufgelockerten Waldränder und Ufersäume der Gewässer. Er ist auch in nicht zu intensiv bewirtschafteten Agrarlandschaften mit einem höheren Grünlandanteil, eingestreuten Feldgehölzen, Hecken, Gräben sowie einzelnen landwirtschaftlichen Gebäuden oder Gehöften anzutreffen.

Der Waldiltis ist in der Wittenberger Region verbreitet, kommt jedoch nur sehr vereinzelt vor. Im Rahmen ihrer landesweiten Iltiserfassung musste WEBER (2012) feststellen: „Bei Betrachtung der Iltisverbreitungskarte fallen weiterhin große Freiräume zwischen den einzelnen Nachweisen… in einigen Regionen auf. Bei diesen handelt es sich um die Magdeburger Börde und Bördehügelland, die Region um Lutherstadt Wittenberg bis zur östlichen Landesgrenze, …“. Die vorliegenden Sichtbeobachtungen, Totfunde und Abschüsse belegen ein oftmaliges Vorkommen dieser Art in der Nähe menschlicher Siedlungen (auch in Wittenberg, wo ihn ZUPPKE 2016 sogar direkt im Garten in der Schlossvorstadt beobachten konnte), immer jedoch in der strukturierten Offenlandschaft aller Landschaftsteile. Die Nachweise von A. WEBER am Mollgraben bei Annaburg, am Flutgraben bei Rötzsch, an den Lausiger Teichen, am Lindaer Graben bei Kleinkorga, an der Rossel bei Hundeluft, am Wörpener Bach und anderen Gewässern sowie von POHL in der Coswiger Elbaue zeigen eine gewisse Bevorzugung von Gewässernähe. Die Besiedlung der Wälder kann nicht sicher belegt werden. Eine Beobachtung von SCHÖNAU am 31. Mai 2007 zeigt das Vorkommen des Iltisses in den Waldrandbereichen der Dübener Heide, ebenso wie der Nachweis von J. MEIßNER am Försterteich bei Bad Schmiedeberg. Aus der Oranienbaumer Heide gibt es einen Fotofallennachweis (DBU/HNEE 2015). Auch der Nachweis von REICHHOFF am Forst Breske bei Gohrau gelang am Rande eines Mischwaldes. 2011 beobachtete J. BERG ein Muttertier mit 3 Jungen am Straßenrand nahe des Forsthauses Radis. Mehrere Nachweise gelangen A. WEBER an den Fließgewässern in der Annaburger Heide.

Der Iltis ist eine jagdbare Tierart und wird immer noch geschossen, obwohl die Art in der gültigen Roten Liste Sachsen-Anhalts als „stark gefährdet" eingestuft werden musste. Im Gebiet des StFB Dübener Heide wurden in Zeit von 1960 bis 1987 insgesamt 353 Iltisse erlegt (BENDIX 2011). Die aktuelle Jagdstrecke im jetzigen Kreisgebiet Wittenberg belief sich auf (UNTERE JAGDBEHÖRDE WITTENBERG):

1999/2000	2	2004/2005	5
2000/2001	0	2010	8
2001/2002	3	2011	2
2002/2003	3	2012	12
2003/2004	7	2013	6

Für den gleichen Zeitraum wurden 27 Iltisse der Jagdbehörde als Fallwild gemeldet. Landesweit sind fast 72 % der Iltis-Totfunde dem Straßenverkehr zum Opfer gefallen. Einige Iltisse wurden von Hunden getötet. Die Schadstoffbelastung (PCB, Pestizide) der untersuchten Iltisse liegt um ein Vielfaches über den für eine erfolgreiche Reproduktion ermittelten Grenzwert (WEBER 2015).

Der Waldiltis ist nicht durch das Bundesnaturschutzgesetz geschützt, sondern unterliegt dem Jagdrecht. Er hat in Sachsen-Anhalt eine Schonzeit vom 1. März bis 15. Oktober. Sachsen-Anhalt hat zunächst für den Iltis ein fünfjähriges Bejagungsverbot festgelegt. In der Roten Liste Sachsen-Anhalts wird er als stark gefährdet in der Gefährdungskategorie 2 geführt.

56. Hermelin - *Mustela erminea* Linnaeus, 1758

Das schlanke Hermelin besitzt eine Körperlänge von 19 − 30 cm und der braune Schwanz mit schwarzem Haarpinsel an der Spitze ist mit 7 − 14 cm etwa halb so lang wie der Körper. Rückenfell und Flanken sind hellbraun bis kastanien- oder zimtbraun, die Unterseite gelblichweiß scharf abgesetzt. In Deutschland werden Hermeline im Winter bis auf die schwarze Schwanzspitze völlig weiß.

Das Hermelin besiedelt mit Ausnahme des Mittelmeergebiets nahezu den gesamten europäischen Kontinent vom Norden der Iberischen Halbinsel und den Alpen bis nach Skandinavien. In Deutschland ist das Hermelin flächendeckend verbreitet, wie auch nach STUBBE & STUBBE (1994) beide Wieselarten im östlichen Deutschland. Das Hermelin besiedelt nahezu alle Lebensräume. Allerdings wird es häufiger an feuchten Standorten oder in Gewässernähe angetroffen. Es bewohnt aber auch offene Feldfluren mit kleinräumigen, deckungsreichen Strukturen, wie Gräben, Brachflächen oder Kleingehölze.

Da sich das Hermelin durch seine heimliche und versteckte Lebensweise der regelmäßigen Feststellung entzieht, kann sein Vorkommens- und Häufigkeitsstatus für die Wittenberger Region nicht real bewertet werden. Die wenigen Hermelinnachweise in der Wittenberger Region verteilen sich auf alle Landschaftsteile mit Ausnahme der großen geschlossenen Waldungen. Mehrere stammen auch aus der Nähe menschlicher Siedlungen, wie Gerümpelplätze in den Ortschaften oder der Schlossvorstadt von Wittenberg. Feststellungen auf Wegen in der Feldflur zwischen Getreidefeldern zeigen, dass Hermeline auch in der Agrarlandschaft heimisch sein können, wie auch J. BERG 2012 ein Tier beim Überqueren der viel befahrenen Bundesstraße bei Kemberg zwischen Feldern beobachtete. Auch die direkte Überflutungsaue der Elbe wird vom Hermelin bewohnt, wie es Beobachtungen in strukturreichen Grünlandabschnitten am Elbe-Radweg belegen. Auch Gewässerufer werden gern bewohnt, wie es die Nachweise von A. WEBER im Jahr 2013 an der Schwarzen Elster bei Gorsdorf und 2011 bei Meuselko, am Mollgraben und am Neugraben bei Annaburg, am Graben bei Bethau, am Flutgraben bei Rötzsch und 2012 am Lindaer Graben bei Kleinkorga zeigen, und wie es auch die Beobachtung eines Hermelins im Winterkleid im Januar 2015 am Gewässer Rettlinge im Überflutungsgebiet bei Wörlitz (L. REICHHOFF) bestätigt.

Das Hermelin ist nicht durch das Bundesnaturschutzgesetz geschützt, sondern unterliegt dem Jagdrecht. Es hat in Sachsen-Anhalt eine Schonzeit vom 1. März bis zum 15. Oktober.

57. Mauswiesel - *Mustela nivalis* Linnaeus, 1766

Das Mauswiesel ist unser kleinster Raubsäuger. Es besitzt einen lang gestreckten Körper mit einer Länge von 12 − 25 cm. In Deutschland kommt es in zwei Unterarten vor. *Mustela n. vulgaris* lebt in ganz Deutschland, während *M. n. nivalis* lediglich die höheren Regionen der Alpen besiedelt. Das in unserer Region vorkommende *M. n. vulgaris* bleibt oberseits im Sommer wie im Winter hellbraun bis schokoladenbraun gefärbt. Die

Kopfunterseite, Brust und Bauch sind weiß. Der kurze, 3 − 8 cm lange Schwanz ist wie der Rücken und die Flanken braun gefärbt. Im Gegensatz zum Hermelin hat es nie eine schwarze Schwanzspitze.

Das Mauswiesel ist in Europa vom südlichen Mittelmeer bis in den Norden Skandinaviens verbreitet und fehlt nur in Irland, auf Island sowie einigen kleineren Inseln der Nord- und Ostsee. Deutschland wird flächendeckend besiedelt. Das Mauswiesel kommt überall dort vor, wo es genügend Nahrung in Form von Mäusen vorfindet. Geeignet sind kleinstrukturierte Lebensräume. In offenen Landschaften bewohnt es besonders deckungsreiche Kleinstrukturen entlang von Feldrändern, Gräben und Brachen sowie Hecken und Feldgehölze.

Der Vorkommens- und Häufigkeitsstatus des Mauswiesels für die Wittenberger Region kann ebenso wie der des Hermelins nicht real bewertet werden. In dieser Region wurde das Mauswiesel bisher vereinzelt in den Offenlandschaften der gesamten Region nachgewiesen, überwiegend als Verkehrsopfer. Es konnten nur folgende Nachweise belegt werden:

25.05.1962	Dabrun-Boos	Grünland
11.10.1966	Melzwig	Weichholzaue (Totfund)
16.10.1967	Pratau	Grünland
12.08.1971	Pratau	Grünland/Straße (Totfund)
07.11.1971	Dabrun	Ortschaft (Totfund)
14.07.1980	Bad Schmiedeberg	Grünland/Straße (Totfund)
23.09.1980	Pratau	Grünland/Straße (Totfund)
20.03.1986	Wittenberg	Ortschaft (Totfund)
08.11.1998	Apollensdorf	Grünland/Hochwasser (Totfund)
21.09.2002	Seegrehna-Bodemar	Grünland/Deich
10.07.2005	Klitzschehna	Grünland
30.09.2007	Wittenberg	Grünland (Totfund)
08.09.2011	Kapenmühle	Grabenufer
04.11.2011	Steinmühle	Bachufer
15.06.2013	Kakau	Bachufer
04.09.2014	Raßdorf	Ortschaft (Totfund)
06.09.2014	Pannigkau	Ortschaft

Die Fundstellen auf den Straßen befanden sich überwiegend zwischen Grünländern, nur vereinzelt zwischen Feldern (z.B. Getreide) oder kleineren Gehölzen, niemals zwischen Wäldern. Daneben trifft man es auch innerhalb von Ortschaften an, wo es in Kleingärten und Grünanlagen der Dörfer und Städte lebt. Ab und zu unternimmt es bei der Nahrungssuche auch Streifzüge in nahe liegende Laub- und Mischwälder und soll öfters am Naturlehrpfad im Wittenberger Stadtwald beobachtet worden sein. Feststel-

lungen von A. WEBER 2011 am Kapengraben und am Olbitzbach sowie von
L. REICHHOFF 2013 am Schrotemühlgraben bei Kakau zeigen, dass Mauswiesel auch in
der Nähe kleiner Fließgewässer angetroffen werden können. Sofort nach dem verhee-
renden Augusthochwasser 2002 wurde ein Mauswiesel direkt an der Deichbruchstelle
Bodemar bei Seegrehna beobachtet, wo die Bundeswehr mit Sandsäcken, Containern
u.a. Materialien versucht hatte, den Deichbruch zu schließen. J. HERRMANN registrierte
einen Rückgang des Mauswiesels in der Umgebung von Eutzsch, der wohl auf lokale
Bekämpfungen seiner Hauptnahrungstiere, den Mäusen, zurück zu führen ist.

Während es bis 1990 im Naturschutzgesetz der DDR als geschützte Tierart geführt
wurde, unterliegt es heute dem Jagdrecht. Dort wird für das Mauswiesel aber keine
Jagdzeit angegeben, es wird also ganzjährig geschont. In der Roten Liste Sachsen-
Anhalts wurde es auf die Vorwarnliste (Kategorie V) gesetzt, da in den nächsten Jahren
starke Rückgänge befürchtet werden.

58. Mink - *Neovison vison* (Schreber, 1777)

Die Körperlänge des zu den Mardern gehörenden Minks beträgt 32 − 55 cm und der
Schwanz ist 13 − 23 cm lang. Sein Fell variiert von mittel- bis schwarzbraun bis zu wei-
ßer und silbergrauer Färbung. Im Unterschied zum Europäischen Nerz hat die Oberlippe keinen weißen Fleck, jedoch ist oftmals die Kehlgegend weiß gefärbt.

Das ursprüngliche Verbreitungsgebiet des Minks, der auch Amerikanischer Nerz genannt wird, ist der nordamerikanische Kontinent. Zur Pelzproduktion wurde er als
Farmtier etwa 1926 nach Europa gebracht. Entwichene oder bewusst ausgesetzte Tiere
begründeten einen frei lebenden Bestand, so dass die Art heute insbesondere den nördlichen Teil des Kontinents besiedelt. In Mittel- und Südeuropa bestehen kleinere, isolierte Vorkommen. In Deutschland gibt es zahlreiche Siedlungsgebiete, die sich aus
entwichenen Farmtieren entwickelten oder sich nach „Tierbefreiungen" aus falsch ver-
standener Tierliebe (z. B. BENECKE 2007) als Neozoen erfolgreich in der neuen Umwelt eingewöhnten. Auch in der Wittenberger Region gab es seit 1982 eine „Nerzfarm"
in Söllichau, wo 8.000 weibliche Tiere und zeitweilig noch 2.000 männliche Tiere gehalten wurden. Nach einem Zeitungsbericht wurden dort am 27.02.2008 Gehege geöffnet,
wonach etwa 600 Tiere entwichen sind, wofür im Internet ein Bekennerschreiben einer
militanten Tierschutzorganisation auftauchte. Diese Minke konnten nur teilweise wieder
eingefangen bzw. getötet werden (MZ 2015e). Dies soll sogar „wiederholt" geschehen
sein. Inzwischen ist diese Anlage jedoch geschlossen.

Der Mink hat als Neubürger inzwischen wohl alle zusagenden gewässernahen Habitate in allen Landschaftsteilen der Wittenberger Region besiedelt. Der Zeitpunkt des Einwanderns des Minks in die Wittenberger Region lässt sich nicht mehr exakt erkennen. Nach einer Beobachtung am 21. Oktober 1967 in der Elbaue bei Melzwig (U. ZUPPKE) gibt es erst Ende der 1980er-Jahre weitere Meldungen. Dann jedoch nahmen die Nachweise konzentriert in der Elbaue sprunghaft zu, wo er dann auch von Geflügelzüchtern in den Orten gesehen und gefangen wurde. In der Jagdstreckenstatistik des StFB Dübener Heide taucht der Mink erstmals 1979 auf. Inzwischen gehört er wohl als festes Faunenelement zumindest in die Auenlandschaft an Elbe und Schwarzer Elster. Dies belegen insbesondere die zahlreichen Nachweise von A. WEBER (Jeggau), die sie im Rahmen ihrer intensiven, landesweiten Fischotter-Erfassung erbrachte und wird durch die Abschusszahlen der Wittenberger Jägerschaft bekräftigt (UNTERE JAGDBEHÖRDE WITTENBERG):

1999/2000	23	2004/2005	15
2000/2001	16	2010	14
2001/2002	14	2011	28
2002/2003	14	2012	36
2003/2004	13	2013	30

Allein im Hegering Dabrun (in der Elbaue südöstlich von Wittenberg) wurden in drei Jahren (1997 − 1999) 40 Minke erlegt (G. HENZE, schriftl. Mitt). Er soll dort 1998 erstmalig festgestellt worden sein, im Folgejahr im Bereich Fleischerwerder-Boos auch mit Jungen. HAFERKORN (2001) bezeichnet die Mittlere Elbe „zwischen Wittenberg und Dessau" als einen Vorkommensschwerpunkt. Eine Beobachtung an den Pöplitzer Teichen bei Gräfenhainichen (13. April 2003) belegt, dass diese Art inzwischen auch an den Gewässern der Dübener Heide heimisch ist, so aber auch in den anderen Landschaftsteilen der Region. Feststellungen 2013 bei Apollensdorf, Griebo, Gorsdorf und Buschkuhnsdorf (A. WEBER) zeigen, dass der Mink inzwischen auch die Bereiche nördlich und östlich der Elbe besiedelt.

Auf Grund seiner semiaquatischen Lebensweise ist der Mink eng an ein Leben im und am Wasser angepasst. Er lebt vor allem in Feuchtgebieten und bewohnt die Uferbereiche von stehenden und fließenden Gewässern. Auch in der betrachteten Region richtet er zunehmend Schäden an der heimatlichen Tierwelt an, der Rückgang der Brutbestände vieler Wasservogelarten sowie des Edelkrebsbestandes im Fliethbachsystem der Dübener Heide wird ihm angelastet.

Als eingebürgerte fremdländische Tierart ist der Mink hierzulande nicht geschützt, sondern jagdbar und darf ganzjährig erlegt oder gefangen werden. Die Reduzierung seines

Bestandes wird als notwendige Schutzmaßnahme für die einheimische Tierwelt angesehen.

59. Waschbär - *Procyon lotor* (Linnaeus, 1758)

Der Waschbär hat eine Körperlänge von 45 − 70 cm. Der Schwanz ist gleichmäßig behaart und erreicht eine Länge von 20 − 26 cm. Dieser ist charakteristisch hell-dunkel geringelt und endet immer in einer dunklen, abgestumpften Schwanzspitze. Die Fellfärbung variiert von grau, graubraun bis rotbraun und erscheint dabei grau meliert. Eine schwarze Maske erstreckt sich über die Wangen und schließt die Augen mit ein.

Der Waschbär ist in Mittel- und Nordamerika verbreitet. Als Pelztier wurde er in den 1920er-Jahren nach Europa eingeführt, um ihn zunächst ausschließlich in Farmen zu halten. 1934 wurden 2 Tiere nahe des Edersees in Baden-Württemberg ausgesetzt, um 1945 entkamen etwa 25 Waschbären bei Berlin. Von beiden Territorien, in denen sie sich rasch vermehrten, bezogen sie weitere Gebiete. Inzwischen hat sich ein stabiler Bestand in fast ganz Deutschland entwickelt.

Auch in der Wittenberger Region ist der Waschbär weit verbreitet und hat alle Landschaftsteile besiedelt, wo er in stabilen und reproduktiven Beständen vorkommt. Das Vorkommen des Waschbären in der Wittenberger Region wurde infolge seiner heimlichen Lebensweise erst spät bemerkt: Erst 1988 wurde er im Schlamm der Alten Elbe Bösewig frisch gespurt. Ab 2000 mehrten sich die Nachweise. Danach wurden immer wieder überfahrene Waschbären gefunden, z.B. zwischen Pratau und Eutzsch, Seegrehna und Rehsen, Bülzig und Zahna, Pratau und Dabrun, Pretzsch und Klein-Korgau oder auf der B 2 bei Kemberg. Fotofallennachweise gibt es aus der Oranienbaumer und Glücksburger Heide (DBU/HNEE 2015), auch bei Uthausen in der Dübener Heide (U.THIEME). Inzwischen wird der Waschbär in allen Landschaftsteilen der Region festgestellt, auch in den Waldungen des Flämings. A. WEBER fand ihn bei ihrer Fischotter-Erfassung 2011 an vielen Gewässern der Region. Die Abschüsse der letzten Jahre durch die Jägerschaft belegen die enorme Bestandsentwicklung und sein wohl regelmäßiges Vorkommen in der Region um Wittenberg (UNTERE JAGDBEHÖRDE WITTENBERG):

2001/2002	4	2010	187
2002/2003	4	2011	345
2003/2004	3	2012	701
2004/2005	7	2013	820

2014 fing allein der Jäger PETZOLD in seinem Elbauerevier zwischen Pratau und Seegrehna bis zum Sommer 115 Waschbären! Die Jagdstrecken des Waschbären in Sachsen-Anhalt belegen die gleiche expandierende Bestandsentwicklung im gesamten Bundesland (SCHÖNBRODT 2015).

Waschbären besiedeln bevorzugt in Gewässernähe gelegene Altholzbestände im Laub- oder Mischwald. Diese besitzen ein hohes Angebot an Verstecken in Form von größeren Höhlungen im Stammbereich. Er scheut nicht die menschliche Nähe. So ließ er sich auch nicht von R. HENNIG aus dessen Birnbaum an der ehemaligen Försterei am Crassensee vertreiben, wo er immer wieder auf Bäumen angetroffen wird. Im Sommer 2007 beobachtete J. BERG in den frühen Morgenstunden einen ausgewachsenen Waschbären an der Bushaltestelle am Schwanenteich in der Innenstadt Wittenberg. Der Totfund eines jungen Waschbären am 27. Juni 2013 auf dem Deichweg bei Bösewig könnte auf ein Hochwasseropfer deuten (A. WEBER).

Da die Nahrung des Waschbären als Allesfresser äußerst vielseitig ist, nimmt er auch die Gelege vieler Vogelarten aus. So sind im betrachteten Gebiet die Graureiherkolonien in den Auwäldern fast sämtlich erloschen und Beobachtungen von auf den Reihernestern schlafenden Waschbären deuten auf seine Täterschaft. Auch das Gelege eines Schwarzstorchpaares im Fläming fiel ihm zum Opfer. Viele bestandsbedrohte Tierarten zählen zu seinen Beutetieren, so dass die Reduzierung seines Bestandes für den Schutz der einheimischen Tierwelt notwendig ist. SCHÖNBRODT (2015) stellt eine wirksame Schutzmaßnahme aus Wellpolyester gegen das Überklettern der Nestbäume von Greifvögeln und anderen Großvögeln vor.

Der Waschbär ist als Neozoe in Sachsen-Anhalt jagdbar und genießt keine Schonzeit.

Oben: Nachdem 1977 die ersten Marderhunde im östlichen Deutschland erschienen waren, erfolgte bereits 1978 der erste Nachweis in der Region Wittenberg als Verkehrsopfer bei Wartenburg/14.9.78.

Links unten: Wühlmäuse gehören zur Hauptbeute des Rotfuchses, die er auch bei hohen Schneelagen erbeutet (Foto links: J. Noack). Rechts unten: Bei Kakau balancierte ein Fuchs auf den Schienen der Dessau-Wörlitzer Eisenbahn (Foto rechts: K. Mattigit).

Oben: Ein Einzelwolf (Rüde?) im April 2013 auf dem Alten Artillerieschießplatz in der Annaburger Heide beim Revierbegang (Foto: BFB Mittelelbe, LAU ST, LUGV BB).

Unten: 5 von 6 Jungwölfen des Wurfjahres 2013 beim morgentlichen „Ausflug" im September am Alten Panzerplatz/Annaburger Heide (Foto: BFB Mittelelbe, LAU ST, LUGV BB).

Links oben: Ein Wolf streift im November 2015 vormittags vom bewaldeten Teil durch das Offenland der südlichen Oranienbaumer Heide (Foto links: C. Meier/Primigenius GmbH). Rechts oben: Erstes Foto eines Wolfs in der Annaburger Heide am 29.10.2010 um 10.46 Uhr (Foto rechts: K.-P. Hurtig).

Links unten: Wolfsfähe mit 3 ihrer 5 Welpen auf einer Wiese in der Annaburger Heide am 3.9.2015 (Foto links: K-P. Hurtig). Rechts unten: „Gedenkstein" für einen am 24.3.1961 bei Mehlsdorf (unweit östlich des Wittenberger Gebietes) geschossenen Wolf.

Oben: Fotofallennachweis eines Fischotters beim Verlassen eines Gartenteichs in Uthausen/ Dübener Heide, in dem er regelmäßig nach Goldfischen auf Beutefang geht (Foto: U. Thieme).

Unten: Den großen Bau im Feldgehölz bei Kakau verlassen die sonst dämmerungsaktiven Dachse gelegentlich auch tagsüber (Foto: K. Mattigit).

Links oben: Während 1974 dieser Iltis bei Dabrun noch in einem Tellereisen gefangen wurde, ist diese Fangmethode seit 1995 in der EU verboten, da die Tiere nicht sofort getötet werden, sondern lebend mit schmerzhaft eingeklemmten Gliedmaßen in der Falle bleiben. Rechts oben: Fotofallennachweis eines Steinmarders in einem hausnahen Garten in der Stadtrandsiedlung von Wittenberg (Foto rechts: G. Schmidt).
Links unten: Hermelin im Sommerkleid wartet auf den günstigen Moment zum Beutesprung. Rechts unten: Hermelin im Winterkleid stöbert nach Beute (Foto rechts: K. Facius).

Links oben: Ein Mink beim Stöbern nach Beutetieren in der Elbaue (Foto links: J. Noack). Rechts oben: Fotofallennachweis eines Waschbären bei der nächtlichen Beutesuche im urbanen Bereich in Uthausen/Dübener Heide (Foto rechts: U. Thieme).

Unten: Nach dem Austrocknen der Alten Elbe bei Bösewig im Sommer 2015 kamen Waschbären auch tagsüber hierher zur Nahrungssuche, wie diese Familie, um die nun erreichbar gewordenen Teichmuscheln zu verzehren (Foto: J. Noack).

Ordnung Paarhufer, Artiodactyla

60. Wildschwein - *Sus scrofa* Linnaeus, 1758

Das Wildschwein erreicht eine Körperlänge von 120 – 185 cm und eine Schulterhöhe von 70 – 100 cm. Der 15 – 25 cm lange Schwanz ist nicht wie bei Hausschweinen geringelt, sondern hängt herunter und trägt am Ende eine Quaste aus Haaren. Das borstige Fell ist im Winter meist schwarz und wird im Frühjahr grau bis silbergrau, aber auch weiß oder hell gescheckte Tiere treten auf. Die Jungtiere (Frischlinge) besitzen in den ersten acht Wochen gelb- bis ockerfarbene und schwarzbraune Längsstreifung. Die Männchen (Keiler) tragen kräftige, dreikantige Eckzähne im Unterkiefer. Die Männchen sind größer als die Weibchen und werden bis zu 350 kg schwer.

In Europa ist das Wildschwein mit Ausnahme von Skandinavien auf dem gesamten Festland verbreitet. In Island und Großbritannien fehlt es. In Deutschland kommt es flächendeckend vor, so auch in Ostdeutschland (STUBBE & STUBBE 1994). Es kommt überall dort vor, wo sich ihm Deckung und ausreichend Nahrung bietet. Das sind insbesondere große zusammenhängende Waldgebiete mit einem hohen Anteil an früchtetragenden Bäumen (Eicheln, Bucheckern usw.). Bei einer reichhaltigen Bodenflora und -fauna werden nahezu alle Waldtypen besiedelt, wobei mäßig feuchte, reich strukturierte Standorte bevorzugt werden. Hierzu zählen auch Bruchwälder, röhrichtbestandene Verlandungsbereiche und andere Feuchtgebiete. Daneben werden aber auch Waldschonungen oder offene Acker- und Feldflächen aufgesucht, wenn Deckung gebende Strukturen wie Feldgehölze, Brachen mit Staudenfluren oder auch entsprechende Feldfrüchte wie Mais oder Kartoffeln vorhanden sind.

Im Gebiet um Wittenberg ist das Wildschwein ein verbreiteter Bewohner der Waldungen der gesamten Region in großen Beständen. Es ist bis zum gegenwärtigen Zeitpunkt ein sehr erfolgreicher Großsäuger, dessen Bestand trotz umfassender Beeinträchtigungen aller Landschaftsteile durch die Tätigkeit des Menschen und intensiver Bejagung sich ständig vergrößert. In allen Wäldern des Flämings, der Dübener, Glücksburger, Annaburger und Oranienbaumer Heide, auch in unmittelbarer Stadtnähe, sind die Spuren der Wühltätigkeit des Wildschweins zu finden und die nach 1945 recht seltenen Tiere sind jetzt wieder oftmals, manchmal auch tagsüber, zu sehen. In der Elbaue lebt das aktivitätsfreudige Wildschwein vom Herbst bis zum Frühjahr bevorzugt im Auwald, wo es durch die Eicheln in dieser Jahreszeit reichlich Nahrung findet und im Frühjahr ziemlich ungestört seine Wurfkessel anlegen kann. Im Sommer wechselt es dann auf die großen, störungsarmen Ackerflächen in der Elbaue. Besonders die großen Maisschläge bilden für einen Teil des Wildschweinbestands in der Wittenberger Region hervorragende Einstandsgebiete. In Hochwassersituationen wechseln Wildschweine schwimmend auf innendeichs gelegene Flächen. Dies war besonders beim „Jahrhunderthochwasser" 2002 zu beobachten. Wildschweine queren auch schwimmend die Elbe, es werden dort „jahrhundertealte" Wechsel vermutet. Sichtnachweise, Spuren und Abschüsse liegen aus dem gesamten Kreisgebiet vor. Selbst im Stadtgebiet von Wittenberg werden mitunter Wildschweine festgestellt, wie am ehemaligen Kreiskulturhaus oder am 1. September 2010 am Tennisplatz/Sporthalle am Volkspark. Das Wildschwein wird, da es in den landwirtschaftlichen Kulturen starke Schäden anrichtet, stark bejagt. Die Zahl der erlegten Wildschweine im StFB Dübener Heide (umfasste die damligen Kreise Wittenberg, Gräfenhainichen und Bitterfeld) stieg von 96 im Jahr 1960 auf maximal 2.214 im Jahr 1985 (BENDIX 2011). Die aktuelle Jagdstrecke im jetzigen Landkreis Wittenberg betrug (UNTERE JAGDBEHÖRDE WITTENBERG):

2010 − 4.086, davon 1.798 Frischlinge, 1.698 Überläufer, 263 Bachen, 327 Keiler
2011 − 4.376, davon 2.077 Frischlinge, 1.773 Überläufer, 245 Bachen, 281 Keiler
2012 − 5.817, davon 2.686 Frischlinge, 2.383 Überläufer, 343 Bachen, 404 Keiler
2013 − 4.238, davon 1.694 Frischlinge, 1.891 Überläufer, 306 Bachen, 347 Keiler

Das sind 2,4 bis 3,2 Wildschweine je 100 ha Jagdfläche. Als größte Dichte nach Jagdstrecken ermittelte HAFERKORN (2001) 8 Wildschweine/100 ha im Bereich des Forstamtes Hundeluft im Fläming. In den Jahren 2010 − 2013 fanden sich 165, 175, 164 und 141 Wildschweine als Fallwild, der überwiegende Anteil durch den Verkehr. In der Wittenberger Region wurden auch gescheckte Wildschweine festgestellt. An der Alten Elbe Melzwig nutzten Wildschweine die durch Biberstau flach gefallenen Schlammbereiche zum Suhlen. Mitunter wühlen Wildschweine in den Auwaldbereichen auch an den Hochwasserdeichen.

Das Wildschwein ist eine jagdbare Wildart und es darf in beiden Geschlechtern und allen Altersklassen ganzjährig geschossen werden, wobei waidgerechte Jäger führende Bachen (weibliche Wildschweine mit Jungtieren) dennoch verschonen.

61. Elch - *Alces alces* (Linnaeus, 1758)

Der Elch mit einer Körperlänge von 250 − 270 cm und einer Schulterhöhe von bis zu 200 cm ist die größte Hirschart der Nordhalbkugel. Sein Fell ist einheitlich schwarzbraun. Die Beine wirken sehr lang und sind deutlich heller, meist grau gefärbt. Die jungen Männchen tragen ein stangenförmiges, die alten Männchen ein schaufelförmiges Geweih, welches bis über 150 cm breit und bis zu 20 kg schwer werden kann.

Der Elch lebt in Kanada, Alaska und Sibirien sowie im nordöstlichen Europa (Skandinavien, Russland und Polen). In Deutschland wurde der Elch bereits vor 1800 ausgerottet, aber insbesondere in den östlichen Bundesländern treten immer wieder einzelne Tiere auf, die aus Polen einwandern. Aus dem nord- und osteuropäischen Verbreitungsgebieten ist bekannt, dass der Elch lichte und abwechselnd strukturierte Laub- und Mischwälder sowie weichholzreiche Nadelmischwälder in Gewässernähe oder in Feuchtgebieten, Mooren, Flusstälern und an Seen bevorzugt.

Auch diese Hirschart, die schon gegen Ende des Mittelalters aus der freien Wildbahn unserer Gegend verschwand, wurde in neuerer Zeit vereinzelt in der Wittenberger Region nachgewiesen: Ab dem 4. April 1975 wurde im Auwald Heinrichswalde mehrfach ein schwacher Schaufler gesehen. Vorhandene Suhlen, Trittsiegel und Losung wurden als vom Elch stammend bestätigt. Dieser Elch wanderte danach durch die Auwälder westwärts und wurde am 22. Mai 1975 auf der Autobahn A 9 bei Dessau angefahren (NATURKUNDEMUSEUM LEIPZIG). Es handelte sich bestimmt um ein aus Polen westwärts wanderndes Tier, wie es nach 1958 bereits über hundertmal in Deutschland geschehen ist (GÖRNER 2004). 1983 soll ein Elch im Bereich des Forstamtes Annaburg erlegt worden sein (HAFERKORN 2001). Am 30. August 1988 wurde ein junger Elch bei Glücksburg im Nordosten des Kreises im Fläming geschossen (SIMON et al. 2008). Am 2. Oktober 1995 wurde ein weiterer junger männlicher Elch (Stangenelch) südöstlich von Gielsdorf gesichtet, der später bei Bernburg erlegt worden sein soll (KLEBER 1995). 2008 wurde an der B 187 bei Mühlanger ein männlicher Elch gesichtet, dessen Spuren auf dem Acker von der herbeigerufenen Polizei gesichert wurden. Am 12. Juli 2016 wurde ein (vermutlich junger) Elch zunächst bei Listerfehrda und später bei Pratau gesehen, wovon es einen Video-Clip gibt (MZ 2016c). Für eine dauerhafte Wiederbesiedlung des Gebietes mit dieser Art fehlen aber, wie es bereits ABENDROTH (1962) feststellte, die Lebensbedingungen, besonders die erforderliche Großräumigkeit der Landschaft.

Der Elch ist eine jagdbare Wildart, die in Sachsen-Anhalt aber ganzjährig geschont ist.

62. Reh - *Capreolus capreolus* (Linnaeus, 1758)

In Mitteleuropa ist das Reh mit einer Körperlänge von 95 − 135 cm und einer Schulterhöhe von 65 − 75 cm der kleinste Vertreter der Hirsche. Das Fell des Rehs ist im

Sommer rötlich-braun und wird im Winter deutlich dunkler (grau- bis erdbraun). Jungtiere (Kitze) haben in den ersten Wochen gelblich-weiße Flecken auf dem Rücken und an den Flanken. Die Männchen (Böcke) tragen ein Geweih, das eine Länge von 15 – 20 cm erreichen kann und im Normalfall an jeder Stange in 3 Spitzen endet.

Das Reh besiedelt nahezu flächendeckend das europäische Festland mit Ausnahme des Mittelmeergebietes und des äußersten Nordens Skandinaviens. In Deutschland kommt das Reh in allen Landesteilen bis zur Baumgrenze und oft in großen Beständen vor, somit auch in allen Teilen Ostdeutschlands (STUBBE & STUBBE 1994). Der typische Lebensraum des Rehs ist die unterwuchsreiche Waldrandzone. Es bevorzugt Gebiete, in denen Wälder, Felder und Wiesen abwechseln. In Gebieten mit geringen Waldanteilen werden die Felder besiedelt, wobei angrenzende Feldgehölze, Ruderal- und Brachflächen als Einstände genutzt werden. In den Sommermonaten bieten die Ackerkulturen auf den großen Flächen ausreichend Deckung, so dass die Felder auch am Tage kaum verlassen werden. So kommt die Art als „Feldreh" auch in den großen waldarmen Lebensräumen vor. Während sich Rehe mit Beginn des Herbstes in den Wäldern zu Verbänden (Sprünge) aus zwei bis vier Individuen zusammenschließen, bestehen die Sprünge in der offenen Agrarlandschaft aus fünf bis zehn und auch deutlich mehr Tieren. Mit Ende des Winters lösen sich die Sprünge wieder auf und die Weibchen (Ricken) bringen einzeln ihre Kitze zur Welt.

In der Region um Wittenberg ist das Reh flächendeckend und in großen Beständen verbreitet. Neben den Wäldern des Flämings sowie der Dübener und Annaburger Heide werden auch die gehölz- und deckungsarmen Feldfluren der Elbe- und Elsteraue besiedelt. Das Reh ist der häufigste Großsäuger in der Region. Auch in unmittelbarer Stadtnähe, z. B. in der Rothemark, stehen sogar tagsüber Rehe auf Feldflächen und selbst im Industriegebiet Piesteritz wurden schon Verkehrsunfälle durch Rehe verursacht, die auf nur kleinen Grünflächen, auch an der Eisenbahnstrecke, Nahrung suchen. Sogar im Stadtgebiet wurden vereinzelt Rehe angetroffen. Im Winterhalbjahr sind Verbände von über 50 Rehen in den Feldfluren der Elbaue keine Seltenheit. Letztlich kommen die Rehe auch in die Ortschaften, besonders in den Wintermonaten, wie es 2013/14 aus der Stadt Jessen berichtet wurde (MZ 2014e). Vereinzelt werden Ricken mit drei Kitzen beobachtet, wie zuletzt am 22. September 2006 bei Ottmannsdorf im Fläming (H.-J. SCHMIDT, U. ZUPPKE). In der Überflutungsaue verbleiben Rehe in Hochwassersituationen auf Grünlandinseln, bevor sie bei weiter steigendem Wasserstand zum ausgedeichten Ackerland schwimmen. Am 19. Dezember 1970 durchquerte ein Kitzbock bei Melzwig trotz vorbeifahrenden Elbkahns schwimmend die Elbe. 1965 wurde bei einem bei Pratau angefahrenen Reh die Tollwut festgestellt. Am 10. April

1978 wurde in der Elbaue bei Seegrehna ein „Perückenbock" beobachtet (= Wucherungen am Gehörn durch Ausfall der Sexualhormone). Auch das Rehwild wird intensiv bejagt. Die Zahl der erlegten Rehe auf dem Gebiet des StFB Dübener Heide stieg von 524 im Jahr 1960 auf durchschnittlich 1.151 im Jagdjahr (BENDIX 2011). Folgende aktuellen Jagdstrecken (UNTERE JAGDBEHÖRDE WITTENBERG) belegen die Häufigkeit dieser Wildart im Landkreis Wittenberg:

2010 − 4.769, davon 1.401 Kitze, 743 Schmalrehe, 899 Ricken, 1.726 Böcke
2011 − 4.767, davon 1.447 Kitze, 681 Schmalrehe, 819 Ricken, 1.820 Böcke
2012 − 5.587, davon 1.590 Kitze, 901 Schmalrehe, 984 Ricken, 2.112 Böcke
2013 − 4.789, davon 1.213 Kitze, 775 Schmalrehe, 848 Ricken, 1.950 Böcke

Außerdem wurden bei der Jagdbehörde noch folgende Zahlen an „Fallwild" gemeldet:

2010 − 801   2011 − 804   2012 − 832   2013 − 1.002

Beim Fallwild handelt es sich überwiegend um überfahrene Rehe, ein Anteil wurde auch als Wolfsrisse bestimmt. Damit belief sich die gesamte „Strecke" 2013 (= Abschuss + Fallwild) auf 3,7 Rehe je 100 ha Jagdfläche.

Das Reh ist eine jagdbare Wildart. Die Böcke haben in Sachsen-Anhalt eine Jagdzeit vom 1. Mai bis 15. Oktober, die weiblichen Rehe (Ricken) vom 1. September bis 31. Januar, junge weibliche Rehe (Schmalrehe) vom 1. Mai bis 31. Januar und die Jungtiere (Kitze) vom 1. September bis 31. Januar.

63. Damhirsch - *Dama dama* (Linnaeus, 1758)

Die Körperlänge des Damhirsches beträgt 130 − 160 cm und die Schulterhöhe 70 − 100 cm. Sein Fell ist im Sommer rötlichbraun mit weißen Flecken und deutlichem dunklen Aalstrich auf dem Rücken gefärbt. Im Winter ist das Fell dunkel-graubraun und meist nur andeutungsweise gefleckt. Kehle, Bauch und Beine sind heller als der Rücken. Das Geweih (Schaufeln) der männlichen Damhirsche erreicht 55 − 94 cm und dessen Gewicht beträgt etwa 2 kg.

Der nacheiszeitlich in Südosteuropa und der heutigen Türkei vorkommende Damhirsch wurde seit der Römerzeit nach Mitteleuropa eingeführt. Bis zur Mitte des 18. Jahrhunderts erfolgten weitere Einbürgerungen bzw. wurden Tiere aus Gatterhaltung zur Jagd freigelassen. Gegenwärtig ist er außer in Island und Griechenland in ganz Europa verbreitet und besiedelt in Rudeln lichte Laub- und Mischwälder mit ausgedehnten Wiesen oder angrenzenden Feldern. In Deutschland ist der Damhirsch über das ganze Land verbreitet, seine größten Bestände leben in den nördlichen Bundesländern. Auch bei STUBBE & STUBBE (1994) fehlt er im Süden Ostdeutschlands, aber auch im Osten der mittleren Elbe.

Es konnte nicht recherchiert werden, seit wann der Damhirsch in der Wittenberger Region vorkommt. BENDIX (2011) nennt das Vorkommen bei Schleesen – Selbitz ein „kleines Inselvorkommen" und führt für die Jahre 1960 bis 1987 eine „bescheidene" Jagdstrecke von durchschnittlich 35 Damhirschen pro Jahr an. Jetzt ist der Damhirsch in der Wittenberger Region in den Wäldern des Flämings und in Teilen der Dübener Heide regelmäßiges Standwild und kommt dort in den ausgedehnten Laub- und Mischwäldern vor, besonders in den Wäldern um Zahna, im Ottmannsdorfer Wald, in den Wäldern nördlich von Coswig und um Göritz sowie in der Breske und um Radis. Im Kiehnbergwald bei Zahna wurde ein Rudel Damhirsche großflächig eingegattert für Schauzwecke gehalten, ebenso in der NABU-Station im Stadtwald Wittenberg. In der Region gibt es weitere Eingatterungen, so z. B. nordöstlich der Külsoer Mühle, im Wolfswinkel und bei Körbien, teilweise auch zur Fleischgewinnung. Vereinzelt werden auch weiße Farbvarianten festgestellt, so am 30. Mai 2006 im Selbitzer Wald (Breske). Das „Damwild" wird bejagt. Während in der Zeit von 1960 bis 1987 maximal 79 Damhirsche, -tiere und -kälber/Jahr geschossen wurden (BENDIX 2011), liegen die aktuellen Abschusszahlen wesentlich höher (bei einer größeren Jagdfläche). Der Unteren Jagdbehörde Wittenberg wurden folgende Jagdstrecken für den jetzigen Landkreis Wittenberg gemeldet:

> 2010 – 1.065, davon 466 Kälber, 369 Schmal- und Alttiere, 229 Hirsche
> 2011 – 1.064, davon 474 Kälber, 384 Schmal- und Alttiere, 206 Hirsche
> 2012 – 1.777, davon 775 Kälber, 667 Schmal- und Alttiere, 335 Hirsche
> 2013 – 1.431, davon 609 Kälber, 579 Schmal- und Alttiere, 243 Hirsche

Aktuell wird jedoch von einer Verringerung der Damwildstrecke von 2012 bis 2015 um etwa 700 gesprochen. Die Kreisjägerschaft führt dies auf das „träge" Verhalten der Damhirsche zurück, die dadurch leichtere Beute des Wolfs werden (MZ 2016d).

Außerdem liegen bei der Jagdbehörde noch folgende Zahlen an „Fallwild" vor:

> 2010 – 29   2011 – 41   2012 – 78   2013 – 95

Die steigende Zahl des Fallwildes wird neben dem Verkehr der steigenden Zahl der Wolfsrisse zugeschrieben.

Der Damhirsch ist eine jagdbare Wildart mit nach Geschlechtern und Alter differenzierten Jagdzeiten: Hirsche und Alttiere vom 1. September bis 31. Januar, junge männliche Hirsche (Schmalspießer) vom 1. Mai bis 31. Januar, junge weibliche Hirsche (Schmaltiere) vom 1. September bis 31. Januar und vom 1. Mai bis 30. Juni sowie Jungtiere (Kälber) vom 1. September bis 31. Januar.

64. Rothirsch - *Cervus elaphus* Linnaeus, 1758

Im mitteleuropäischen Raum ist der Rothirsch mit einer Körperlänge von 160 — 245 cm und einer Schulterhöhe von 120 — 150 cm eines der größten, frei lebenden Wildtiere. Die Fellfärbung ist im Sommer rotbraun und wird im Winter braungrau. Der männliche Rothirsch trägt ein großes Geweih, wobei je Stange bis zu zehn Enden bestehen können. Das Geweih eines kapitalen Hirsches kann ein Gewicht von 8 — 10 kg erreichen.

Er ist lückenhaft in den gemäßigten Breiten der gesamten Nordhalbkugel verbreitet. In Europa liegt der Verbreitungsschwerpunkt in Mittel und Westeuropa; er fehlt im äußersten Osten und im nördlichen Skandinavien. In Deutschland ist der Rothirsch in vielen größeren zusammenhängenden Waldgebieten verbreitet. Auch STUBBE & STUBBE (1994) zeigen für Ostdeutschland nur wenige unbesiedelte Raster, die überwiegend waldarm sind. In Sachsen-Anhalt wird die derzeitige Verbreitung des Rothirsches maßgeblich durch die Lage der ausgewiesenen Schalenwildgebiete bestimmt (Hegerichtlinie vom 7. April 2011), auf die per Gesetz die Hege von Rotwild beschränkt ist. Diese Rotwildgebiete zeichnen sich durch einen überdurchschnittlich hohen Waldanteil aus.

Die nach dem Krieg geringen Rothirschbestände in der Wittenberger Region haben sich wieder erholt und der Rothirsch ist in den ausgedehnten Wäldern der Dübener, Glücksburger und Annaburger Heide sowie des Flämings Standwild in stabilen Beständen. In der Dübener Heide wird eine Ausbreitung westwärts festgestellt. Bereits 1980 wird über einen starken Anstieg der Rotwildbestände in der Dübener Heide berichtet (MECKEL 1980). Als Ursache wurde damals eine „Verbesserung der Äsungsverhältnisse und der Einstände", sowie günstige Witterungsverhältnisse genannt. Der Abschuss steigerte sich im Gebiet des StFB Dübener Heide von 18 im Jahr 1963 auf 409 im Jahr 1979. In der Glücksburger Heide wurde 1977 die „bonitierte Wilddichte" beim Rotwild unterschritten, der Abschussplan jedoch erfüllt (GEORGI 1978). Gegenwärtig können sogar in den unterholzarmen Flämingwäldern um Ottmannsdorf Rudel von bis zu 50 Tieren angetroffen werden, der Bestand dort soll um 200 Rothirsche pendeln (H.-J. SCHMIDT, mdl.). In den Auwäldern, in denen der Rothirsch früher weit verbreitet war, wie es Beobachtungen und Abwurfstangen bis in den 1950er- bis 1960er-Jahren aus dem Auwald Heinrichswalde belegen, war er Mitte der 1960er-Jahre verschwunden.

Noch früher muss der Auwald rotwildreich gewesen sein, denn der Fürst FRIEDRICH HEINRICH EUGEN VON ANHALT-DESSAU (1705 − 1781) ließ in Heinrichswalde ein Jagdhaus errichten, von dem aus große Jagden mit fürstlichen Gästen abgehalten wurden und auf denen neben Wildschweinen und Rehen auch Hirsche erlegt wurden. Der sächsische PRINZ KARL, der 1764 an einer Jagd teilnahm, schrieb: „Im Haus, das in der Mitte des Waldes liegt, aßen wir um 6 Uhr zu Abend, dabei hörten wir die Hirsche röhren und sahen Wildschweine, die sich den Pavillons näherten." (aus: JAKOBS, V. 2002). Gegenwärtig werden wieder Rothirsche in geringer Bestandsstärke im Auwald nahe der Rosenwiesche festgestellt. Als Wechselwild zwischen den großen Waldgebieten des Flämings und der Dübener Heide queren Rothirsche auch heutzutage die Elbe und die Elbaue. Auch in der Oranienbaumer Heide kommen Rothirsche vor. Der Rothirsch ist nach wie vor begehrtes Jagdwild. Wurden 1960/61 noch 17 Rothirsche auf dem Gebiet des StFB Dübener Heide geschossen, waren es 1985/86 bereits 434 (BENDIX 2011). Aktuell wurden folgende Jagdstrecken in den zurückliegenden Jahren im jetzigen Landkreis Wittenberg erzielt (UNTERE JAGDBEHÖRDE WITTENBERG):

2010 −   804, davon 354 Kälber, 299 Schmal- und Alttiere, 151 Hirsche
2011 − 1.199, davon 504 Kälber, 442 Schmal- und Alttiere, 253 Hirsche
2012 − 1.303, davon 550 Kälber, 461 Schmal- und Alttiere, 292 Hirsche
2013 − 1.305, davon 534 Kälber, 482 Schmal- und Alttiere, 289 Hirsche

Außerdem liegen bei der Jagdbehörde noch folgende Zahlen an „Fallwild" vor:

2010 − 24   2011 − 64   2012 − 71   2013 − 61

In der Oranienbaumer Heide wird gegenwärtig mittels Besenderung das Verhalten der Hirsche im Zusammenleben mit den dort gehaltenen Heckrindern und Konikpferden erforscht. Auch in der Glücksburger Heide wurden Rothirsche mit Sendern versehen, um einen Vergleich des Verhaltens von Rothirschen mit und ohne Einfluss von Beweidung zu erhalten. Dabei wird auch die Größe der Reviere der einzelnen Hirsche erkennbar: So belief dort ein Hirsch in der Brunftzeit innerhalb von knapp 3 Wochen eine Fläche von 551 ha. Ein Schmaltier lieferte vom 19. September 2014 bis Mitte August 2015 im 2-Stunden-Takt 4.342 Lokalisationen, die sich auf einer Fläche von insgesamt 2.760 ha verteilten. In der Oranienbaumer Heide beliefen ein Spießer und ein Schmaltier innerhalb von 4 Monaten Flächen von 1.430 ha bzw. 1.510 ha (DBU/ HNEE 2015).

Der Rothirsch hatte nach der Ausrottung von Wolf und Bär in Deutschland bisher keine natürlichen Feinde. Nach der Rückkehr des Wolfs gehört er jedoch zur Beute dieses Raubsäugers. Als begehrtes und gehegtes Großwild ist der Rothirsch nicht gefährdet,

obwohl er wegen der von ihm in den forstwirtschaftlichen Beständen erzeugten Schäl-
schäden auf eine verträgliche Bestandsstärke gehalten wird. Zur Wahrung eines ausge-
wogenen Verhältnisses zwischen Bestandsentwicklung und Abschuss haben sich vielerorts freiwillige Hegegemeinschaften gebildet, so auch in der Dübener Heide (HÜBNER,
mdl. Info).

Der Rothirsch ist eine jagdbare Wildart und hat nach Geschlechtern und Alter differenzierte Jagdzeiten: Hirsche und Alttiere vom 1. August bis 31. Januar, junge männliche
Hirsche (Schmalspießer) vom 1. Juli bis 28. Februar, junge weibliche Hirsche (Schmaltiere) vom 1. August bis 31. Januar und vom 1. Mai bis 30. Juni sowie Jungtiere (Kälber) vom 1. August bis 31. Januar.

65. Mufflon - *Ovis gmelini* Blyth, 1841

Das Mufflon wird auch als *Ovis ammon musimon* oder *Ovis aries musimon* (Pallas, 1811) bezeichnet. In diesen verschiedenen wissenschaftlichen Bezeichnungen spiegeln sich die
unterschiedlichen Auffassungen über die Herkunft des Mufflons wider: Teilweise wird
es als eine auf Korsika und Sardinien lebende Unterart des Wildschafs *Ovis ammon* betrachtet, teilweise als vom Anatolischen Schaf, *Ovis gmelinii*, welches in der Türkei und
Vorderasien beheimatet ist, abstammend.

Das Mufflon ist das einzige in Deutschland lebende Wildschaf und ist mit keiner anderen Tierart verwechselbar. Die Körperlänge beträgt 105 – 130 cm und die Schulterhöhe
65 – 75 cm. Die Männchen (Widder) tragen im Sommer ein rötlichbraunes Fell und auf
dem Rücken einen hellgrauen Sattelfleck, im Winter ist das Fell schwarzbraun, wodurch
der Sattelfleck deutlicher hervortritt. Die Weibchen sind hellbraun und werden im Winter graubraun. Der Bauch ist weißgrau. Die Widder haben schneckenförmig gewundene
Hörner, die bis 1 m Länge erreichen können.

Mufflons wurden Mitte des 16. Jahrhunderts in verschiedenen Regionen Europas ausgesetzt. Nach HERZOG & SCHRÖPFER (2016) gehen die deutschen Vorkommen maßgeblich von den Ansiedlungen in der Göhrde und im Harz zurück, wo auf Empfehlung
von A. E. BREHM (damals Direktor des Zoologischen Gartens Hamburg) O. L.
TESDORPF im Jahr 1905 Mufflons aus Korsika und Sardinien aussetzte. Da TESDORPF
kein Jäger war, kann die Einbürgerung des Mufflons in Deutschland also nicht, wie öfters angegeben, auf jagdliche Interessen beruhen. STUBBE & STUBBE (1994) haben 1985
für das Mufflon eine Meßtischblattquadranten-Kartierung auf der Basis von Zuarbeiten
der Kreisjagdbehörden erarbeitet. Diese zeigt in Ostdeutschland eine inselartige Verbreitung. Für das hier betrachtete Gebiet sind nur nördlich angrenzende Vorkommen

im Fläming und östlich angrenzende in der Niederlausitz verzeichnet. Während das Mufflon in den mediterranen Herkunftsgebieten auf felsige Berglebensräume beschränkt ist, lebt es in Sachsen-Anhalt nicht nur im Mittelgebirge, sondern auch in den Wäldern des Tieflands. In der Ebene werden Kieferngebiete auf trockenen Sandstandorten mit lockeren Baumbeständen bevorzugt besiedelt.

In der Wittenberger Region leben Mufflons in geringen Beständen in den Wäldern des Flämings. Hier soll nach N. SCHUMANN (Revierleiter Göritz) die aktuelle Population auf ca. sieben entwichene Gattertiere vom Gehege auf dem Hubertusberg im Jahr 1990 zurückgehen. Außerdem wanderte im Jahr 2000 ein größeres Rudel aus dem Bereich um Raben im Hohen Fläming zu, wo sich um 1960 durch Aussetzung eine Population begründet hatte. Bis 2011 war das örtlich begrenzte Vorkommen um Coswig, Wörpen, Griebo und Möllensdorf auf 200 — 300 Mufflons angewachsen, so dass entsprechende Schäden in Land- und Forstwirtschaft zu beklagen waren. Da das Mufflon eine jagdbare Wildart ist, wurden auf einer Treibjagd am 21. Januar 2012 im Revier um Stackelitz-Göritz 13 Mufflons erlegt (MZ 2012a). Aktuell sollen in diesen Revieren noch etwa 100 — 200 Mufflons vorkommen. Auch in den östlichen Flämingbereichen werden vereinzelt Mufflons gesichtet, wo am 5. Juni 2013 auch ein weißgesichtiges Jungtier nahe des Zemnicker Bruchs gesehen wurde (I. ELZ, U. ZUPPKE). Auch in der südlichen Annaburger Heide kommen vereinzelte Mufflons vor. 2004 wurden dort vier Mufflons gestreckt, davon drei männliche. Insgesamt betrug die Jagdstrecke im jetzigen Landkreis Wittenberg (UNTERE JAGDBEHÖRDE WITTENBERG):

    2010 — 30, davon 8 Lämmer, 9 Schafe, 13 Widder
    2011 — 59, davon 18 Lämmer, 21 Schafe, 19 Widder
    2012 — 46, davon 17 Lämmer, 15 Schafe, 14 Widder
    2013 — 62, davon 19 Lämmer, 27 Schafe, 16 Widder

Natürliche Feinde hatte das Mufflon in Mitteleuropa bisher keine. Mit dem Auftreten des Wolfs und des Luchses wird angenommen, dass die Mufflons wohl auf Grund ihres eingeschränkten Fluchtverhaltens und weil Felsregionen als Zufluchtsort fehlen, zur Beute dieser Raubsäuger werden, wodurch mit einer Reduzierung der Mufflonpopulation zu rechnen ist. Regional wird wegen der Annahme, dass es eine ausgesetzte Tierart ist, eine Reduzierung oder gar Auslöschung der Mufflonbestände angestrebt. Nach HERZOG & SCHRÖPFER (2016) repräsentiert der deutsche Bestand aber „den Genpool der hochgradig gefährdeten Inselpopulationen auf Korsika und Sardinien", der dringenden Schutzbedarf aufweist.

Das Mufflon ist in Sachsen-Anhalt wie in allen Bundesländern Deutschlands eine jagdbare Wildart und genießt vom 1. Februar bis 31. Juli eine Schonzeit.

Oben: Wildschweine sind sehr anpassungsfähig: Nachdem sie bisher als scheue Waldbewohner lebten, haben sie nun auch urbane Lebensräume für sich erschlossen und tauchen manchmal auch in Städten auf, wie hier am 1.9.2010 vormittags an der Möllensdorfer Straße in Wittenberg.

Unten: Wildschweine können sehr gut schwimmen und überqueren auch die Elbe, so wie hier bei Bleddin, wo traditionelle Wildwechsel vermutet werden (Foto: K. Facius).

189

Oben: Am 11.7.2016 wurde zuerst bei Listerfehrda, dann zwischen Wachsdorf und Pratau ein Elch gesichtet, wie es in großen Abständen immer mal wieder in der Wittenberger Region passiert, wenn einzelne Elche aus Polen westwärts wandern (Foto: M. Burdack).

Links unten: Junge Rehe (Kitze) werden in den ersten Tagen versteckt „abgelegt" und nur zum Säugen vom Muttertier aufgesucht. Rechts unten: Das im November/Dezember abgeworfene Gehörn des Rehbocks ist im April/Mai wieder nachgewachsen, die Schutzhaut („Bast") wird dann an Gehölzen abgescheuert („gefegt").

Oben: Das neue Geweih der Rothirsche ist im Juli/August wieder nachgewachsen und ist von einer durchbluteten, behaarten Schutzhaut („Bast") umhüllt. Die „Kolbenhirsche" scheuern („fegen") vor der Brunftzeit diese Haut an Gehölzen ab (Foto: J. Noack).

Unten: Zur Brunftzeit (September/Oktober) schließen sich die sonst nach Geschlechtern getrennten Rudel der Rothirsche zusammen/Mark Friedersdorfer Wald 9.10.2013.

Oben: Damhirschrudel sind im Fläming und in der westlichen Dübener Heide bevorzugt in lichten Mischwäldern mit Wiesen zu beobachten/Zahna 24.2.2008.

Unten: Ein Mufflonwidder und zwei Mufflonschafe mit einem weißgesichtigen Jungtier zur Nahrungsaufnahme auf einem Getreidefeld am 12.4.2014 im Zemnicker Bruch (Foto: P. Elz).

Arten ohne sicheren Nachweis

66. Schabrackenspitzmaus - *Sorex coronatus* Miller, 1828

Mit einer Körperlänge von 6 – 8 cm ist die Schabrackenspitzmaus nur wenig kleiner als die Waldspitzmaus (2.), von der sie im Freiland kaum zu unterscheiden ist. Eine sichere Bestimmung ist nur durch eine genetische Untersuchung oder an Schädelmerkmalen möglich. Die Fellfärbung ist variabel mit schwarzbraunem oder fast schwarzem Rücken. Dieser ist zur helleren Flankenfärbung grau oder gelblichgrau bis hell-/mittelbraun deutlich abgesetzt. Dadurch erscheint der Eindruck einer „Schabracke" (aus dem türkischen „caprak" = Satteldecke). Die Art lebt in feuchten Biotopen mit guter Deckung, so in der Krautschicht an Uferbereichen von Bächen oder in Laub- und Mischwäldern.

Die Schabrackenspitzmaus bewohnt das atlantisch geprägte Westeuropa. STUBBE & STUBBE (1994) haben diese Art nur auf 8 UTM-Rastern im südwestlichen Ostdeutschland nachgewiesen. Von dieser seltenen, Spitzmausart gibt es aus der Region einen Nachweis aus einem Eulengewölle aus Plossig im Südosten des Gebiets aus dem Zeitraum 1983 – 1985 (ERFURT 1986). Auf Grund der sehr großen Variabilität der osteologischen Merkmale der Waldspitzmaus wird inzwischen dieser wie auch Nachweise aus anderen Gebieten in Frage gestellt (WOLF & TURNI 2009), obwohl das betreffende Knochenmaterial damals von K. H. SCHWAMMBERGER (Ruhr-Universität Bochum) nachbestimmt und bestätigt wurde.

67. Haselmaus - *Muscardinus avellanarius* (Linnaeus, 1758)

Die Haselmaus gehört zur Familie der Schläfer oder Bilche (*Gliridae*), ist also keine echte Maus, obwohl sie nur so groß wie eine Hausmaus ist. Die Körperlänge beträgt 6,5 – 9,0 cm. Sie kann gut klettern und lebt überwiegend auf Bäumen oder Sträuchern. Ihr Fell ist oberseits hell- bis rotbraun, unterseits an Kehle und Brust weiß, am Bauch gelblich. Der lange, dicht behaarte Schwanz ist fast körperlang.

Die Haselmaus kommt in Europa von Frankreich ostwärts bis zur Wolga vor und fehlt in Spanien sowie Nordeuropa. Deutschland liegt zwar gänzlich im Verbreitungsgebiet, ist aber nur äußerst dünn und sehr zerstreut besiedelt. Auch STUBBE & STUBBE (1994) haben sie nur auf 41 % der ostdeutschen Raster ermittelt. Sie bewohnt unterholzreiche

Laubwälder, aber auch Gebüsche und Hecken, wo sie in Höhlen ihre kugeligen Nester anlegt. Obwohl ihr Name es vermuten lässt, ist sie nicht nur an Lebensräumen mit Haselnusssträuchern gebunden.

Sie gehört wie alle Bilcharten zu den Säugetierarten, über deren Vorkommen in der Wittenberger Region fast nichts bekannt ist. So zeigt auch die aktuelle Verbreitungskarte des BfN (2013) keine Vorkommen im Wittenberger Raum, wobei jedoch BÜCHNER & LANG (2014) einräumen, dass in den meisten Bundesländern nach wie vor große Wissenslücken bestehen. PIECHOCKI (mdl.) erwähnte einen vermutlichen Haselmausfund in einem Nistkasten im Auwäldchen Bodemar bei Seegrehna in den 1960er-Jahren. Auch bei Jessen soll es einen Fund gegeben haben, für den ebenso kein Beleg gefunden werden konnte wie für andere Hinweise, z.B. für ein Feldgehölz bei Rackith.

Die Haselmaus ist laut Roter Liste Sachsen-Anhalts vom Aussterben bedroht (Gefährdungskategorie 1) und ist auch im Anhang IV der FFH-Richtlinie der EU gelistet.

68. Kurzohrmaus – *Microtus subterraneus* (de Selys-Longchamps, 1836)

Die auch Kleinäugige Wühlmaus genannte Art hat eine Körperlänge von 7,7 – 10,5 cm. Sie ist die kleinste heimische Wühlmausart mit relativ langem, seidig-glänzendem, schwarzgrauem bis bräunlichem Rückenfell und silbergrauem Bauch. Die Augen sind sehr klein und die Ohren sehr kurz und fast völlig im Fell verborgen.

Sie ist in Europa von der nordwestfranzösischen Atlantikküste bis zum Don verbreitet. Deutschland ist nach SCHRÖPFER (1984) sehr lückenhaft südlich einer Linie Wesel - Melle – Bückeburg – Wolfsburg – Wittenberg – Görlitz besiedelt. So haben sie STUBBE & STUBBE (1994) auch nur auf 26 % der ostdeutschen Raster nachgewiesen, die ausschließlich südlich des hier betrachteten Gebietes liegen. Ihre Lebensraumansprüche ähneln denen der Feldmaus (34.). Dementsprechend vielfältig präsentieren sich ihre potentiellen Lebensräume, wie feuchte Laubwälder, Windwurfflächen, Hochgrasbestände, Gärten und Gemüsefelder. Sie meidet trockene, kurzgrasige Standorte.

Innerhalb der von DOLCH (1995) bzw. ANGERMANN & WOLF (2009) dargelegten Verbreitungsgrenze liegt die Wittenberger Region, so dass mit der Art hier gerechnet werden kann. Eine von G. SCHMIDT (Wittenberg) am 14. August 2004 in einem Eulengewölle aus dem Überflutungsgrünland bei Pratau determinierte Kurzohrmaus konnte noch nicht durch Zweitbestimmung bestätigt werden. ANGERMANN & WOLF (2009) erwähnen das Vorkommen „an verschiedenen Lokalitäten entlang der Elbe" im südlich angrenzenden Landkreis Torgau.

Die Kurzohrmaus ist nach dem Bundesnaturschutzgesetz eine besonders geschützte Art und auch nach dem Anhang 1 der Bundesartenschutz-Verordnung geschützt. In der Roten Liste Sachsen-Anhalts wird sie in der Kategorie R (Extrem seltene Arten mit geographischer Restriktion) geführt.

69. Nordische Wühlmaus - *Microtus oeconomus* (Pallas, 1776)

Die Nordische Wühlmaus, auch Sumpfmaus genannt, hat eine Körperlänge von 7,5 – 13,5 cm. Die Schwanzlänge entspricht etwa der halben Körperlänge. Der Rücken ist schwarzbraun bis sehr dunkelgraubraun gefärbt. Die Nordische Wühlmaus besitzt hellere Flanken und ihr Bauch ist hellgrau. Die hellen Füße bilden einen deutlichen Kontrast zur dunkleren Gesamtfärbung.

Die Art kommt rings um die Nordhalbkugel von Skandinavien bis nach Kamtschatka und in Nordamerika vor. In Deutschland ist sie nur in nordöstlichen Teilen, wie Mecklenburg und Brandenburg, vertreten (STUBBE & STUBBE 1994). Obwohl diese Art unmittelbar nördlich der Region bei Rädigke, Wiesenburg und Niemegk (DOLCH 1991) und östlich bei Brandis nachgewiesen wurde (JORGA & ERFURT 1987; JORGA 1991), soll sie nach JASCHKE (1991) südlich des Flämings noch nicht nachgewiesen worden sein. Aus der Wittenberger Region fehlen bisher bestätigte Artnachweise Etwa 3 km östlich von Göritz wurde auf einer Feuchtwiese von J. BERG ein auffälliges Gangsystem und Kotplätze gesichtet, die von dieser Art stammen könnten.

Die Nordische Wühlmaus ist eine besonders geschützte Art und ist in der Roten Liste Sachsen-Anhalts in die Kategorie R (Extrem seltene Art mit geographischer Restriktion) eingestuft.

70. Seehund – *Phoca vitulina* Linnaeus, 1758

Der Seehund ist ein in allen nördlichen Meeren verbreiteter Meeressäuger der Familie Hundsrobben. Seine Körperlänge beträgt 100 – 190 cm und das Fell variiert zwischen grau, braungelb bis silbergrau mit dunklen Flecken und Punkten. Der Bauch ist immer heller als der Rücken. Statt Beine oder Pfoten hat er kleine Vorderflossen und längere

Hinterflossen, mit denen er sich als gewandter Schwimmer im Wasser fortbewegt. An Land wirkt er etwas unbeholfen.

In Europa besiedelt er die Küsten von Island über die Britischen Inseln und Skandinavien bis in die südwestliche Ostsee und das russische Eismeer. In Deutschland besiedelt er das Wattenmeer der Nordsee und kommt in der Ostsee nur selten vor. Obwohl der Seehund eine ausschließlich im Meer lebende Säugetierart ist, wanderten in der Vergangenheit einzelne Tiere wiederholt bis weit in die Oberläufe der Flüsse. Für Sachsen und somit auch für Sachsen-Anhalt einschließlich der Wittenberger Region sind bereits durch ZIMMERMANN (1934) drei Exkurse von Seehunden elbaufwärts dokumentiert worden, die natürlich aus den Nordseevorkommen stammen. Der erste Seehund wurde am 20. März 1634 nahe Kötzschenbroda bei Dresden in der Elbe geschossen. Das Tier kam in die kurfürstliche Kunstkammer (HANTZSCH 1902) und wird auch in einer Beschreibung des Dresdener Naturalienkabinetts – dem Vorläufer des Tierkundemuseums – erwähnt (PÖTSCH 1805). Die zugehörigen Unterlagen und möglicherweise auch die Überreste des Tieres sind beim Brand des Dresdener Zwingers 1849 vernichtet worden. Der Seehund wird als „seltener Irrgast …. in der sachsen-anhaltinischen Elbe" betrachtet (HAFERKORN 2001), der ebenso wie eine 1970/71 in Magdeburg gesehene Kegelrobbe (*Halychoerus grypus*) nicht dauerhaft in diesem Bereich der Elbe leben kann.

Der Seehund wird nicht durch das Bundesnaturschutzgesetz geschützt, sondern untersteht dem Jagdrecht, nach dem er aber ganzjährig geschont ist. Auch ist er in der FFH-Richtlinie EG 2013/17 im Anhang II aufgeführt.

71. Europäischer Nerz - *Mustela lutreola* (Linnaeus, 1761)

Der gegenwärtig nur noch in fragmentierten Reliktpopulationen in Frankreich und Spanien vorkommende Europäische Nerz war bis zum Beginn des 20. Jahrhunderts in gewässerreichen Gebieten Deutschlands verbreitet. Die letzte Feststellung in Deutschland datiert von 1925 im östlichen Niedersachsen (LÜERS & BRANDT 2014). Hinweise auf ein ehemaliges Vorkommen im Wittenberger Raum fanden sich nicht, obwohl von seinem früheren Vorkommen im gewässerreichen Auengebiet von Elbe und Schwarzer Elster auszugehen ist. Erwähnung in diesem Rahmen verdient die Art dennoch, da der Tierpark Wittenberg als Kooperationspartner des Vereins EuroNerz e.V. Osnabrück sich an der Erhaltungszucht dieser Raubsäugerart beteiligt und Jungtiere für das Zuchtprogramm und Auswilderungsprojekte in Deutschland und anderen europäischen Ländern zur Verfügung stellt.

Domestizierte Säugetiere

Da bei Gängen in die Natur immer häufiger auch frei lebende Haustiere gesehen werden, sollen in dieser Darstellung auch die wichtigsten genannt werden, die in der Wittenberger Region vorkommen. Besonders robuste und widerstandsfähige Rassen werden heutzutage zur extensiven und damit schonenden Beweidung von Flächen eingesetzt, die offen gehalten werden sollen, wie Heiden und Mager- oder Trockenrasen, die sonst durch die natürliche Sukzession verbuschen und damit verloren gehen würden.

Die Domestizierung (lat. „domesticare" = zähmen, „domus" = Haus; im weiteren Sinn: „Haustiere" aus Wildform züchten) ist das ursprüngliche Einfangen und Zähmen von wildlebenden Säugetieren durch den Menschen, der bestimmte Arten zur eigenen Nutzung ausgelesen hat. Dadurch entwickelten sich innerartliche Veränderungen über Generationen hinweg, die schließlich zur Züchtung und zur genetischen Isolation gegenüber der Wildform führten. So waren z. B. vor ca. 30.000 Jahren Wölfe die ersten Haustiere, die sich als Hunde bis heute entwickelt haben und dabei nicht völlig ihren Urinstinkt verloren haben. Bei domestizierten Säugetieren handelt es sich also um Tiere, die weder ganz gezähmt noch ganz wild sind.

72. Konik

Das Konik ist eine Ponyrasse. Es stammt aus dem mittel- und osteuropäischen Raum und ist hauptsächlich in Polen verbreitet. „Konik" ist polnisch und heißt „Pferdchen" oder „Kleines Pferd". Das Konik ist eine polnische Landrasse, die aus sehr robusten Landschlägen aus der Biłgoraj-Region hervorging. Es hat ein Stockmaß (Schulterhöhe) von 120 − 140 cm und besitzt überwiegend ein graubraunes bis braunes Fell. Meist haben sie auf dem Rücken einen dunklen Aalstrich und an den Beinen mitunter eine schwache Querstreifung. Obwohl das Konik in seinem Aussehen an das ausgestorbene Wildpferd Tarpan erinnert, ist es trotzdem ein Hauspferd, wenn auch ein sehr robustes. Auf Grund ihrer Robustheit werden die Koniks ganzjährig zur Landschaftspflege im Naturschutz eingesetzt, um durch ihre Nahrungsaufnahme und Tritt-„Schäden" Heideflächen vor Verbuschung freizuhalten.

Seit 2008 gibt es in der Oranienbaumer Heide eine Herde Koniks, die inzwischen auf 105 Tiere angewachsen ist. Es ist die einzige Herde dieser Pferderasse in der Wittenberger Region. Im Jahr 2015 wurde ein Fohlen bei einem Wolfsangriff verletzt, durch die Alttiere der Herde jedoch verteidigt, so dass es überlebte (MZ 2015d).

73. Heckrind

Auch Heckrinder werden wegen ihrer Anpassungsfähigkeit und Robustheit zur Landschaftspflege eingesetzt. Es handelt sich hierbei um eine Nachzucht des Auerochsen, dem Urrind, welches 1627 in Europa ausgestorben ist, aus primitiven Hausrindrassen, so dass das Heckrind auch weiterhin ein Hausrind ist. Mit einer Widerristhöhe (der erhöhte Übergang vom Hals zum Rücken) von 130 – 140 cm ist das Heckrind etwas kleiner als die bekannten Milch- und Fleischrinder. Die Hörner sind deutlich länger und das Fell ist meist schwarz bis rötlichbraun. Im Winter wächst den Tieren zum Schutz vor Kälte ein dichtes Winterfell. Durch ihr Fraßverhalten sowie ihre Tritt- und Wälztätigkeit halten sie die Landschaft offen und verhindern die Verbuschung. Dadurch wird spezieller Lebensraum für seltene Pflanzen- und Tierarten geschaffen.

In der Wittenberger Region wird eine Herde Heckrinder in der Oranienbaumer Heide freilaufend gehalten. Auch sie sorgen seit 2008 auf der Ganzjahres-Standweide für eine halboffene Weidelandschaft nach naturschutzfachlichen Maßgaben. 2014/15 betrug die Herdengröße 46 Rinder. Sie leben dort ohne Zufütterung und bleiben auch im Winter im Freien.

74. - 77. Weitere Rinder

Eine weitere primitive Hausrindrasse, die im Freien gehalten wird, ist das Schottische Hochlandrind, mit einem langhaarigen, zotteligen, rotbraunen Fell und langen Hörnern, die geschlechtsspezifisch unterschiedlich geformt sind. Bei den Bullen haben sie eine kräftige, waagerecht nach vorn gebogene Form. Bei den Kühen sind die Hörner deutlich länger und weit ausladend nach oben gebogen. Diese Rinderrasse eignet sich besonders für eine extensive Weidehaltung. Auch dieses Rind wird an verschiedenen Stellen der Region ganzjährig im Freien gehalten.

Sie sollten nicht mit dem Gallowayrind verwechselt werden, eine weitere widerstandsfähige Rinderrasse von den Britischen Inseln, die ebenfalls in der Region im Freiland gehalten wird. Galloways sind hornlos, haben ein doppelschichtiges Fell mit langem, gewelltem Deckhaar und feinem, dichtem Unterhaar. Dies und ihre dicke Haut sowie der angepasste sparsame Stoffwechsel machen die Galloways besonders widerstandsfähig. Deshalb können sie ohne Probleme auch harte Winter im Freien überstehen. Eine Herde von etwa 12 Tieren ist bei Schützberg zu sehen, die im Winter bei Klöden ihre Winterweide bezieht.

Eine weitere robuste Rinderrasse, die in der Teucheler Heide auf weitläufigen Koppeln ganzjährig im Freien gehalten wird, ist das Aubrac-Rind. Es stammt aus der Auvergne im Zentralmassiv Frankreichs. Das einfarbige Haarkleid ist fahlgelb bis grau. Die weißen Maul- und Augenringe haben eine feine schwarze Umrandung. Das dichte, kurze Haarkleid wird bei geringeren Temperaturen länger und kraus. Diese widerstandsfähige und genügsame Rasse wird hier unter naturschutzfachlichen Auflagen gehalten und soll die Verbuschung der wertvollen Offenflächen zurückdrängen.

In Rettig, einem Ortsteil von Rade südwestlich von Jessen, ist eine Wildrindart, der Bison (*Bison bison*), der als Indianerbüffel von den nordamerikanischen Prärien bekannt ist, im Freiland zu sehen. Die Tiere werden hier unter Bedingungen des ökologischen Landbaus zur Gewinnung des schmackhaften Fleisches gehalten.

78. Kamerunschaf

Das Kamerunschaf wurde aus dem Westafrikanischen Zwergschaf (Djallonké-Schaf) gezüchtet und kommt ursprünglich in westafrikanischen Ländern von Senegal bis Botswana vor. Es ist mit 55 − 70 cm Widerristhöhe relativ klein und zählt zu den kurzschwänzigen Haarschafen, d. h. sie haben keine Wolle und müssen nicht wie die meisten anderen Schafe geschoren werden. Das Haarkleid liegt eng am Körper an und im Winter bildet sich darunter eine dichte Unterwolle, die im Frühjahr verloren wird. Das Fell ist meist braun mit schwarzer Zeichnung an Kopf, Bauch und Beinen. Bei den Hörner tragenden Böcken bildet sich eine Mähne an Unterhals und Brust. Es sind scheue und temperamentvolle Tiere. Da das Kamerunschaf wenig empfindlich sowie sehr anpassungsfähig und robust ist, wird es ebenfalls oft in der Landschaftspflege eingesetzt.

In der Wittenberger Region gibt es verschiedene Züchter, die Kamerunschafe eingekoppelt auf der Weide halten, so in Apollensdorf, Bad Schmiedeberg, Schweinitz und Wörlitz. Zur großflächigen Landschaftspflege ist es hier wohl noch nicht eingesetzt worden.

Eine weitere robuste Schafrasse ist die Graue Gehörnte Heidschnucke, deren Hauptzuchtgebiet die norddeutschen Heide- und Moorlandschaften der Lüneburger Heide sind. Ihr Haar ist gräulich und extrem lang. Beine, Schwanz und Kopf sind schwarz, die Lämmer werden schwarz geboren und färben sich erst im zweiten Jahr zur Elternfarbe um. Beide Geschlechter tragen Hörner.

In der Wittenberger Region ist dieses Schaf in der Woltersdorfer Heide zu sehen, wo es durch sein Fressverhalten die sonst verkahlende Besenheide kurz hält und somit zur Pflege des gefährdeten Biotoptyps der Calluna-Heide eingesetzt wird.

79. Alpaka - *Vicugna pacos*

Das Alpaka ist eine aus den südamerikanischen Anden stammende, domestizierte Kamelform, die vorwiegend ihrer Wolle wegen gezüchtet wird. In Europa wird Alpakawolle bisher wenig genutzt. Alpakas werden in Deutschland auf Grund ihres ruhigen und friedlichen Charakters auch in der tiergestützten Therapie eingesetzt. Der Körperbau der Alpakas ist durch langgestreckte, schlanke Beine, einen langen, dünnen Hals und einen kleinen, dreieckigen Kopf charakterisiert. Sie haben keinen Höcker. Die Farben der Tiere reichen von reinweiß über beige zu allen Braun- und Rotbrauntönen bis hin zu Grauabstufungen und Tiefschwarz. Es gibt außerdem mehrfarbige, gescheckte Tiere in vielen Variationen.

In der Wittenberger Region sind in verschiedenen Ortschaften Alpakas auf der Weide zu sehen, so bei Reinsdorf und in Vockerode.

80. Frettchen – *Mustela putorius f. furo*

Das Frettchen ist die domestizierte Haustierform des Waldiltisses, das in Deutschland zur Jagd auf Wildkaninchen eingesetzt wird. Die Fellfärbung ist überwiegend weißlichgelb. Daneben gibt es bei Zuchtformen unterschiedliche Farbschattierungen von weiß bis cremefarben sowie in der Wildform iltisfarben. Allerdings findet diese Form der Jagdausübung heute kaum noch Anwendung. Stattdessen werden die Tiere als Haustiere gehalten. Dabei kommt es vor, dass bei Unvorsichtigkeit des Halters Tiere in die freie Natur entweichen. Oder sie werden ihrem Besitzer zur Last und deshalb einfach im Wald ausgesetzt.

Solange es in der Wittenberger Region noch eine aktive Gruppe von Beizjägern gab, wurden auch von ihnen Frettchen benutzt, um Wildkaninchen für die Jagd mit den Beizvögeln aus den Bauen zu treiben. Da Frettchen auf Menschen geprägt und dadurch wenig scheu sind, kommt es vor, dass ausgesetzte oder entlaufene Frettchen im Wald aufgefunden und eingefangen werden, wie z. B. im Wittenberger Stadtwald.

81. Meerschweinchen – *Cavia porcellus*

Hin und wieder werden auch andere Haustiere in der freien Natur gesehen oder gefunden, wie es fünf Meerschweinchen beweisen, die 1980 an einem Strohschober in der freien Feldflur am Apollensdorfer Bach gefunden wurden. Ursprünglich stammen die Meerschweinchen aus Mittel- und Südamerika, wo sie schon die Inkas als Haustiere gehalten haben sollen. Es sind Nagetiere, die etwa 20 cm lang werden. Die gezüchteten Hausmeerschweinchen werden in vielen Ländern, so auch in Deutschland, als Haustiere gehalten.

In der Regel haben Aussetzungen derartiger Tierarten kaum eine Chance zum Überleben.

Oben: Das wildpferdähnliche Konik ist eine sehr robuste Pferderasse und wirkt ganzjährig in der freien Landschaft der Oranienbaumer Heide als „Landschaftspfleger"/14.10.2009 (Foto: B. Krummhaar).

Unten: Das Heckrind ist eine Hausrindrasse, die aus verschiedenen Rinderrassen gezüchtet wurde und dem Auerochsen ähnlich sieht. Es ist ebenfalls als „Landschaftspfleger" in der Oranienbaumer Heide eingesetzt/29.9.2010 (Foto: B. Krummhaar).

Oben: Der auf den Prärien Nordamerikas heimische und als „Indianerbüffel" bekannte Bison ist in der Wittenberger Region nur in einer Herde bei Rettig zu sehen/15.9.2015.

Links unten: Das kälteunempfindliche Kamerunschaf stammt aus Westafrika und wird zur Beweidung größerer Grasflächen gehalten/Dietrichsdorf 13.9.2015. Rechts unten: Das aus den Anden Südamerikas stammende Alpaka ist eine domestizierte Kamelform und wird zur Wollgewinnung und für therapeutische Behandlungen gehalten/Reinsdorf 16.9.2008.

Gesamteinschätzung

Nachfolgend werden als zusammenfassender Überblick alle in der Region Wittenberg nachgewiesenen wildlebenden Säugetierarten tabellarisch angeführt. Es konnten 65 Arten als etablierte Arten sicher nachgewiesen werden. Das sind 63 % der 103 von GRIMMBERGER (2014) für Deutschland aufgelisteten Säugetierarten. Von 6 weiteren Arten gibt es Hinweise auf ihr Vorkommen, es fehlen aber sichere Nachweise. GÖRNER (1986) führt für das Gebiet der ehemaligen DDR 81 Säugetierarten auf. Somit kommen 80 % dieses Artenspektrums in der Wittenberger Region vor. Zur Säugetierfauna Sachsen-Anhalts gehören nach HOFMANN et al. (2016) 78 Arten (allerdings incl. Hauskatze), davon konnten also 83 % als etablierte Arten in der Wittenberger Region festgestellt werden.

Gleichzeitig wird der Gefährdungsstatus nach den Roten Listen Deutschlands (BINOT et al. 2009) und Sachsen-Anhalts (HEIDECKE et al. 2004), zum gesetzlichen Schutz in der Bundesrepublik Deutschland (nach Bundesnaturschutzgesetz) und zum Schutz im europäischen Maßstab nach den Anhängen II und IV der FFH-Richtlinie der EU angeführt:

Rote Liste Deutschland/	0	= ausgestorben oder verschollen
Sachsen-Anhalt	1	= vom Aussterben bedroht
(RL D/LSA):	2	= stark gefährdet
	3	= gefährdet
	R	= extrem seltene Arten mit geographischer Restriktion
	V	= Vorwarnliste
	G	= Gefährdung anzunehmen, Status aber unbekannt
	D	= Daten defizitär
(Gesetzlicher) Schutz:	s	= BNatSchG, streng geschützt
	b	= BNatSchG, besonders geschützt
	Jg	= Jagdgesetz, ganzjährig jagdbar
	Jb	= Jagdgesetz, begrenzte Jagdzeit
	Jo	= Jagdgesetz, ohne Jagdzeit
FFH-Richtlinie der EU:	II	= Art in Anhang II
	IV	= Art in Anhang IV
	V	= Art in Anhang V

Deutscher Name	Wissenschaftlicher Name	RL D	RL LSA	BNatSchG	FFH
Etablierte Arten					
1. Braunbrusti gel	*Erinaceus europaeus*		V	b	
2. Waldspitzmaus	*Sorex araneus*			b	
3. Zwergspitzmaus	*Sorex minutus*		3	b	
4. Wasserspitzmaus	*Neomys fodiens*	3	3	b	
5. Gartenspitzmaus	*Crocidura suaveolens*	3	R	b	
6. Feldspitzmaus	*Crocidura leucodon*	3	V	b	
7. Hausspitzmaus	*Crocidura russula*		3	b	
8. Maulwurf	*Talpa europaea*		V	b	
9. Breitflügelfledermaus	*Eptesicus serotinus*	V	2	s	IV
10. Großer Abendsegler	*Nyctalus noctula*	3	3	s	IV
11. Kleiner Abendsegler	*Nyctalus leisleri*	G	2	s	IV
12. Mückenfledermaus	*Pipistrellus pygmaeus*		G	s	IV
13. Rauhautfledermaus	*Pipistrellus nathusii*	G	2	s	IV
14. Zwergfledermaus	*Pipistrellus pipistrellus*		2	s	IV
15. Mopsfledermaus	*Barbastella barbastellus*	1	1	s	II, IV
16. Braunes Langohr	*Plecotus auritus*	V	2	s	IV
17. Graues Langohr	*Plecotus austriacus*	V	2	s	IV
18. Zweifarbfledermaus	*Vespertilio murinus*	G	R	s	IV
19. Große Bartfledermaus	*Myotis brandtii*		2	s	IV
20. Kleine Bartfledermaus	*Myotis mystacinus*	3	1	s	IV
21. Nymphenfledermaus	*Myotis alcathoe*			s	IV
22. Bechsteinfledermaus	*Myotis bechsteinii*	3	1	s	II, IV
23. Großes Mausohr	*Myotis myotis*	3	1	s	II, IV
24. Teichfledermaus	*Myotis dasycneme*		R	s	II, IV
25. Wasserfledermaus	*Myotis daubentonii*		3	s	IV
26. Fransenfledermaus	*Myotis nattereri*	3	2	s	IV
27. Feldhase	*Lepus europaeus*	3	2	Jb	
28. Wildkaninchen	*Oryctolagus cuniculus*		V	Jg	
29. Eichhörnchen	*Sciurus vulgaris*		V	b	
30. Siebenschläfer	*Glis glis*		3	b	
31. Eurasischer Biber	*Castor fiber*	3	2	s	II, IV

Deutscher Name	Wissenschaftlicher Name	RL D	RL LSA	BNatSchG	FFH
32. Schermaus	*Arvicola terrestris*		V		
Bergschermaus	*Arvicola scherman*				
Wasserschermaus	*Arvicola amphibius*				
33. Erdmaus	*Microtus agrestis*				
34. Feldmaus	*Microtus arvalis*				
35. Rötelmaus	*Clethrionomys glareolus*				
36. Bisam	*Ondatra zibethicus*				
37. Feldhamster	*Cricetus cricetus*	2	1	s	IV
38. Gelbhalsmaus	*Apodemus flavicollis*			b	
39. Waldmaus	*Apodemus sylvaticus*			b	
40. Brandmaus	*Apodemus agrarius*		V	b	
41. Zwergmaus	*Micromys minutus*	V	3	b	
42. Hausmaus	*Mus musculus*				
Östliche Hausmaus	*Mus domesticus*		D		
Westliche Hausmaus	*Mus musculus*		D		
43. Hausratte	*Rattus rattus*	D	D		
44. Wanderratte	*Rattus norvegicus*				
45. Nutria	*Myocastor coypus*				
46. Luchs	*Lynx lynx*	2	D	s, Jo	II, IV
47. Wildkatze	*Felis silvestris*		1	s, Jo	IV
48. Marderhund	*Nyctereutes procyonoides*			Jg	
49. Rotfuchs	*Vulpes vulpes*			Jg	
50. Wolf	*Canis lupus*	0	0	s	II, IV
51. Fischotter	*Lutra lutra*	1	1	s, Jo	II, IV
52. Dachs	*Meles meles*			Jb	
53. Baummarder	*Martes martes*	V	2	Jb	V
54. Steinmarder	*Martes foina*			Jb	
55. Waldiltis	*Mustela putorius*	V	2	Jb	V
56. Hermelin	*Mustela erminea*			Jb	
57. Mauswiesel	*Mustela nivalis*	V	V	Jo	
58. Mink	*Neovison vison*			Jg	
59. Waschbär	*Procyon lotor*			Jg	
60. Wildschwein	*Sus scrofa*			Jb	

Deutscher Name	Wissenschaftlicher Name	RL D	RL LSA	BNatSchG	FFH
61. Elch	*Alces alces*	0	0	Jo	
62. Reh	*Capreolus capreolus*			Jb	
63. Damhirsch	*Dama dama*			Jb	
64. Rothirsch	*Cervus elaphus*			Jb	
65. Mufflon	*Ovis gmelini*			b, Jb	
Arten ohne sicheren Nachweis					
66. Schabrackenspitzmaus	*Sorex coronatus*		D	b	
67. Haselmaus	*Muscardinus avellanarius*	V	1	s	IV
68. Kurzohrmaus	*Microtus subterraneus*		R	b	
69. Nordische Wühlmaus	*Microtus oeconomus*	3	R	s	
70. Seehund	*Phoca vitulina*			Jo	II
71. Europäischer Nerz	*Mustela lutreola*		0	s	II, IV

Demnach sind von den in der Region nachgewiesenen 65 etablierten Säugetierarten 15 besonders geschützt und 24 streng geschützt. Somit haben 60 % der in der Region Wittenberg vorkommenden Säugetierarten einen gesetzlichen Schutzstatus nach dem Bundesnaturschutzgesetz. Fünf weitere Arten sind nach dem Jagdgesetz ganzjährig geschont. Sieben Arten sind nach der Roten Liste Sachsen-Anhalts vom Aussterben bedroht (Kategorie 1), zwölf stark gefährdet (Kategorie 2) und sieben gefährdet (Kategorie 3). Damit sind 40 % der vorkommenden Säugetierarten in eine Gefährdungskategorie eingestuft.

Die vielfältige Naturausstattung der Landschaften bedingt, dass in der Region um Lutherstadt Wittenberg eine artenreiche Säugetierfauna vorkommt. Wenn auch gegenwärtig die Erfassung und Erforschung dieser Artenvielfalt noch nicht abgeschlossen ist, wird deutlich, dass in der Region rund zwei Drittel der in Deutschland vorkommenden Säugetierarten leben, darunter auch ein großer Anteil, der entweder europaweit, national oder regional als gefährdet eingestuft ist. Die vorliegende Zusammenfassung des bekannten Wissens über das Vorkommen der lokalen Säugerfauna möge beitragen, den Säugetieren des Gebiets weiterhin größere Aufmerksamkeit zu widmen und ihre Bestandsentwicklung zu verfolgen, damit die bestehende Bedeutung des Gebiets für eine artenreiche Tierwelt erhalten bleibt.

Glossar

Aalstrich	von der übrigen Färbung abweichende, meist dunkle Zeichnung im Fell vieler Säugetiere; Sie verläuft als schmale Linie längs zur Wirbelsäule.
Abtrieb	Begriff aus der Forstwirtschaft: Fällung aller Bäume auf einer Fläche, so dass ein Kahlschlag entsteht
adult	erwachsen = Lebensphase nach Eintreten der Geschlechtsreife
anthropogen	durch den Menschen entstanden, verursacht, hergestellt oder beeinflusst
ausgedeicht	außerhalb der Eindeichung, also im Überflutungsbereich befindlich
autochthon	seit langem und ohne menschlichen Eingriff in einem Gebiet lebend
aquatisch	Organismen, die ihren Lebensmittelpunkt im Wasser haben
Barberfalle	Bodenfalle, benannt nach H. S. Barber (1882 − 1950); im Boden vergrabenes Gefäß, dessen oberer Rand mit dem umgebenden Gelände abschließt, so dass im Gebiet laufende Kleintiere hineinfallen, z. B. Laufkäfer
Biotop	Lebensraum einer Lebensgemeinschaft in einem Gebiet
Biosphärenreservat	eine von der UNESCO initiierte Modellregion, in der nachhaltige Entwicklung in ökologischer, ökonomischer und sozialer Hinsicht exemplarisch verwirklicht werden soll
Calluna-Heide	Vegetationsform der trockenen Sandböden mit der Besenheide (*Calluna vulgaris*) als bestandsprägende und charakteristische Pflanzenart; vor allem in Meeresnähe (im atlantischen Klima) verbreitet
Chlorphacinon	organische Chlorverbindung, die zur Bekämpfung von Feld-, Erd- und Rötelmäusen eingesetzt wird
collin	Höhenstufe des Hügellandes (im Mittelgebirge von 150 bis 300 m)

Detektornachweis	Fledermäuse senden zur Ortung von Beute, zur Orientierung oder zur Kommunikation mit Artgenossen Laute aus, die überwiegend im Ultraschallbereich liegen. Zum Aufspüren von Fledermäusen und zur Artbestimmung wird der Fledermausdetektor eingesetzt. Der Fledermausdetektor ist ein Gerät zur Umsetzung der Ultraschalllaute von Fledermäusen in für Menschen hörbare Töne.
Determination	in der Biologie die Zuordnung eines individuellen Lebewesens (Pflanze, Tier, Pilz oder einzelliger Mikroorganismus) zu einer taxonomischen Einheit, meist der Art (= Bestimmung)
dispers	zerstreut, verteilt
Domestizierung	innerartlicher Veränderungsprozess von Wildtieren oder Wildpflanzen, bei dem diese durch den Menschen über Generationen hinweg von der Wildform genetisch isoliert werden; Wildtiere werden zu Haustieren, Wildpflanzen werden zu Kulturpflanzen.
endemisch	das Auftreten von Pflanzen und Tieren in einer bestimmten, klar abgegrenzten Umgebung
Einstandsgebiet	umfasst den Lebensraum einer Wildart
Endmoräne	wallartige Aufschüttung von Gesteinsmaterial am Ende eines Gletschers; Sie kennzeichnet die Linie des maximalen Gletschervorstoßes oder eines Gletscherstillstandes.
Eutrophierungsgrad	Grad der Anreicherung von Nährstoffen in einem Ökosystem oder einem Teil desselben
Fallwild	jagdliche Tiere, die durch Krankheit, Altersschwäche oder durch nicht-jagdliche Einwirkung des Menschen, z. B. im Straßenverkehr, gestorben sind
Fauna	Gesamtheit aller Tiere oder aller Tierarten in einem Gebiet (Tierwelt)
Faunenelement	Art, die einem bestimmten Faunenkreis angehört
Flora	Bestand an Pflanzenarten einer bestimmten Region (Pflanzenwelt)
Habitat	Lebensraum einer Auswahl von Tier- oder Pflanzenarten
Hälterungsanlage	Anlage zur kurzzeitigen Unterbringung gefangener Tiere

Herbizide	in der Landwirtschaft eingesetzte Substanzen, die störende Pflanzen abtöten sollen
IUCN-Methode	von der IUCN (International Union of Conservation Nature) empfohlene Methode zur Fischotter-Erfassung, wonach Nachweise indirekt anhand von Spuren oder Losung erbracht werden
Jahresstrecke	alle im Verlauf eines Jahres auf der Jagd erlegten Tiere
juvenil (Juvenile)	Jugendstadien eines Organismus vor der Geschlechtsreife
Kalamität	ursprünglich: ein großes (besonders öffentliches) Unglück, ein Übelstand oder eine Notlage; in der Forst- und Landwirtschaft eine Massenentwicklung von Pflanzenfressern
kaltstenotherm	ökologische Bezeichnung für Organismen, die an niedrige Temperaturen gebunden sind
Kulturbiotop	ein vom Menschen geschaffener Lebensraum, der auch weiterhin dem ständigen Einfluss des Menschen unterworfen ist
Kulturfolger	Tiere oder Pflanzen, die aufgrund anthropogener landschaftsverändernder Maßnahmen Vorteile erlangen und deshalb dem Menschen in seine Kulturlandschaft folgen
Kulturlandschaft	dauerhaft vom Menschen geprägte Landschaft
Lebendfalle	beköderte Drahtgehäusefalle, mit denen Kleinsäuger zur wissenschaftlichen Artbestimmung gefangen und anschließend wieder freigelassen werden
Mast	Begriff der Forstwirtschaft und der Jägersprache für die Früchte der Buchen, Eichen und Kastanien
Mastjahr	Jahr, in dem alle Bäume einer Art stark fruchten
melanistisch	dunkle Pigmentierung von Haut, Haaren oder Schuppen durch Melanine, die bis zur Schwarzfärbung führen kann
Monitoring	systematische Erfassung, Messung, Beobachtung oder Überwachung eines Vorgangs mit wiederholter regelmäßiger Durchführung, um anhand von Ergebnisvergleichen Schlussfolgerungen ziehen zu können

Nahrungsopportunist	hält sich an die Beute, die am einfachsten, also in kürzester Zeit und mit geringstem Energieaufwand, zu fangen ist
Naturpark	geschützter, durch langfristiges Einwirken, Nutzen und Bewirtschaften entstandener Landschaftsraum, der in seiner heutigen Form bewahrt und gleichzeitig touristisch vermarktet wird
Neozoon	(Mz.: Neozoen) Tier, das durch bewusste oder unbewusste direkte oder indirekte Hilfe des Menschen in Gebiete eingebracht wurde, in denen es ursprünglich nicht vorkam
pessimal	ungünstigste Umweltbedingungen für ein Tier oder eine Pflanze
Pestizide	chemische Substanzen, die lästige oder schädliche Lebewesen töten, vertreiben oder in Keimung, Wachstum oder Vermehrung hemmen (Pflanzenschutzmittel)
Pleistozän	Zeitabschnitt in der Erdgeschichte von 2,6 Millionen Jahre bis 9.700 v. Chr. (Dauer etwa 2,5 Millionen Jahre); geprägt durch den Wechsel von Kalt- und Warmzeiten
Population	Gruppe von Individuen der gleichen Art, die eine Fortpflanzungsgemeinschaft bilden und zur gleichen Zeit in einem einheitlichen Areal leben
Populationsdruck	über das Fassungsvermögen eines Lebensraums hinausgehende Individuenmenge
Prädator	Organismus, der sich von anderen, noch lebenden Organismen oder Teilen von diesen ernährt
phylogenetisch	stammesgeschichtliche Entwicklung der Lebewesen
Reproduktionsquartier	Örtlichkeit, an der Fledermäuse ihre Jungen gebären und aufziehen
Revier	Gebiet, das ein Tier oder eine Gruppe von Tieren gegen Artgenossen durch Revierverhalten verteidigt
Rodentizid	chemisches Mittel zur Bekämpfung von Nagetieren
Ruderalfläche	meist brachliegende Rohbodenfläche, die eine sehr spezielle Lebensgemeinschaft von Pflanzen und Tieren, so genannte Pionierarten, beherbergt

Sander	breite, schwach geneigte Schwemmkegel, die im Vorfeld des skandinavischen Inlandeises des Eiszeitalters gebildet wurden; sie bestehen im Allgemeinen aus Sanden, Kiesen und Geröllen.
semiaquatisch	Tiere, die sowohl an Land als auch im Wasser leben
synanthrop	enger mit den Menschen vergesellschaftete Organismen
taxonomisch	verwandtschaftliche Beziehungen von Lebewesen in einer Systematik (Einteilung in ein hierarchisches System mit der Einordnung in einen bestimmten Rang, wie Art, Gattung oder Familie)
telemetrieren	Übertragen von Messwerten eines am Messort (in diesem Fall an Tieren) befindlichen Messfühlers (Sensor) zu einem räumlich getrennten Empfänger
terrestrisch	Organismen, die ihren Lebensmittelpunkt auf dem Land haben, im Gegensatz zu solchen, die im Wasser leben (aquatisch)
Tragus	Knorpelmasse an der Ohrmuschel, die kurz vor dem Gehörgang aufliegt; Bei einigen Tieren, so bei manchen Fledermausarten, ist er funktional und kann als Ohrdeckel den Gehörgang verschließen.
Urstromtal	breite Talniederung, die in den Eiszeiten bzw. in den Stadien einer Eiszeit am Rande des skandinavischen Inlandeises gebildet wurde und durch das Abfließen der Schmelzwasser entstanden ist
UTM-Gitter	Gitternetz, das auf das UTM-System (von englisch *Universal Transverse Mercator*), einem globalen Koordinatensystem, beruht
westpaläarktisch	in Mitteleuropa, Nordafrika und dem Mittleren Osten vorkommend
Widerrist	erhöhter Übergang vom Hals zum Rücken bei Säugetieren
Wochenstube	Quartier, in dem sich die trächtigen Weibchen der Fledermäuse zusammenfinden und in denen sie ihre Jungtiere zur Welt bringen

Abkürzungen

BArtSchV	Bundesartenschutzverordnung (Verordnung zum Schutz wildlebender Tier- und Pflanzenarten) Ausfertigungsdatum: 16.02.2005 Vollzitat: „Bundesartenschutzverordnung vom 16. Februar 2005 (BGBl. I S. 258, 896), die zuletzt durch Artikel 10 des Gesetzes vom 21. Januar 2013 (BGBl. I S. 95) geändert worden ist"
BfN	Bundesamt für Naturschutz Konstantinstr. 110, 53179 Bonn wissenschaftliche Behörde des Bundes für den nationalen und internationalen Naturschutz
BioRes	Biosphärenreservat
BJagdG	Bundesjagdgesetz Ausfertigungsdatum: 29.11.1952 Vollzitat: „Bundesjagdgesetz in der Fassung der Bekanntmachung vom 29. September 1976 (BGBl. I S. 2849), das zuletzt durch Artikel 422 der Verordnung vom 31. August 2015 (BGBl. I S. 1474) geändert worden ist"
BJagdzeitV	Verordnung über die Jagdzeiten Ausfertigungsdatum: 02.04.1977 Vollzitat: „Verordnung über die Jagdzeiten vom 2. April 1977 (BGBl. I S. 531), die zuletzt durch Artikel 1 der Verordnung vom 25. April 2002 (BGBl. I S. 1487) geändert worden ist"
BMU	Bundesministeriums für Umwelt, Naturschutz, Bau und Reaktorsicherheit Stresemannstraße 128 - 130, 10117 Berlin
BNatSchG	Bundesnaturschutzgesetz (Gesetz über Naturschutz und Landschaftspflege) Ausfertigungsdatum: 29.07.2009 Vollzitat: „Bundesnaturschutzgesetz vom 29. Juli 2009 (BGBl. I S. 2542), das zuletzt durch Artikel 421 der Verord-

nung vom 31. August 2015 (BGBl. I S. 1474) geändert worden ist"

BWildSchV	Bundeswildschutzverordnung (Verordnung über den Schutz von Wild) Ausfertigungsdatum: 25.10.1985 Vollzitat: „Bundeswildschutzverordnung vom 25. Oktober 1985 (BGBl. I S. 2040), die zuletzt durch Artikel 3 der Verordnung vom 16. Februar 2005 (BGBl. I S. 258) geändert worden ist"
DBU	Deutsche Bundesstiftung Umwelt (DBU), Stiftung der Bundesrepublik Deutschland mit Sitz in Osnabrück
det.	determinieren (lat.) = bestimmen, festlegen, begrenzen. In der Naturwissenschaft gebräuchlich für Artbestimmung.
fm	Festmeter (fm); ist ein Raummaß für Rundholz. Ein Festmeter entspricht einem Kubikmeter (m³) fester Holzmasse ohne Zwischenräume.
JagdZeitV	Verordnung über die Jagdzeiten Ausfertigungsdatum: 02.04.1977 Vollzitat: „Verordnung über die Jagdzeiten vom 2. April 1977 (BGBl. I S. 531), die zuletzt durch Artikel 1 der Verordnung vom 25. April 2002 (BGBl. I S. 1487) geändert worden ist"
KR-Länge	Kopf-Rumpf-Länge: In der Zoologie Körpermaß vom Kopf bis zum Schwanzansatz
LHW	Landesamt für Hochwasserschutz und Wasserwirtschaft (in Sachsen-Anhalt)
LJagdG LSA	Landesjagdgesetz für Sachsen-Anhalt vom 23. Juli 1991, GVBl. LSA S. 186, zuletzt geändert am 21. Juli 2015, GVBl. LSA S. 365, S. 368
MTB-Q	Meßtischblatt-Quadrant. Unter einem Messtischblatt wird in Deutschland eine topografische Karte im Maßstab 1:25.000 (heutige Bezeichnung: „TK 25" oder „DTK25") verstanden. Hierbei entspre- chen 4 cm auf der Karte 1 km in der Natur. In der Faunistik werden zur genaueren Darstellung die MTB waagrecht und senkrecht halbiert, so dass 4 Quadranten entstehen.

NABU	Naturschutzbund Deutschland e.V.
NatSchG LSA	Naturschutzgesetz des Landes Sachsen-Anhalt vom 11. Februar 1992 (GVBl.LSA S. 108), zuletzt geändert am 27.08.2002 (GVBl.LSA S. 372)
NSG	Naturschutzgebiet
o. a.	oder andere
StFB	Staatlicher Forstwirtschaftsbetrieb (in der DDR)

Register deutscher Artnamen

Alpaka	200	Hausmaus	138
Aubrac-Rind	199	Hausratte	139
Baummarder	162	Hausspitzmaus	70
Bechsteinfledermaus	93	Heckrind	198
Bergschermaus	123	Hermelin	166
Bisam	129	Kamerunschaf	199
Bison	199	Kleine Bartfledermaus	91
Brandmaus	135	Kleiner Abendsegler	80
Braunbrustigel	61	Konik	197
Braunes Langohr	86	Kurzohrmaus	194
Breitflügelfledermaus	78	Luchs	149
Dachs	161	Marderhund	151
Damhirsch	183	Maulwurf	71
Eichhörnchen	109	Mauswiesel	167
Elch	180	Meerschweinchen	201
Erdmaus	124	Mink	169
Eurasischer Biber	111	Mopsfledermaus	85
Europäischer Nerz	196	Mückenfledermaus	81
Feldhamster	131	Mufflon	187
Feldhase	104	Nordische Wühlmaus	195
Feldmaus	126	Nutria	142
Feldspitzmaus	69	Nymphenfledermaus	92
Fischotter	157	Östliche Hausmaus	138
Fransenfledermaus	97	Rauhautfledermaus	83
Frettchen	200	Reh	181
Gallowayrind	198	Rötelmaus	128
Gartenspitzmaus	67	Rotfuchs	153
Gelbhalsmaus	133	Rothirsch	185
Graue Gehörnte Heidschnucke	199	Schabrackenspitzmaus	193
Graues Langohr	88	Schermaus	123
Große Bartfledermaus	90	Schottisches Hochlandrind	198
Großer Abendsegler	79	Seehund	195
Großes Mausohr	94	Siebenschläfer	110
Haselmaus	193	Steinmarder	163

Teichfledermaus 95
Waldiltis...165
Waldmaus 134
Waldspitzmaus 63
Wanderratte... 141
Waschbär 171
Wasserfledermaus................................. 96
Wasserschermaus................................. 123
Wasserspitzmaus................................... 66

Westliche Hausmaus 138
Wildkaninchen................................... 106
Wildkatze 150
Wildschwein....................................... 179
Wolf 154
Zweifarbfledermaus............................89
Zwergfledermaus 84
Zwergmaus... 136
Zwergspitzmaus..................................64

Register wissenschaftlicher Artnamen

Alces alces   180
Apodemus agrarius   135
Apodemus flavicollis   133
Apodemus sylvaticus   134
Arvicola terrestris   123
Barbastella barbastellus   85
Canis lupus   154
Capreolus capreolus   181
Castor fiber   111
Cervus elaphus   185
Clethrionomys glareolus   128
Cricetus cricetus   131
Crocidura leucodon   69
Crocidura russula   70
Crocidura suaveolens   67
Dama dama   183
Eptesicus serotinus   78
Erinaceus europaeus   61
Felis silvestris   150
Glis glis   110
Lepus europaeus   104
Lutra lutra   157
Lynx lynx   149

Martes foina   163
Martes martes   162
Meles meles   161
Micromys minutus   137
Microtus agrestis   125
Microtus arvalis   126
Microtus oeconomus   195
Microtus subterraneus   194
Muscardinus avellanarius   193
Mus musculus   138
Mus domesticus   138
Mustela erminea   166
Mustela lutreola   196
Mustela nivalis   167
Mustela putorius   165
Myocastor coypus   142
Myotis alcathoe   92
Myotis bechsteinii   93
Myotis brandtii   90
Myotis dasycneme   95
Myotis daubentonii   96
Myotis myotis   94
Myotis mystacinus   91

Myotis nattereri 97

Neomys fodiens 66

Neovison vison 169

Nyctalus leisleri 80

Nyctalus noctula 79

Nyctereutes procyonoides 151

Ondatra zibethicus 129

Oryctolagus cuniculus 106

Ovis gmelini 187

Phoca vitulina 195

Pipistrellus nathusii 83

Pipistrellus pipistrellus 84

Pipistrellus pygmaeus 81

Plecotus auritus 86

Plecotus austriacus 88

Procyon lotor 171

Rattus norvegicus 141

Rattus rattus 139

Sciurus vulgaris 109

Sorex araneus 63

Sorex coronatus 193

Sorex minutus 64

Sus scrofa 179

Talpa europaea 71

Vespertilio murinus 89

Vulpes vulpes 153

Literaturverzeichnis

ABENDROTH, F. (1962): Elchdrama bei Vockerode. – Dessauer Kalender 1962. – Hrsg.: Rat der Stadt Dessau, S. 69-70.

AK BIBERSCHUTZ (2015): Auswertung der Biberkartierungen 2010/11 und 2011/12. - In: Mitteilungen des Arbeitskreises Biberschutz 1/2015, S. 4-6.

ANGERMANN, R. & R. WOLF (2009): Kleinäugige Wühlmaus (Kleinwühlmaus, Kurzohrmaus). - In: HAUER, S.; ANSORGE, H. & U. ZÖPHEL (2009): Atlas der Säugetiere Sachsens. - Hrsg.: Sächsisches Landesamt für Umwelt, Landwirtschaft und Geologie. Dresden, S. 235-237.

AULAGNIER, S.; HAFFNER, P.; MITCHELL-JONES, A. J.; MOUTOU, F. & J. ZIMA (2008): Die Säugetiere Europas, Nordafrikas und Vorderasiens. Der Bestimmungsführer. - Haupt Verlag Berlin-Stuttgart-Wien.

BEER, W.-D. (1970): Zum Vorkommen des Luchses (*Lynx lynx*) in der Dübener Heide. – Naturschutzarbeit und naturkundliche Heimatforschung in Sachsen 12, Heft 1, S. 16-20.

BENDIX, B. (2011): 40 Jahre Verpflichtung für Wald und Wild - Staatlicher Forstwirtschaftsbetrieb Dübener Heide 1952 bis 1991. - Verlag Kessel, Remagen-Oberwinter, 278 S.

BENECKE, H.-G. (2007): Freilassung von Nerzen (Mink, *Mustela vison*) bei Burg, Sachsen-Anhalt. - In: Säugetierkundliche Informationen 6, Heft 35, S. 127-128.

BERG, J. (1983): Unfalltod bei Fledermäusen. - Nyctalus (N.F.) 1, S. 585-586.

BERG, J. (1985): Die Bedeutung der Fledermäuse in Religion, Mythos und Aberglaube und sich daraus ergebende Gefahren für das Leben der Fledertiere. - Nyctalus (N.F.) 2, S. 147-170.

BERG, J. (1987): Starker Ektoparasitenbefall bei einem Abendsegler (*Nyctalus noctula*). - Nyctalus (N.F.) 2, S 368-369.

BERG, J. (1987): Quartierhilfe für Fledermäuse im Siedlungsbereich des Menschen. – Naturschutzarbeit Halle Magdeburg 24, Heft 2, S. 9-14.

BERG, J. (1987): Graues Langohr (*Plecotus austriacus*) in einem oberirdischen Winterquartier. - Nyctalus (N.F.) 2, S. 365.

BERG, J. (1989): Beobachtungen zu Ökologie und Quartierverhalten des Grauen Langohrs *Plecotus austriacus* (F.) außerhalb der Wochenstube. - Populationsökologie von Fledermausarten. Wissenschaftliche Beiträge Universität Halle-Wittenberg 1989/20 (P36), S. 223-232.

BERG, J. (1990): Biotopschutz als wichtigste Aufgabe im Artenschutz, auch die Fleder mäuse betreffend. – Nyctalus (N.F.) 3, S. 255-258.

BERG, J. (2009): 30 Jahre Fledermauserfassung im Landkreis Wittenberg / Sachsen-Anhalt. - Nyctalus (N.F.) 14, Heft 1-2, S. 27-46.

BERG, J.(2012): Reproduktion des Kleinabendseglers, *Nyctalus leisleri* (Kuhl, 1817), unter dem Dach eines Gebäudes in der Dübener Heide (Sachsen-Anhalt). - Nyctalus (N.F.) 17: 294-299.

BERG, J. & G. MAETZ (2013): Erfolgreiche Ausstattung von Fledermaus-Winterquartieren mit Bläthon-Hohlblocksteinen. - Nyctalus (N.F.) 18: 3-9.

BINNER, U.; ROSKODEN, L.; MUNDT, G. & S. HAUER (2003): Endbericht zum Projekt „Fischotterkartierung des Landes Sachsen-Anhalt und Analyse der verkehrsbedingten Gefährdung". - Naturschutzbund Deutschland, Landesverband Sachsen-Anhalt e.V. Magdeburg, 88 S.

BMU (2007): Nationale Strategie zur biologischen Vielfalt. – Bundesministerium für Umwelt, Naturschutz und Reaktorsicherheit Berlin, 178 S.

BOBACK, A. W. (1971): Die Westausbreitung des Luchses (*Lynx lynx* L., 1758). – Tagungsberichte der deutschen Akademie der Landwirtschaftswissenschaften Berlin 113, S. 347-355.

BOYE. P. (1987): Zum Vorkommen von Insektenfressern und Raubtieren (Mammalia) auf einer intensiv genutzten Ackerfläche. - In: Säugetierkundliche Informationen 3, Heft 16, S. 387-399.

BOYE, P., HUTTERER, R. & H. BENKE (1998): Rote Liste der Säugetiere(Mammalia).- In: BINOT, M., BLESS, R., BOYE, P., GUTTKE, H. & P. PRETSCHER (Hrsg.) (1998): Rote Liste gefährdeter Tiere Deutschlands.- Schriftenreihe Landschaftspflege und Natur-schutz, 55, S. 33-39.

BÜCHNER, S. & J. LANG (2014): Die Haselmaus (*Muscardinus avellanarius*) in Deutschland - Lebensräume, Schutzmaßnahmen und Forschungsbedarf. - In: Säugetierkundliche Informationen 9, Heft 48, S. 367-377.

BUTZECK, S.; STUBBE, M.; PIECHOCKI, R. (1988): Beiträge zur Geschichte der Säugetierfauna der DDR. Teil 2: Der Luchs (*Lynx lynx* Linné, 1758.) – Hercynia N.F. 25, Heft 2, S. 144-168.

BUTZECK, S.; STUBBE, M.; PIECHOCKI, R. (1988): Beiträge zur Geschichte der Säugetierfauna der DDR. Teil 3: Der Wolf *Canis lupus* L., 1758. – Hercynia N.F. 25, Heft 3, S. 278-317.

DBU/HNEE (2015): Beeinflussung des Raum-Zeit-Verhaltens von Rotwild (*Cervus elaphus*) durch großräumige Beweidungsprojekte auf ausgewählten DBU Naturerbeflächen. – 2. Zwischenbericht. DBU Naturerbe und Hochschule für nachhaltige Entwicklung Eberswalde (FH). 35 S.

DIETZE, A.; STEFEN, C. & R. WOLF (2005): Morphologische Untersuchungen einer Hausmauspopulation aus Gniebitz in Sachsen – ein Beitrag zur Säugetierfauna Sachsens. – In: Säugetierkundliche Informationen, Band 5, Heft 30, S. 533-541.

DIETZE, A. & H. ANSORGE (2009): Hausratte - *Rattus rattus*. - In: HAUER, S.; ANSORGE, H. & U. ZÖPHEL (2009): Atlas der Säugetiere Sachsens. - Hrsg.: Sächsisches Landesamt für Umwelt, Landwirtschaft und Geologie. Dresden, S. 251-253.

DÖHLE, H.-J. & M. STUBBE (1979): Biometrische Daten einiger Kleinnager (Rodentia: Arvicolidae, Muridae) aus der DDR. - In: Säugetierkundliche Informationen, Heft 3, S. 37-66.

DOLCH, D. (1991): Zur Verbreitung der Nordischen Wühlmaus *Microtus oeconomus* im Bezirk Potsdam. - In: Populationsökologie von Kleinsäugerarten. Wissenschaftliche Beiträge der Martin-Luther-Universität Halle-Wittenberg S. 145-150.

DOLCH, D. (1995): Beiträge zur Säugetierfauna des Landes Brandenburg - Die Säugetiere des ehemaligen Bezirkes Potsdam. - Naturschutz und Landschaftspflege in Bran-denburg, 3, Sonderheft, 95 S.

DOLCH, D.; HEIDECKE, D.; TEUBNER, J. & J. (2002): Der Biber im Land Brandenburg. - In: Naturschutz und Landschaftspflege in Brandenburg 11, Heft 4, S. 220-234.

DRIECHCIARZ, R. (2015): Beitrag zur Kleinsäugerfauna (Mammalia) der Colbitz-Letzlinger Heide. - In: Entomologische Mitteilungen Sachsen-Anhalt. Sonderheft 2015, S. 400-416.

EBERSBACH, H.; HAUER, S.; THOM, I. & K. REIßMANN (1998): Untersuchung und Dokumentation der Verbreitung von Fischotter und Biber im Bearbeitungsgebiet „ABSP Elbe". - Auftraggeber: Landesamt für Umweltschutz Sachsen-Anhalt Halle.

EBERSBACH, H., HAUER, S., HOFMANN, T. & K. ZSCHEILE (1999): Untersuchungen zur Verbreitung verschiedener Kleinsäuger-Arten im Gebiet des ABSP Elbe auf dem Territorium des Landes Sachsen-Anhalt. – Unveröff. Studie im Auftrag des Landesamtes für Umweltschutz Sachsen-Anhalt.

ERFURT, J.; RÖDER, R. & W. SCHUSTER (1986): Zur Verbreitung der Hausratte *Rattus rattus* (L. 1758) auf dem Territorium der DDR. - In: Säugetierkundliche Informationen 2, Heft 10, S. 303-310.

ERFURT, J. & STUBBE, M. (1986): Die Areale ausgewählter Kleinsäugerarten in der DDR. – In: Hercynia N.F. 23, Heft 3, S. 257-304.

ERFURT, J. (1986): Nachweis der Schabrackenspitzmaus (*Sorex coronatus* Millet, 1828) für die DDR. – In: Säugetierkundliche Informationen 2, Heft 10, S. 337-339.

FRANKE, K.; FEHLBERG, H.; NITSCHE, K.-A. (1996): Arbeitskreis Biberschutz im NABU Sachsen-Anhalt. - Mitteilungen des AK Biberschutz Sachsen-Anhalt.

GÄRTNER, S.; HENKEL, H.; ZUPPKE, H. & D. HEIDECKE (2000): Schäden an Forstgehölzen durch Biber. - In: AFZ/Der Wald 7/2000, S. 380-382.

GEORGI (1978): Trophäenschau im Rotwildeinstandsgebiet „Glücksburger Heide". - In: Unsere Jagd 28, 1978, Heft 6, S. 173.

GÖRNER, M. & P. KNEIS (1981): Angaben zur Häufigkeit der Feldmaus in der DDR 1950 − 1979. - In: Säugetierkundliche Informationen 5, S. 88-93.

GÖRNER, M. (1986): Verzeichnis der Säugetiere der DDR und Angaben zu ihrem Schutzstatus. - In: Säugetierkundliche Informationen 2, Heft 10, S. 377-389.

GÖRNER, M. & HACKETHAL, H. (1987): Säugetiere Europas. - Neumann Verlag Leipzig Radebeul.

GÖRNER, M. & A. HENKEL, A. (1988): Zum Vorkommen und zur Ökologie der Schläfer (*Gliridae*) in der DDR. − Säugetierkundliche Informationen 2, Heft 12, S. 515-535.

GÖRNER, M. (2004): Elche (*Alces alces*) in Ostdeutschland und mögliche Lebensräume. − In: Säugetierkundliche Informationen 5, Heft 29, S. 477-492.

GÖRNER, M. (Hrsg.: 2009): Atlas der Säugetiere Thüringens. - Jena. 279 S.

GÖTZ, M. (2015): Die Säugetierarten der Fauna-Flora-Habitat-Richtlinie im Land Sachsen-Anhalt − Wildkatze (*Felis silvestris silvestris* SCHREBER, 1777). - Berichte des Landesamtes für Umweltschutz Sachsen-Anhalt, Heft 2/2015. 136 S.

GRIMMBERGER, E. (2014): Die Säugetiere Deutschlands. - Quelle & Meyer Verlag Wiebelsheim, 561 S.

HAFERKORN, J. & M. STUBBE (1994): Die Kleinsäugergemeinschaften in verschiedenen Sukzessionsstadien der Hartholzaue. - In: Säugetierkundliche Informationen 3, Heft 18, S. 651-660.

HAFERKORN J. (2001): Säugetiere außer Fledermäuse (Mammalia excl. Chiroptera). - In: Arten- und Biotopschutzprogramm Sachsen-Anhalt Landschaftsraum Elbe. - Berichte des Landesamtes für Umweltschutz, Sonderheft 3/2001, S. 534-548.

HAHN, S. (2000): Untersuchungen zur Fledermausfauna des Landkreises Anhalt-Zerbst. - Diplomarbeit MLU Halle-Wittenberg, Institut für Zoologie - Halle (Saale).

HARTHUN, M. (2014): Biber als Landschaftsgestalter in Hessen. - Vortrag Fachtagung Bibermanagement, Haus im Moos, 13.11.2014.

HAUER, S. & D. HEIDECKE (1999): Zur Verbreitung des Fischotters (*Lutra lutra* L., 1758) in Sachsen-Anhalt. - In: Hercynia N.F. 32, S. 149-160.

HAUER, S.; ANSORGE, H. & U. ZÖPHEL (2009): Atlas der Säugetiere Sachsens. - Hrsg.: Sächsisches Landesamt für Umwelt, Landwirtschaft und Geologie. Dresden. 413 S.

HEIDECKE, D. & HÖRIG, H. (1986): Bestands- und Schutzsituation des Elbebibers. − In: Naturschutzarbeit in den Bezirken Halle und Magdeburg 23, Heft 1, S. 3-14.

HEIDECKE, D. (1989): Ökologische Bewertung von Biberhabitaten. - In: Säugetierkundliche Informationen 3, Heft 13, S. 13-28.

HEIDECKE, D. (1992): Rote Liste der Säugetiere des Landes Sachsen-Anhalt. - In: Berichte des Landesamtes für Umweltschutz Sachsen-Anhalt 1, S. 9-12.

HEIDECKE, D. & B. KLENNER-FRINGES (1992): Studie über die Habitatnutzung des Bibers in der Kulturlandschaft. - In: Wissenschaftliche Beiträge der Martin-Luther-Universität Halle-Wittenberg, S. 215-265.

HEIDECKE, D.; HOFMANN, T.; JENTZSCH, M.; OHLENDORF, B. & W. WENDT (2004): Rote Liste der Säugetiere (Mammalia) des Landes Sachsen-Anhalt. - In: Berichte des Landesamtes für Umweltschutz Sachsen-Anhalt 39, S. 132-137.

HEIDECKE, D. (2009): Die Nutria in Ausbreitung. - In: Säugetierkundliche Informationen 7, Heft 39, S. 269-272.

HEIDECKE, D. (2011): Erfassung, Schutz und Pflege des Elbebibers. - In: REICHHOFF, L. & U. WEGENER: ILN Institut für Landschaftsforschung und Naturschutz Halle. Forschungsgeschichte des ersten deutschen Naturschutzinstituts. - Hrsg.: IUGR Neubrandenburg.

HEISE, S. & M. STUBBE (1987): Populationsökologische Untersuchungen zum Massenwechsel der Feldmaus *Microtus arvalis* (PALLAS, 1779). - In: Säugetierkundliche Informationen 2, Heft 11, S.403-414.

HEISE, U. (1990): Zum Kenntnisstand der Verbreitung von Fledermäusen (Chiroptera) in den Kreisen Dessau, Roßlau, Gräfenhainichen und Bitterfeld. - In: Naturwissenschaftliche Beiträge Museum Dessau, Heft 5, S. 65-75.

HENNIG, R. (1994): Die Säugetiere des Stadtgebietes von Wittenberg. - In: Umweltatlas der Lutherstadt Wittenberg. - Umweltvorhaben Möller & Darmer GmbH Berlin, 12 S.

HERZOG, S. & R. SCHRÖPFER (2016): Das Mufflon *Ovis ammon musimon* (Pallas, 1811) in Europa: Faunenverfälschung oder Maßnahme der *ex-situ*-Generhaltung? - In: Säugetierkundliche Informationen 10, Heft 52, S.259-264.

HINSCHE, A.: Notizen zur Mäusekalamität und Greifvogelanhäufung im Raum Bösewig-Klöden im Jahre 1978. - In: Naturschutz und naturkundliche Heimatforschung in den Bezirken Halle und Magdeburg 17 (1980), Heft 2, S. 27-30.

HINZE, G. (1959): Der Biber. Körperbau und Lebensweise, Verbreitung und Geschichte. - Akademie-Verlag Berlin. 216 S. u. 31 Bildtafeln.

HOCHWALD, S.: Bestandsgefährdung seltener Muschelarten durch den Bisam (*Ondatra zibethica*). – In: Schriftenreihe des Bayerischen Landesamtes für Umweltschutz, Heft 97, 1990, S. 113-114.

HOFFMANN, M. (1958): Die Bisamratte. Ihre Lebensgewohnheiten, Verbreitung, Bekämpfung und wirtschafliche Bedeutung. - Akademische Verlagsgesellschadt Geest & Portig K.-G. Leipzig, 260 S.

HOFMANN, Th., WEIßKÖPPEL, G. & M. UNRUH (2007): Erste Ergebnisse des Monitorings der Rauhhautfledermaus, *Pipistrellus nathusii* (Keyserling u. Blasius 1839) und der Mückenfledermaus, *Pipistrellus pygmaeus* (Leach 1825), im Biosphärenreservat „Mittelelbe". – In: Naturwissenschaftliche Beiträge Museum Dessau, Heft 19, S. 5-18.

HOFMANN, Th. (2001): Mammalia (Säugetiere). – In: LAU: Die Tier- und Pflanzenarten nach Anhang II der Fauna-Flora-Habitatrichtlinie im Land Sachsen-Anhalt. – Naturschutz im Land Sachsen-Anhalt 38, Sonderheft, S. 78-89.

HOFMANN, TH. & A. SCHUMACHER (2015): Der Biber − vom Bewohner naturnaher Fließgewässer zum Habitat−Opportunisten? - In: Veröffentlichungen der LPR Landschaftsplanung Dr. Reichhoff GmbH, 2015, Heft 7, S. 83-92.

HOFMANN, TH.; JENTZSCH, M.; TROST, M.: OHLENDORF, B. & D. HEIDECKE (2016): Säugetiere (Mammalia). Bestandsentwicklung. - In: FRANK, D. & P. SCHNITTER (Hrsg): Pflanzen und Tiere in Sachsen-Anhalt. Landesamt für Umweltschutz Sachsen-Anhalt. Verlag Natur+Text Rangsdorf. 1132 S.

JAGDVERBAND LSA: Ergebnisse Hasenzählung. - In: Wildtier-Informationssystem der Länder Deutschlands in Sachsen-Anhalt.

JAKOBS, V. (2002): Zur Geschichte von Heinrichswalde und der Kulturlandschaft zwischen Wittenberg und Wörlitz. – Mitteilungen des Vereins für Anhaltische Landeskunde 10 (2001), S. 90-122.

JASCHKE, M. (1991): Ergebnisse der Kleinsäugerkartierung im Bezirk Potsdam. - In: Populationsökologie von Kleinsäugerarten. - Martin-Luther-Universität Halle-Wittenberg Wissenschaftliche Beiträge 1990/34 (P 42), Halle (Saale), S. 207-215.

JECHE, C. & M. (1986): Erfahrungen mit Siebenschläfern. – In: Säugetierkundliche Informationen 2, Heft 10, S. 371-376.

JENTZSCH, M. (2004): Folgen der Wohnurbanisierung für die Fauna im ländlichen Raum. - In: Naturschutz im Land Sachsen-Anhalt 41,Heft 1, S. 25-36.

JENTZSCH, M. & TROST, M. (2008): Zum Vorkommen der Gartenspitzmaus *Crocidura suaveolens* (PALLAS, 1811) in Sachsen-Anhalt. - In: Hercynia N.F. 41 (2008), S. 135 – 141.

JORGA, W. & J. ERFURT (1987): Zur Verbreitungsgrenze der Nordischen Wühlmaus in der DDR. - In: Säugetierkundliche Informationen 2, Heft 11, S. 415-422.

JORGA, W. (1991): Zum aktuellen Erkenntnisstand der Verbreitungsgrenze von *Microtus oeconomus* (Pallas, 1776). - In: Populationsökologie von Kleinsäugerarten. Wissenschaftliche Beiträge der Martin-Luther-Universität Halle-Wittenberg S. 151-162.

KLEBER, E. (1995): Seltene Gäste. – Heimatkurier. Mitteilungs- und Heimatblatt der Verwaltungsgemeinschaft Elster-Seyda-Klöden 2. Jahrgang, 26. Ausgabe vom 18.12.1995.

KNEIS, P. (1995): Hinweise auf ein Vorkommen der Wildkatze (*Felis silvestris*) auf dem früheren Truppenübungsplatz Zeithain (Gohrischheide, Nordsachsen). - In: Säugetierkundliche Informationen 4, Heft 19, S. 98-100.

KRÜGER, H.-H. & A. KIENDL (2014): Die Verbreitung des Fischotters (*Lutra lutra*) in Deutschland und aktuelle Schutzbemühungen. - In: Säugetierkundliche Informationen 9, Heft 48, S. 223-234.

LANDESUMWELTAMT BRANDENBURG (Hrsg.) (2008): Säugetierfauna des Landes Brandenburg – Teil 1: Fledermäuse. - In: Naturschutz und Landschaftspflege Brandenburg. 1, Heft 2.

LAU (2015): Wolfsmonitoring Sachsen-Anhalt. Bericht zum Monitoringjahr 2014/15 - 01.05.2014-30.04.2015. - Hrsg.: Landesamt für Umweltschutz Sachsen-Anhalt (in Kooperation mit 8 weiteren Institutionen). 77 S.

LPR (2015): Managementplan für das FFH-Gebiet „Dessau-Wörlitzer Elbauen" und dem dazugehörigen EU SPA „Mittlere Elbe einschließlich Steckby-Lödderitzer Forst". - Unveröffentl. Bericht. - LPR Landschaftsplanung Dr. Reichhoff GmbH Dessau. 565 S.

LÜERS, E. & T. BRANDT (2014); Ein Versuch zur Wiederansiedlung des Europäischen Nerzes (*Mustela lutreola*) am Steinhuder Meer, Niedersachsen. - In: Säugetierkundliche Informationen 9, Heft 48, S. 249-264.

MATERNOWSKI, H.-W. (2016): Wanderratte (*Rattus norvegicus*) mit interessanten äüßeren Merkmalen. - In: Säugetierkundliche Informationen 10, Heft 51, S. 244-245.

MECKEL, W. (1980): Ergebnisse und Aufgaben bei der Reduzierung der Rot- und Schwarzwildbestände in der Dübener Heide. - In: Unsere Jagd 30, 1980, Heft 11, S. 325-327.

MEINIG, H. (2014): Säugetiere im Verantwortungskonzept der Bundesrepublik Deutschland - Entstehung, Hintergründe und Zukunftsaussichten. - In: Säugetierkundliche Informationen 9, Heft 48, S. 191-199.

MEIßNER, J. (2008): Die Ernährung des Rotfuchses (*Vulpes vulpes* L., 1758) im sächsischen Wolfsgebiet. - Magisterarbeit Friedrich-Schiller-Universität Jena, Institut für Ökologie. 125 S.

MEIßNER, J. (2014): Wildes Deutschland − wilde Dübener Heide. - In: Die Dübener Heide Nr. 42, S. 994-995.

MITCHELL-JONES, A. J.; AMORI, G.; BOGDANOWICZ, W.; KRYŠTUFEK, B.; REIJNDERS, P. J. H.; SPITZENBERGER, F.; STUBBE, M.; THISSEN, J. B. M.; VOHRALÍK, V. & J. ZIMA (1999): Atlas of European Mammals. London, 484 S.

MITZKA, A. & J. MEIßNER: Kontaktstelle für das Bibermanagement im Naturpark Dübener Heide. - In: Säugetierkundliche Informationen 9, 2013, S. 121-129.

MONECKE, S. (2015): Wie ist der Feldhamster (*Cricetus cricetus*) in Eurasien zu erhalten? Neue Perspektiven aus der Wissenschaft. - In: Säugetierkundliche Informationen 10, Heft 50, S. 23-34.

MZ (1998): Der Treibjagd fiel auch ein Schweinsdachs zum Opfer. - In: Mitteldeutsche Zeitung vom 02.12.1998.

MZ (2004): Schwarzöhrchen „beringt". - In: Mitteldeutsche Zeitung, Lokalredaktion Wittenberg (D. Mayer) vom 21.07.2004

MZ (2007): Rattus in der Innenstadt. - In: Mitteldeutsche Zeitung, Lokalredaktion Wittenberg (C. Nitz) vom 22.08.2007.

MZ (2008): Unter den Flügeln der Schlange. - In: Mitteldeutsche Zeitung (A. Hillger) vom 25.01.2008.

MZ (2011a): Spechthöhle bietet zu wenig Schutz. - In: Mitteldeutsche Zeitung, Lokalredaktion Wittenberg (H. Klemm) vom 06.04.2011.

MZ (2011b): Biber zu Tode gequält. - In: Mitteldeutsche Zeitung, Lokalredaktion Wittenberg (M. Hübner) vom 26.03.2011.

MZ (2012a): 13 Mufflons überlebten die Jagd nicht. - In: Mitteldeutsche Zeitung, Lokalredaktion Wittenberg (A. Baumbach) vom 23.01.2012.

MZ (2012b): Aufregender Besuch auf der Meile. - In: Mitteldeutsche Zeitung, Lokalredaktion Wittenberg (K. Blüthgen) vom 30.06.2012

MZ (2013a): Keine Feldmaus, keine Köder. - In: Mitteldeutsche Zeitung, Lokalredaktion Wittenberg (C. Lasslop) vom 04.01.2013.

MZ (2013b): Wolf tappt in die Fotofalle. - Mitteldeutsche Zeitung, Lokalredaktion Wittenberg vom 21.01.2013.

MZ (2013c): Erneut zugeschlagen. - In: Mitteldeutsche Zeitung, Lokalredaktion Wittenberg (I. Hillger) vom 13.09.2013.

MZ (2014a): Wolf wurde überfahren. - In: Mitteldeutsche Zeitung, Lokalredaktion Wittenberg vom 12.02.2014.

MZ (2014b): Wolf wird von Auto erfasst. - In: Mitteldeutsche Zeitung, Lokalredaktion Wittenberg vom 15./16.02.2014.

MZ (2014c): Haben bei Seyda Wölfe zugebissen? - In: Mitteldeutsche Zeitung, Lokalredaktion Wittenberg vom 23.07.2014.

MZ (2014d): Wölfe reißen fünf Schafe. - In: Mitteldeutsche Zeitung, Lokalredaktion Wittenberg (S. Gückel) vom 22.12.2014.

MZ (2014e): Niedlich, aber fehl am Platze. - In: Mitteldeutsche Zeitung, Lokalredaktion Wittenberg (K. Adam) vom 17.02.2014.

MZ (2015a): Die Neuen sind da. - In: Mitteldeutsche Zeitung, Lokalredaktion Wittenberg (H. Klemm) vom 31.08.2015.

MZ (2015b): Flatterhaft und nachtaktiv. - In: Mitteldeutsche Zeitung, Lokalredaktion Wittenberg (S. Wesner) vom 14.10.2015.

MZ (2015c): Mopsfledermaus ist bedroht. - In: Mitteldeutsche Zeitung, Lokalredaktion Wittenberg (U. Rostalsky) vom 17./18.10.2015.

MZ (2015d): Fohlen überlebt Wolfsangriff. - In: Mitteldeutsche Zeitung, Lokalredaktion Wittenberg (S. Bürkmann) vom 04.11.2015.

MZ (2015e): Grüne empört über Nerzfarm. - In: Mitteldeutsche Zeitung, Lokalredaktion Wittenberg (A. Baumbach) vom 05./06.12.2015.

MZ (2015f): Die Heidewölfe. - In: Mitteldeutsche Zeitung, Lokalredaktion Wittenberg (H. Klemm) vom 30.12.2015.

MZ (2016a): Ein Katzensprung. - In: Mitteldeutsche Zeitung, Lokalredaktion Wittenberg (I. Hillger) vom 08.02.2016.

MZ (2016b): Der scheue Rückkehrer. - In: Mitteldeutsche Zeitung, Lokalredaktion Wittenberg (K. Blüthgen) vom 19.02.2016.

MZ (2016c): Junger Elch hat sich verirrt. - In: Mitteldeutsche Zeitung, Lokalredaktion Wittenberg (M. Hübner) vom 12.07.2016.

MZ (2016d): Weniger Damwild durch Wolf? - In: Mitteldeutsche Zeitung, Lokalredaktion Wittenberg (A. Benedix) vom 30.08.2016.

MZ (2016e): Vor 100 Jahren: Fischotter hinterlässt Spuren im Fläming. - In: Mitteldeutsche Zeitung, Lokalredaktion Wittenberg vom 18.11.2016.

MZ (2017): Rehe erkunden Städte. - In: Mitteldeutsche Zeitung, Lokalredaktion Wittenberg (Klitzsch) vom 02.02.2017.

MYOTIS (2011): Ersterfassung der Arten der FFH-Richtlinie der Europäischen Union im Land Sachsen-Anhalt - Fledermäuse - Teilbereich Ost - Endbericht (WV44/09/10) - unveröff. Gutachten im Auftrag des Landesamtes für Umweltschutz Sachsen-Anhalt.

MYOTIS (2012): Ersterfassung der Arten der FFH-Richtlinie der Europäischen Union im Land Sachsen-Anhalt - Fledermäuse - Teilbereich Mitte Los 1 (WV44/09/11) - unveröff. Gutachten im Auftrag des Landesamtes für Umweltschutz Sachsen-Anhalt.

NEIMANN, F. (1969): Luchse im Revier. - In: Forstarbeiterzeitung (Organ der VVB Cottbus), Dezember-Beilage 1969.

NIETHAMMER, J. & F. KRAPP (Hrsg.) (1978-2004): Handbuch der Säugetiere Europas. Bd. 1 bis Bd. 6/II. Wiesbaden und Wiebelsheim.

NP DÜBENER HEIDE (2015): Der Heidebiber. - Hrsg. Naturpark-Verein Dübener Heide e.V. 30 S.

NOWAK, C.; FROSCH, C.; HARMS, V.; REINERS, T. E.; STEYER, K.; TIESMEYER, A. & J. WERTHEIMER (2014): Genetische Erfassung ausgewählter Säugetiere in

Deutschland - hochsensitive DNA-Analytik im Dienste des Artenschutzes. - In: Säugetierkundliche Informationen 9, Heft 48, S. 331-339.

OHLENDORF, B. (2001): Fledermäuse (Chiroptera). – In: LAU: Arten- und Biotopschutzprogramm Sachsen-Anhalt, Landschaftsraum Elbe (Teil 2). – Berichte des Landesamtes für Umweltschutz Sachsen-Anhalt, Sonderheft 3, S. 549-559.

PIECHOCKI, R. (1978): Aufruf um Mitarbeit zur Klärung des Bestandsrückgangs des Feldhamsters (Cricetus cricetus L.). - In: Säugetierkundliche Informationen, Heft 2, S. 75-76.

RAMME, S. & B. KLENNER-FRINGES (2014): Zur Wiederansiedlung des Bibers (*Castor fiber albicus*) im Emsland. - In: Säugetierkundliche Informationen 9, Heft 48, S. 265-274.

RANA (2011) : Modellprojekt zum Schutz und Management des Elbebibers im Landkreis Wittenberg. - Auftragg.: Landkreis Wittenberg, Fachdienst Umwelt und Abfallwirtschaft. - Auftragn.: RANA - Büro für Ökologie und Naturschutz Frank Meyer Halle/S. (Fördernummer 407.1.2-60128/-/323009000075). 144 S.

RASCHIG, P. (1986): Ein Beitrag zur Kleinsäugerfauna der Kreise Jessen und Herzberg (Elster) auf der Grundlage von Gewöllesammlungen. – In: Naturschutzarbeit in Berlin und Brandenburg 22, Heft 3, S. 79-82.

REICHHOFF, L., KUGLER, H., REFIOR, K. & G. WARTHEMANN (2001): Die Landschaftsgliederung Sachsen-Anhalts – Ein Beitrag zur Fortschreibung des Landschaftsprogrammes des Landes Sachsen-Anhalt. Ministerium für Raumordnung, Landwirtschaft und Umwelt des Landes Sachsen-Anhalt, Landesamt für Umweltschutz Sachsen-Anhalt.

REINHARDT, I.; KACZENSKY, P.; KNAUER, F.; RAUER, G.; KLUTH, G.; WÖLFI, S.; HUCKSCHLAG, D. & U. WOTSCHIKOWSKY (2015): Monitoring von Wolf, Luchs und Bär in Deutschland. - Hrsg.: Bundesamt für Naturschutz Bonn, 94 S.

SCHIEMENZ, H. (1969): Vom Aussterben bedrohte Tiere in Sachsen. - In: Naturschutzarbeit und naturkundliche Heimatforschung in Sachsen 11, S. 32-39.

SCHMIDT, A. (2016): Zur Einwanderung der Mückenfledermaus (*Pipistrellus pymaeus*) nach Ostbrandenburg und zur Bestandsentwicklung in Fledermauskastengebieten der Umgebung von Beeskow. – In: Säugetierkundliche Informationen 10 (2016), Heft 52, S. 293-304.

SCHNABEL, R. (2008): Fledermauserfassungen im Bereich der geplanten Ortsumgehung Griebo. - Unveröffentl. Gutachten.

SCHÖNBRODT, R. (2015): Aufruf zum Horstschutz vor Waschbären. -

SCHRÖPFER, R. (1984): Kleinwühlmaus - *Pitymiys subterraneus*. - In: SCHRÖPFER, R., FELDMANN, R. & H. VIERHAUS: Die Säugetiere Westfalens. - Abhandlungen des Westfälischen Museums für Naturkunde 46, Heft 4, S. 196-204.

SCHULZ (1971): Luchse in der Dübener Heide. - In: Freiheit vom 09.10.1971

SEILS, M. (2012): Artenschutzbeitrag B 187n - OU Griebo. - Unveröffentl. Bericht Dr. Martin Seils - Büro für Landschaftsplanung, Boden- und Umweltforschung Halle/S., 382 S.

SELUGA, K. & M. STUBBE (1997): Zur Bestandssituation des Feldhamsters (*Cricetus cricetus* L.) in Ostdeutschland. - In: Säugetierkundliche Informationen 4, Heft 21, S. 257-266.

SELUGA, K. (1998): Vorkommen und Bestandssituation des Feldhamsters in Sachsen-Anhalt. – Naturschutz und Landschaftspflege in Brandenburg 7, Heft 1, S. 21-25.

SIMON, B.; KRUMMHAAR, B.; ZUPPKE, E. (1994): Dokumentation der Fledermausvorkommen im Gebiet Jessen, Kreis Wittenberg. – Unveröffentl. Studie: Auftraggeber: Umweltamt Wittenberg.

SIMON, B., SICHTING, H. & R. HENNIG (2008): Das FFH- und Vogelschutzgebiet Glücksburger Heide – Naturausstattung und Management. - In: Naturschutz im Land Sachsen-Anhalt 45, Sonderheft, S. 22.

STEFEN, C. (2015): Langzeitstudie zu Todesursachen von Bibern (*Castor fiber*) in Deutschland. - In: Säugetierkundliche Informationen, Band 10, Heft 50, S. 61-96.

STEFFENS, R.; ZÖPHEL, U. & D. BROCKMANN (2004): 40 Jahre Fledermausmarkierungszentrale Dresden - methodische Hinweise und Ergebnisübersicht. - Materialien zu Naturschutz und Landschaftspflege. Hrsg.: Sächsisches Landesamt für Umwelt und Geologie. 125 S.

STUBBE, M. (1978a): Die Nutria *Myocastor coypus* (MOLINA, 1782) in der DDR. – Archiv für Naturschutz und Landschaftsforschung 18, Heft 1, S.19-30.

STUBBE, M. (1978b): Der Fischotter *Lutra lutra* (L., 1758) in den mittleren Bezirken der DDR. – Hercynia N.F. 15, Heft 2, S. 27-105.

STUBBE, M. (1980): Die Situation des Fischotters in der DDR. - In: REUTHER, C. & A. FESTETICS (1980): Der Fischotter in Europa. - Aktion Fischotterschutz Oderhaus e.V. und Institut für Wildbiologie und Jagdkunde der Universität Göttingen. S. 179-182.

STUBBE, M. (1981): Populationsökologie und Bewirtschaftung des Fuchses am Beispiel eines DDR-Bezirkes. - In: Säugetierkundliche Informationen 5, S. 50-60.

STUBBE, M. (1989): Neue Erkenntnisse zur Verbreitung und Ökologie des Marderhundes *Nyctereutes procyonoides* (GRAY, 1834) in der DDR. – Beiträge zur Jagd- und Wildforschung 16, S. 267-275.

STUBBE, M. (1992): Die Nutria *Myocastor coypus* in den östlichen deutschen Bundesländern. - In: Semiaquatische Säugetiere. Wissenschaftliche Beiträge der Martin-Luther-Universität Halle-Wittenberg, S. 80-97.

STUBBE, M. (1993): *Martes martes* (Linné, 1758) – Baum-, Edelmarder. - In: STUBBE, M. & F. KRAPP (Hrsg.): Handbuch der Säugetiere Europas. Raubsäuger (Teil I). S. 376-426.

STUBBE, M. & A. STUBBE (1994): Säugetierarten und deren feldökologische Erforschung im östlichen Deutschland. - In: Tiere im Konflikt 3. Martin-Luther-Universität Halle-Wittenberg. 52 S.

TATARUCH, F.; HEIDECKE, D.; HOLZMEIER, D.; HOFMANN, TH.; PARKER, H.; ROSELL, F.; SCHUMACHER, A. & J. SIEBER (2005): Concentrations of environmental pollutants in organs of European beavers (*Castor fiber*) from different regions of Europe. - In: XXVIIth Congress of the International Union of Gama Biologists. Extended Abstracts. Hannover. S. 182-183.

TREU, M. (2004): Martin Luther und die Tiere. - Stiftung Luthergedenkstätten in Sachsen-Anhalt. Wittenberg. 91 S.

VOLLMER, A. & B. OHLENDORF (2004): Säugetiere (*Mammalia*). – In: LAU: Die Tier- und Pflanzenarten nach Anhang IV der Fauna-Flora-Habitatrichtlinie im Land Sachsen-Anhalt. – Naturschutz im Land Sachsen-Anhalt. – Halle 41, Sonderheft, S. 74-107.

www.lugv.brandenburg.de: Fledermausverluste an Windenergieanlagen in Deutschland. Stand 21. September 2015, Tobias Dürr.

WEBER, A. (2012): Datenerfassung und Plausibilitätsprüfung zu den Säugetierarten nach Anhang V der FFH-Richtlinie. Bewertung des Erhaltungszustandes Europäischer Iltis *Mustela putorius* und Baummarder *Martes martes*. - Unveröffentl. Bericht. Landesamt für Umweltschutz Sachsen-Anhalt. 139 S.

WEBER, A. & M. TROST (2015): Die Säugetierarten der Fauna-Flora-Habitat-Richtlinie im Land Sachsen-Anhalt - Fischotter (*Lutra lutra* L., 1758). - Berichte des Landesamtes für Umweltschutz Sachsen-Anhalt, Heft 1/2015. 236 S.

WEBER, A. (2015): Erfassung Europäischer Iltis 2005-2015. - Aufruf zur Mitarbeit bei der Erfassung der Iltisvorkommen in Sachsen-Anhalt - vorläufiger Stand.

WEBER, A. & J. WEBER (2016): Beitrag zum Verständnis des Zusammenhangs zwischen der Habitatqualität und dem Konfliktpotential im nordostdeutschen Verbreitungsgebiet des Bibers (*Castor fiber*). - In: Säugetierkundliche Informationen 10, Heft 51, S. 189-204.

WEBER, B. (1983): Zur nördlichen Verbreitungsgrenze der Feldspitzmaus auf dem Gebiet der DDR. - In: Säugetierkundliche Informationen 2, Heft 7, S. 69-73.

WEBER, D. (2011): Schutz der kleinen Säugetiere. Eine Arbeitshilfe. - Hintermann & Weber AG Rodersdorf. - Hrsg.: Departement Bau, Verkehr und Umwelt; Abteilung Landschaft und Gewässer, Aarau.

WENDT, W. (1983): Zur Bestandssituation des Feldhamsters in der DDR. - In: Säugetierkundliche Informationen 2, Heft 7, S. 86-90.

WILSON, D. E. & DA. M. REEDER (2005): Mammal Species of the World. A Taxonomic and Geographic Reference. Baltimore, 2142 S.

WOLF, R. & H. TURNI (2009): Schabrackenspitzmaus *Sorex coronatus* MILLET, 1828. - In: Atlas der Säugetiere Sachsens. Hrsg.: Sächsisches Landesamt für Umwelt, Landwirtschaft und Geologie. Dresden. S. 350.

ZUPPKE, H. (1994): Der Einfluß des Elbebibers auf Waldbestände und forstwirtschaftliche Konsequenzen. – In: Hercynia N.F. 29, S. 349-380.

ZUPPKE, U. (1975): Zwergmaus als Raubwürgerbeute. - In: Der Falke 22, S. 175.

ZUPPKE, U. (1978): Auftreten des Marderhundes im Kreis Wittenberg. - In: Unsere Jagd 28, S. 379.

ZUPPKE, U. (1976): Eigenartiger Todfund eines Elbe-Bibers (*Castor fiber albicus* MATSCHIE). – In: Naturschutz und naturkundliche Heimatforschung in den Bezirken Halle und Magdeburg 13, S. 94-95.

ZUPPKE, U. (1989): Besiedlungstendenzen des Elbebibers, *Castor fiber albicus* MATSCHIE, 1907, im Kreis Wittenberg (Bez. Halle). – In: Hercynia N.F. 26, S. 351-361.

ZUPPKE, U. (2004): Folgen einer Biberbesiedlung für die Fischfauna des Fliethbaches/Dübener Heide. – In: Naturschutz im Land Sachsen-Anhalt 41, H. 1, S.45-49.

ZUPPKE, U. (2007): Die Säugetiere des Kreises Wittenberg (Sachsen-Anhalt) - eine Übersicht. - In: Säugetierkundliche Informationen, Jena 6, S. 5-24.

ZUPPKE, U. & I. ELZ (2008): Die Aue der Biber, Störche und Urzeitkrebse. - Books on Demand GmbH, Norderstedt. 194 S.

Die Autoren

JÜRGEN BERG, geboren 1956, studierte nach dem Abitur zunächst Elektrotechnik / Elektronik an der Technischen Hochschule Ilmenau und wechselte dann zur Forstwirtschaft. Nach einer Tätigkeit im Staatlichen Forstwirtschaftsbetrieb (StFB) Dübener Heide und Abschluss eines Forstwirtschaftsstudiums leitete er bis 1990 als Förster der Offenen Landschaft die Abteilung Flurholz innerhalb der Meliorationsgenossenschaft Pratau im Kreis Wittenberg. Nach 1990 gründete er ein Finanzberatungsunternehmen.

Seit seiner Jugend war er in mehreren naturwissenschaftlichen Fachgruppen des Kulturbundes tätig sowie aktiver Naturschutzhelfer im Kreis Wittenberg und erhielt für seine engagierte Tätigkeit mehrere Auszeichnungen. 1977 wurde er Mitglied der Bezirksleitung der Gesellschaft für Natur und Umwelt (GNU) des Bezirkes Halle. 1978 absolvierte er einen Lehrgang zum geprüften Fledermausmarkierer und wurde Sachverständiger zum Fledermausschutz im Kreis Wittenberg. Seit 2001 ist er im Vorstand des Arbeitskreises Fledermäuse Sachsen-Anhalt e.V. Als Mitglied des Naturschutzbeirates des Kreises Wittenberg berät er auch heute noch sachkundig die staatliche Verwaltung.

DR. UWE ZUPPKE, geboren 1938 in Wittenberg, studierte Landwirtschaft. An der Martin-Luther-Universität Halle-Wittenberg promovierte er über die Auswirkungen der Intensivierung der Landwirtschaft auf die Vogelwelt.

Seit seiner Kindheit interessierte er sich für die Tierwelt seiner Heimat und verfügt über 60-jährige faunistische Aufzeichnungen aus diesem Gebiet. Er war 1968-1989 Leiter der Fachgruppe Ornithologie und Vogelschutz Wittenberg, Mitarbeiter im ehrenamtlichen Naturschutz des Kreises Wittenberg seit 1960, Leiter der Bezirksarbeitsgruppe Artenschutz Bezirk Halle bis 1990, Mitglied des Naturschutzbeirates Kreis Wittenberg seit 1990.

Es entstanden zahlreiche wissenschaftliche Veröffentlichungen über verschiedene Tiergruppen, besonders aber der Vogelwelt, zwei Tier-Kinderbücher sowie Sachbücher über die Natur und Landschaft der Aue der mittleren Elbe und des Flämings bei Wittenberg sowie über die Vogelwelt und Fischfauna der Wittenberger Region. An Sachbüchern über die Schutzgebiete Sachsen-Anhalts war er Mitautor.